计算机类专业基础课

MySQL数据库
任务驱动教程

黑马程序员 主编

中国教育出版传媒集团
高等教育出版社·北京

内容提要

本书是高等职业教育计算机类专业基础课黑马程序员系列教材之一。

本书是面向 MySQL 数据库初学者的一本入门教材，以任务驱动式的体例、通俗易懂的语言，详细讲解了 MySQL 数据库的基础知识。全书共 9 章。第 1 章讲解数据库基本概念和 MySQL 的安装；第 2 章讲解数据库和数据表的基本操作；第 3 章讲解数据操作；第 4 章讲解单表操作；第 5 章讲解多表操作；第 6 章讲解索引、视图和事务；第 7 章讲解数据库编程；第 8 章讲解数据库管理和优化；第 9 章讲解项目实战——Java Web+MySQL 图书管理系统。

本书配有数字课程、微课视频、授课用 PPT 课件、教学大纲、教学设计、案例源代码、习题答案等数字化教学资源，读者可发邮件至编辑邮箱 1548103297@qq.com 获取。此外，为帮助学习者更好地学习掌握本书中的内容，黑马程序员还提供了免费在线答疑服务。本书配套数字化教学资源明细及在线答疑服务，使用方式说明详见封面二维码。

本书可以作为高等职业院校及应用型本科院校计算机相关专业的数据库基础课程的教材，也可以作为广大信息技术产业从业人员和编程爱好者的自学参考书。

图书在版编目（CIP）数据

MySQL数据库任务驱动教程 / 黑马程序员主编. -- 北京 : 高等教育出版社, 2023.9
ISBN 978-7-04-059403-4

Ⅰ. ①M… Ⅱ. ①黑… Ⅲ. ①SQL语言-数据库管理系统-高等职业教育-教材 Ⅳ. ①TP311.132.3

中国版本图书馆CIP数据核字(2022)第164737号

MySQL Shujuku Renwu Qudong Jiaocheng

策划编辑 许兴瑜　　责任编辑 许兴瑜　　封面设计 张 志　　版式设计 于 婕
责任绘图 杨伟露　　责任校对 刘丽娴　　责任印制 刁 毅

出版发行 高等教育出版社
社　　址 北京市西城区德外大街 4 号
邮政编码 100120
印　　刷 天津嘉恒印务有限公司
开　　本 787 mm×1092 mm　1/16
印　　张 20.25
字　　数 430 千字
购书热线 010-58581118
咨询电话 400-810-0598
网　　址 http://www.hep.edu.cn
　　　　 http://www.hep.com.cn
网上订购 http://www.hepmall.com.cn
　　　　 http://www.hepmall.com
　　　　 http://www.hepmall.cn
版　　次 2023 年 9 月第 1 版
印　　次 2023 年 9 月第 1 次印刷
定　　价 55.00 元

物 料 号　59403-00

前言

为了推进党的二十大精神进教材、进课堂、进头脑,本书注重培养学生的社会责任感、团队协作能力、创新精神和实践能力,使他们成为有担当、有拼搏精神的高素质技术技能人才。本书通过“任务需求”和“知识储备”两大模块,帮助学生将实际工作场景与知识点相关联,使学生能够掌握具体知识点,并能够在工作中解决实际问题。例如,在讲解数据库设计时,使学生理解数据库设计的规范,培养学生的职业素养和解决问题的能力;在讲解数据备份时,使学生理解数据的价值和数据备份的意义,提醒学生应该具有防范风险的意识以及高度的社会责任感。书中部分任务还提供了“知识拓展”模块,帮助读者进一步提升知识广度,拓宽视野,增强自主创新能力。此外,编者依据书中的内容提供了线上学习的视频资源,体现现代信息技术与教育教学的深度融合,进一步推动教育数字化发展。

为什么要学习本书

MySQL 是一个关系数据库管理系统,是目前世界上流行的数据库产品之一,具有开源、免费、跨平台等特点,被广泛应用于中小规模的数据库应用场景。目前,从各大招聘网站发布的招聘信息来看,各类软件开发、运维等岗位基本都要求至少掌握一种数据库的使用,而 MySQL 是其中最常见的数据库之一。掌握数据库技术已被视为计算机类相关人才必备的基础能力之一。

本书面向想要从事与计算机相关工作,但是还没有数据库基础或基础比较薄弱的读者。本书针对 MySQL 技术进行了深入分析,采用任务驱动的方式将整本书的知识串联起来。本书通过“任务需求”→“知识储备”→“任务实现”的编写顺序,让读者先清楚地知道每个知识点的应用场景,然后学习相关知识内容,最后完成实操训练。书中部分任务还提供了“知识拓展”内容,帮助读者进一步提升知识广度。

如何使用本书

本书讲解的内容包括数据库入门、数据库和数据表的基本操作、单表操作、多表操作、索引、视图和事务、数据库编程、数据库管理和优化以及项目实战。

本书共分为 9 章,各章内容简要介绍如下。

第 1 章主要讲解 MySQL 数据库入门,内容包括数据库相关的基本概念,MySQL 的下载、安装,以及数据库设计等。通过学习本章内容,读者可以对数据库的理论体系有一个整体的认识与了解,并能够搭建一个 MySQL 开发环境。

第 2 章主要讲解数据库和数据表的基本操作，内容包括数据库和表的创建、查看、修改和删除，以及数据表的约束等内容。此部分内容是所有想要使用 MySQL 的初学者必须掌握的内容。

第 3 章～第 5 章主要从数据操作的角度讲解如何在数据表中增加、删除和修改数据，如何查询单张数据表或多张数据表中的数据，以及如何建立外键约束等。此部分内容是所有想要从事与数据库开发相关工作的人员必须掌握的内容。

第 6 章主要讲解索引、视图和事务，内容包括索引、视图和事务的基本概念和实际运用。通过学习本章内容，可以运用相关知识提高数据库访问速度，更好地维护 MySQL 的安全性。

第 7 章主要讲解数据库编程，内容包括存储过程、存储函数、变量、流程控制、错误处理、游标和触发器。通过学习本章内容，读者能够将编程思想与数据库相结合，提高数据库程序的复用性。

第 8 章主要讲解数据备份与还原、用户管理、MySQL 权限和 MySQL 优化。其中，关于 MySQL 优化，讲解了锁机制、慢查询日志和 SQL 优化。通过学习本章内容，读者能够具备优化和提升 MySQL 性能的技能。

第 9 章主要讲解项目实战——Java Web+MySQL 图书管理系统。该项目将 Java Web 与 MySQL 相结合，通过数据库连接池和 DBUtils 工具操作 MySQL。项目的功能包括用户登录、退出、图书列表、添加图书、修改图书和删除图书等。通过学习本章内容，读者能够掌握在实际工作中使用 MySQL 进行项目开发的能力。

在学习过程中，读者一定要亲自动手实践本书中的案例。读者学习完一个知识点后，要及时测试练习，以巩固学习内容。另外，如果读者在理解知识点的过程中遇到困难，建议不要纠结于某个地方，可以先往后学习。通常来讲，通过逐渐地学习，前面不懂和疑惑的知识一般也就能够理解了。在学习过程中，读者一定要多动手实践，如果在实践过程中遇到问题，建议多思考，厘清思路，认真分析问题发生的原因，并在问题解决后总结经验。

致谢

本书的编写和整理工作由江苏传智播客教育科技股份有限公司旗下 IT 教育品牌黑马程序员团队完成，主要参与人员有高美云、韩冬、张瑞丹、王颖、张四伟等。团队成员在本书的编写过程中付出了辛勤的汗水，在此一并表示衷心的感谢。

意见反馈

尽管编写团队付出了最大的努力，但书中难免会有疏漏之处，欢迎读者朋友提出宝贵意见，我们将不胜感激。在阅读本书时，如发现任何问题或有疑虑之处，可以通过电子邮件 itcast_book@vip.sina.com 与我们及时联系探讨。再次感谢广大读者对我们的深切厚爱与大力支持！

黑马程序员

2023 年 4 月于北京

目录

第 1 章 MySQL 数据库入门

PPT：第 1 章　MySQL 数据库入门

PPT

教学设计：第 1 章 MySQL 数据库入门

学习目标

知识目标	• 了解数据库管理技术的发展，能够说出数据库管理技术不同阶段的特点 • 熟悉数据库技术的基本术语，能够说明数据库、数据库管理系统和数据库系统的含义 • 了解 MySQL 的基本概念，能够说出 MySQL 的作用 • 了解数据模型的概念和分类，能够说出数据模型的分类和常见术语的含义 • 了解数据模型的组成要素，能够说出数据结构、数据操作和数据约束的作用 • 了解逻辑数据模型的概念，能够说出常见逻辑数据模型的分类及含义 • 熟悉关系模型的基本内容，能够说明关系、字段、记录、域、关系模式和键的含义 • 熟悉关系模型完整性约束的基本内容，能够解释实体完整性、参照完整性和用户自定义完整性的含义
技能目标	• 掌握 MySQL 的安装、配置、启动和停止，能够独立安装和配置 MySQL，并能够启动和停止 MySQL • 掌握 MySQL 的登录、退出和密码设置，能够使用命令完成 MySQL 登录和退出操作，以及密码的设置 • 掌握概念数据模型表示方法 E-R 图的使用，能够绘制实体之间的 E-R 图 • 掌握关系代数的使用，能够根据不同的场景选择合适的运算符进行关系运算

数据库技术是一种计算机辅助管理数据的方法，是计算机数据处理与信息管理系统的核心技术。数据库技术产生于 20 世纪 60 年代末，它用于数据的组织和存储，并能够高效地实现数据的查询和处理。MySQL 是市场上流行的数据库产品之一，具有开源、免费、跨平台等特点。本章将围绕 MySQL 数据库的入门知识进行详细讲解。

1.1 MySQL 的下载、安装和启动

在正式学习 MySQL 之前，本节先对数据库和 MySQL 的基本概念进行简要介绍，然后讲解如何在 Windows 平台下完成 MySQL 8.0.27 版本数据库的下载、安装和配置，以及 MySQL 服务的启动和停止。

任务 1.1.1 初识和下载 MySQL

任务需求

小明是软件开发专业的大学生，他所在的社团中有一位学长，现在已经毕业，目前从事软件开发岗位的工作。在一次学校组织的优秀毕业生经验分享会中，小明遇到了这位学长，希望这位学长向他分享一些工作经验。学长热心地向小明介绍了企业中软件开发用到的一些技术，如 Java、Python 等编程语言，MySQL 数据库，各种开发框架等。听完学长的经验分享后，小明发现自己在 MySQL 数据库方面的知识比较欠缺，于是他打算系统地学习 MySQL 数据库，为将来的就业做准备。

为了帮助小明顺利地学习 MySQL 数据库，学长建议小明先了解一些基本概念，包括数据库管理技术的发展、数据库技术的基本术语以及 MySQL，然后将 MySQL 下载到自己的计算机中。

知识储备

1. 数据库管理技术的发展

任何技术都不是凭空产生的，而是有着对应的发展需求，数据库管理技术也不例外。数据库管理技术发展至今，主要经历了 3 个阶段，分别是人工管理阶段、文件系统阶段和数据库系统阶段。

理论微课 1-1：数据库管理技术的发展

（1）人工管理阶段

在 20 世纪 50 年代中期以前，计算机主要用于科学计算，硬件方面没有磁盘等直接存取设备，只有磁带、卡片和纸带。软件方面没有操作系统和管理数据的软件。人工管理阶段处理数据非常麻烦和低效。该阶段的数据库管理技术具有如下特点。

- 数据不能在计算机中长期保存。
- 数据需要由应用程序自己进行管理。
- 数据是面向应用程序的，不同应用程序之间无法共享数据。
- 数据不具有独立性，完全依赖于应用程序。

（2）文件系统阶段

从 20 世纪 50 年代后期到 60 年代中期，硬件方面有了磁盘等直接存取设备，软件方面出现了

操作系统，并且操作系统提供了专门的数据管理软件，称为文件系统。这个阶段，数据以文件为单位保存在外存储器上，由操作系统管理。文件系统阶段程序和数据分离，实现了以文件为单位的数据共享。该阶段的数据库管理技术具有如下特点。

- 数据能够在计算机的外存设备上长期保存，可以对数据反复进行操作。
- 通过文件系统管理数据，文件系统提供了文件管理功能和存取方法。
- 虽然在一定程度上实现了数据独立和共享，但数据的独立与共享能力都非常薄弱。

（3）数据库系统阶段

从 20 世纪 60 年代后期开始，计算机的应用范围越来越广泛，管理的数据量越来越多，同时对多种应用程序之间数据共享的需求越来越强烈，文件系统的管理方式已经无法满足需求。为了提高数据管理的效率，解决多用户、多应用程序共享数据的需求，数据库技术应运而生，由此进入了数据库系统阶段。

在数据库系统阶段，数据库管理技术具有如下 4 个特点。

（1）数据结构化

数据库系统实现了整体数据的结构化，这里所说的整体结构化，是指在数据库中的数据不再只是针对某个应用程序，而是面向整个系统。

（2）数据共享

因为数据面向整个系统，所以数据可以被多个用户、多个应用程序共享。数据共享可以大幅度地减少数据冗余，节约存储空间，避免数据之间的不相容性与不一致性。

例如，企业为所有员工统一配置即时通信和电子邮箱软件，若两个应用程序的用户数据（如员工姓名、所属部门、职位等）无法共享，就会出现如下问题。

- 两个应用程序各自保存自己的数据，数据结构不一致，无法互相读取。软件的使用者需要向两个应用程序分别录入数据。
- 相同的数据保存两份，会造成数据冗余，浪费存储空间。
- 若修改其中一份数据，忘记修改另一份数据，就会造成数据的不一致。

使用数据库系统后，数据只需保存一份，其他软件都通过数据库系统存取数据，就实现了数据的共享，解决了前面提到的问题。

（3）数据独立性高

数据的独立性包含逻辑独立性和物理独立性。其中，逻辑独立性是指数据库中数据的逻辑结构和应用程序相互独立，物理独立性是指数据物理结构的变化不影响数据的逻辑结构。

（4）数据统一管理与控制

数据的统一控制包含安全控制、完整控制和并发控制。简单来说就是防止数据丢失，确保数据正确有效，并且在同一时间内，允许用户对数据进行多路存取，防止用户之间的异常交互。

例如，春节期间网上订票时，由于出行人数多、时间集中和抢票的问题，火车票数据在短时间内会发生巨大的变化，数据库系统要对数据统一控制，保证数据不能出现问题。

理论微课 1-2：数据库技术的基本术语

2. 数据库技术的基本术语

与数据库技术密切相关的基本术语有数据库（Database，DB）、数据库管理系统（Database Management System，DBMS）和数据库系统（Database System，DBS）。

（1）数据库

数据库是一个存在于计算机存储设备上的数据集合，可以将其简单地理解为一种存储数据的仓库。数据库能够根据数据结构组织数据，并长期、高效地管理数据，其主要目的是存储（写入）和提供（读取）数据。

可以把数据库看作一个电子文件柜，用户可以对文件柜中的电子文件数据进行添加、删除、修改、查找等操作。需要注意的是，这里所说的数据不仅包括普通意义上的数字，还包括文字、图像、声音等。也就是说，凡是在计算机中用来描述事物的记录都可以称为数据。

（2）数据库管理系统

数据库管理系统是一种介于用户和操作系统之间的数据库管理软件。它可以对数据库的建立、维护、运行进行管理，还可以对数据库中的数据进行定义、组织和存取。通过数据库管理系统可以科学地组织、存储和维护数据，以及高效地获取数据。常见的数据库管理系统有 MySQL、Oracle、Microsoft SQL Server、MongoDB 等。

（3）数据库系统

数据库系统是指由数据库及其管理软件组成的系统，它是为适应数据处理的需要而发展起来的一种较为理想的数据处理系统。

数据库系统通常包含硬件、数据库、软件和用户 4 部分，各部分的具体内容如下。

- 硬件：指安装数据库及相关软件的硬件设备。
- 数据库：数据库系统中的数据都存放在数据库中，数据库中的数据包括永久性数据（Persistent Data）、索引数据（Indexes Data）、数据字典（Data Dictionary）和事务日志（Transaction Log）等。
- 软件：指在数据库环境中使用的软件，包括数据库管理系统和数据库应用程序等。在很多情况下，数据库管理系统无法满足用户对数据库管理的所有需求。例如，通过在模板上输入特定的信息，用户可以轻松地从数据库中检索出对应的信息。而使用数据库应用程序可以满足这些要求，并使数据管理过程更加直观和友好。
- 用户：根据工作任务的不同，数据库系统中的用户通常可分为系统分析员和数据库设计人员、数据库管理员（Database Administrator）、应用程序员（Application Programmer）和终端用户（End User），其中数据库管理员负责管理和维护数据库，并参与数据库的设计、测试和部署，一般由技术水平较高、资历较深的人员担任；应用程序员负责设计、编写、安装和调试应用程序，以便终端用户可以使用应用程序访问数据库；终端用户指的是通过终端应用程序访问数据库的人员，如使用购物网站的用户和使用手机 App 购票的用户。

下面通过图 1-1 来描述数据库系统，该图描述了数据库系统的组成，其中用户是使用数据库的主体，用户通过数据库应用程序与数据库管理系统进行通信，进而管理数据库管理系统中的数据。

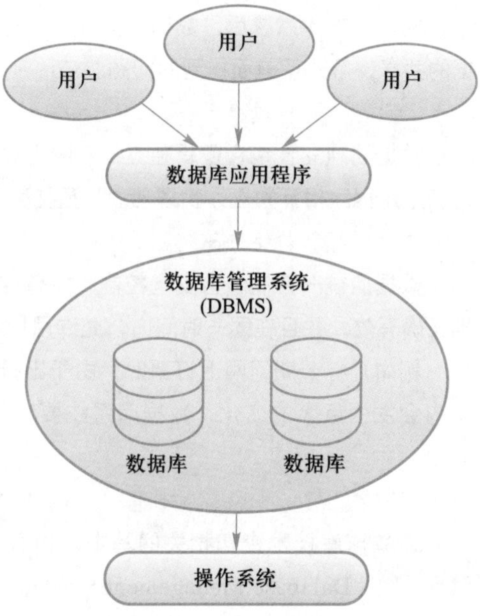

图 1-1 数据库系统

3. MySQL

MySQL 最早由瑞典的 MySQL AB 公司开发，是一个非常流行的开源数据库管理系统，广泛应用于中小型企业网站。MySQL 是以客户 - 服务器（Client/Server，C/S）模式实现的，支持多用户、多线程。

理论微课 1-3：MySQL

MySQL 具有跨平台的特性，它不仅可以在 Windows 平台上使用，还可以在 UNIX、Linux 和 macOS 等平台上使用，相对其他数据库而言，MySQL 的使用更加方便、快捷。

MySQL 网站主要提供的下载产品有 MySQL Enterprise Edition（企业版）、MySQL Cluster CGE（高级集群版）和 MySQL Community（社区版）。其中，企业版和高级集群版都是需要收费的商业版本，而社区版是通过 GPL 协议授权的开源软件，可以免费使用。

本书选择 MySQL 社区版进行讲解。MySQL 社区版提供了两种安装包，分别是扩展名为 msi 的二进制分发版安装包和扩展名为 zip 的压缩文件。其中，扩展名为 msi 的二进制分发版安装包提供了图形化的安装向导，按照向导提示进行操作即可完成安装；扩展名为 zip 的压缩文件，只需将压缩文件解压缩后，进行简单的安装即可。

注意：

MySQL 版本会不断升级。在编著本书时，MySQL 的最新版本是 8.0.27。当读者使用本书时，在 MySQL 的下载页面看到的版本可能会被更新，但下载方式与 8.0.27 版本类似。

任务实现

根据任务需求，完成 MySQL 的下载，具体步骤如下。

① 打开浏览器，访问 MySQL 的官方网站，网站的首页如图 1-2 所示。

② 单击图 1-2 中的“DOWNLOADS”超链接，进入 MySQL 的下载页面，如图 1-3 所示。

实操微课 1-1：任务 1.1.1 初识和下载 MySQL

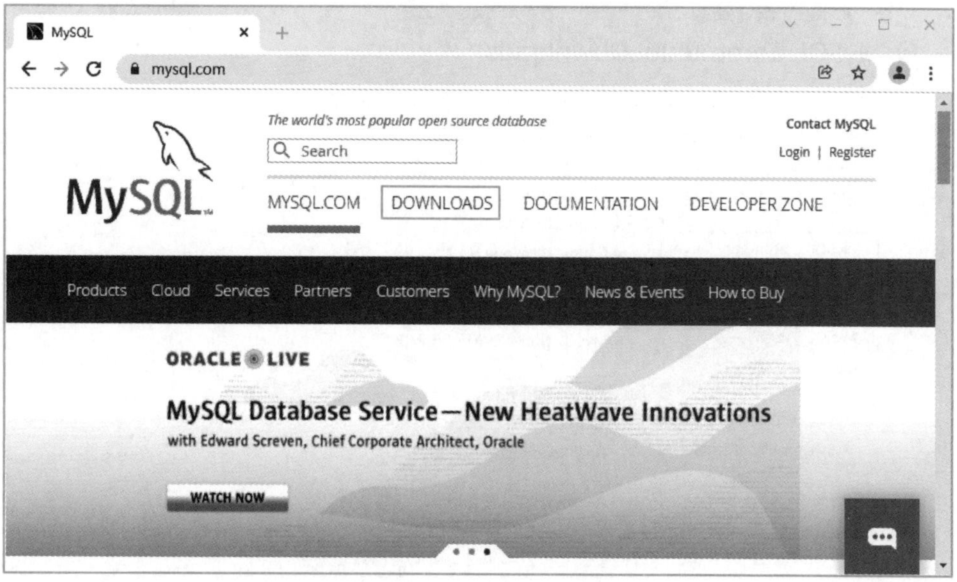

图 1-2 MySQL 的官方网站首页

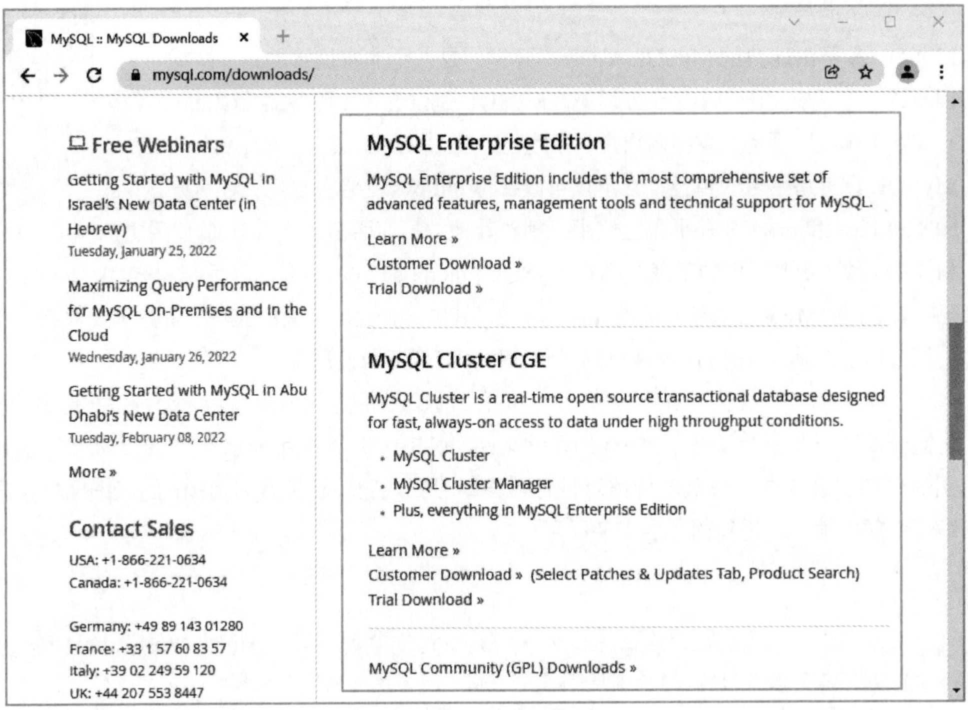

图 1-3 MySQL 的下载页面

图 1-3 所示页面中，展示了 MySQL 的相关产品，包括 MySQL Enterprise Edition、MySQL Cluster CGE 和 MySQL Community（GPL），本书选择下载 MySQL Community（GPL）。

③ 单击图 1-3 中的“MySQL Community（GPL）Downloads »”超链接，进入 MySQL Community 的下载页面，如图 1-4 所示。

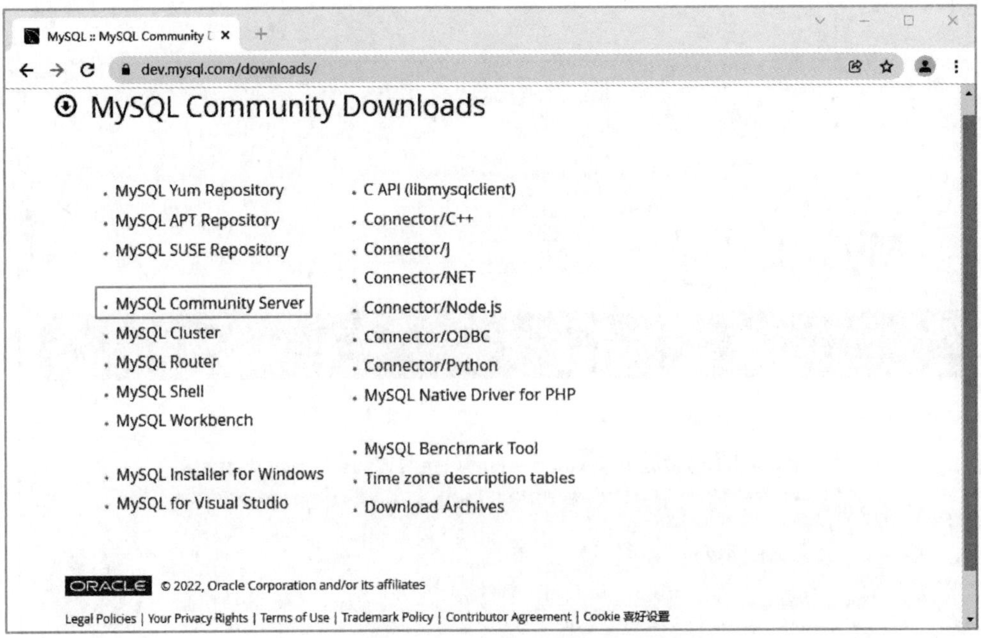

图 1-4 MySQL Community 的下载页面

图 1-4 所示页面提供了 MySQL Community 相关产品的下载，在这里可以单击“MySQL Community Server”超链接进行下载。

④ 单击“MySQL Community Server”超链接后进入 MySQL Community Server 的下载页面，如图 1-5 所示。

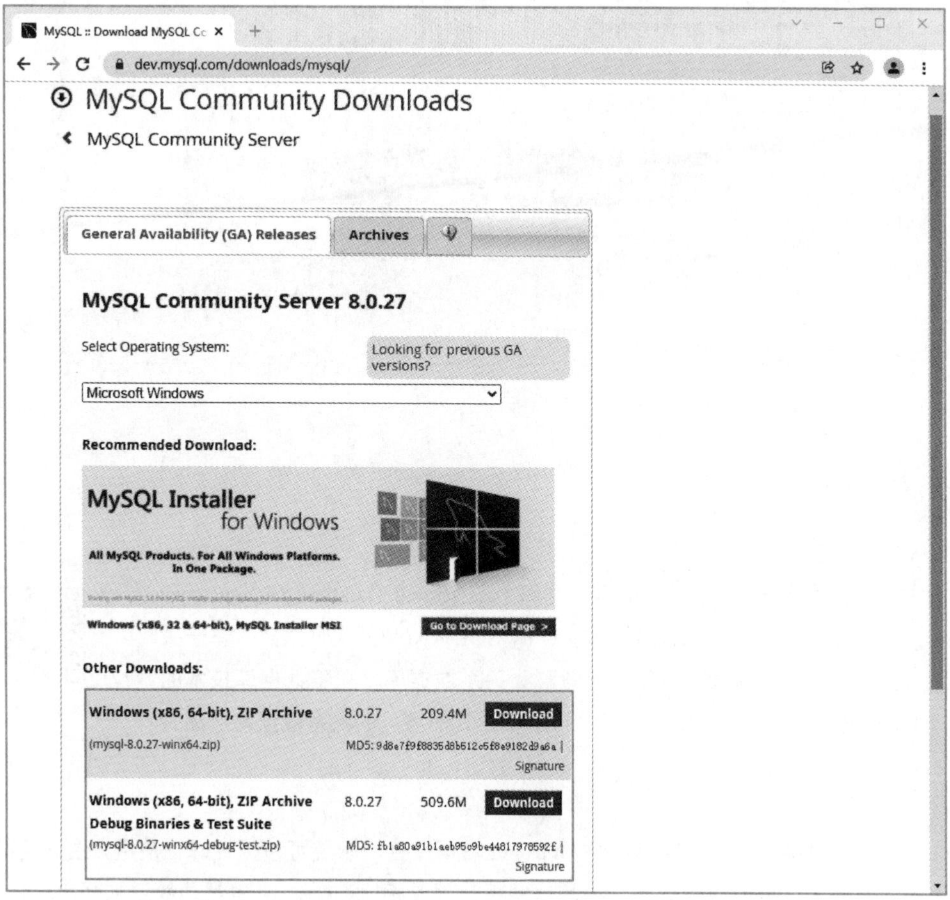

图 1-5 MySQL Community Server 的下载页面

从图 1-5 中可以看到，目前发布的通用版本是“MySQL Community Server 8.0.27”，且该版本提供了“Windows (x86，64-bit)，ZIP Archive”和“Windows (x86，64-bit)，ZIP Archive Debug Binaries & Test Suite”两个压缩文件的下载，前者只包含基本功能，后者还提供了一些调试功能，这里选择前者进行下载。

⑤ 单击“Windows (x86，64-bit)，ZIP Archive”对应的“Download”按钮，进入文件下载页面，如图 1-6 所示。

图 1-6 中，如果已有 MySQL 账户，可以单击“Login”按钮，登录账号后再下载；如果没有 MySQL 账户，则可直接单击下方的“No thanks，just start my download.”超链接进行下载。在这里单击下方的超链接进行下载，下载完成后会获得名称为 mysql-8.0.27-winx64.zip 的压缩文件。

至此，MySQL 数据库安装包下载完成。

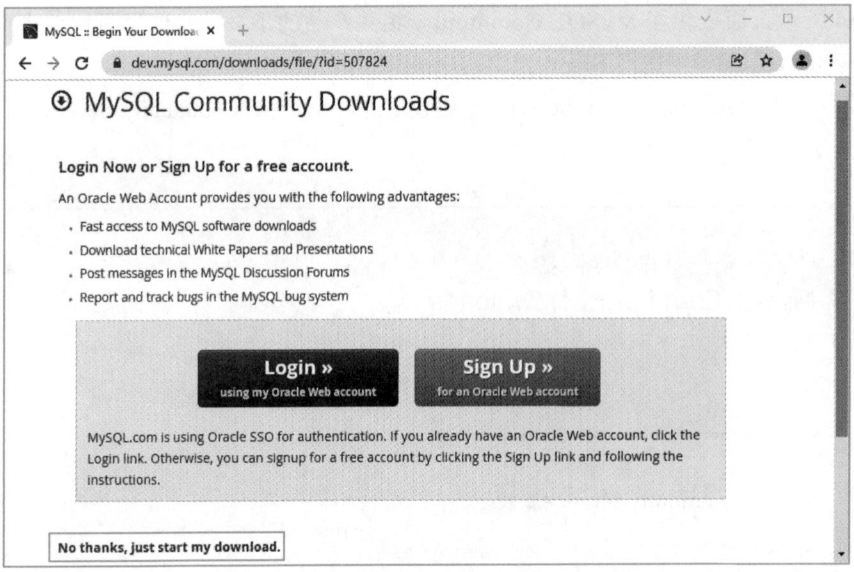

图 1-6 "Windows（x86，64-bit），ZIP Archive"文件下载页面

知识拓展

1. 常见的关系数据库产品

数据库系统的分类，一般分为关系数据库（Relational Database Management System，RDBMS）和非关系数据库（Not Only SQL，NoSQL）两大类。基于关系模型组织数据的数据库管理系统，一般称为关系数据库。随着数据库技术的发展，关系数据库产品越来越多，除了 MySQL，其他常见的关系数据库产品有以下 3 种。

理论微课 1-4：常见的关系数据库产品

（1）Oracle

Oracle 是一款关系数据库管理系统。Oracle 数据库管理系统可移植性好、使用方便、功能强，适用于各类大、中、小型微机环境。与其他关系数据库相比，Oracle 虽然功能更加强大，但是其价格也更高。

（2）Microsoft SQL Server

Microsoft SQL Server 是一款关系数据库管理系统，它广泛应用于电子商务、银行、保险、电力等行业。

Microsoft SQL Server 提供了对 XML 和 Internet 标准的支持，具有强大的、灵活的、基于 Web 的应用程序管理功能，而且界面友好、易于操作，深受广大用户的喜爱。

（3）SQLite

SQLite 是一款非常轻量级的关系数据库管理系统，在使用前不需要安装与配置，能够支持 Windows、Linux、UNIX 等主流的操作系统，同时能够与很多编程语言相结合，如 C#、PHP 和 Java 等。SQLite 适用于数据需求量少的嵌入式产品，如手机、智能手表等。

理论微课 1-5：常见的非关系数据库产品

2. 常见的非关系数据库产品

随着互联网 Web 2.0 的兴起，关系数据库在处理超大规模和高并发的 Web

2.0 网站的数据时，存在一些不足，需要采用更适合大规模数据集合、多重数据种类的数据库，通常将这种类型的数据库统称为非关系数据库。非关系数据库的特点在于数据模型比较简单，灵活性强，性能高。常见的非关系数据库产品有以下 6 种。

（1）Redis

Redis 是一个使用 C 语言编写的键值数据库。键值数据库类似传统语言中使用的哈希表。使用者可以通过键来添加、查询或删除数据。键值存储数据库具有快速的搜索速度，通常用于处理大量数据的高负载访问，也用于一些日志系统。

（2）MongoDB

MongoDB 是一个面向文档的开源数据库。MongoDB 使用 BSON 存储数据。BSON 是一种类似于 JSON 的二进制形式的存储格式，全称 Binary JSON，它由 C++ 语言编写。文档数据库可以被看成键值数据库的升级版，并且允许键值之间嵌套键值，通常应用于 Web 应用。

（3）HBase

HBase 是一个分布式的、面向列的开源数据库。HBase 数据库查找速度快，可扩展性强，更容易进行分布式扩展，通常用来应对分布式存储海量数据。

（4）Cassandra

Cassandra 是 Facebook 为收件箱搜索开发的，用于处理大量结构化数据的分布式数据存储系统，Cassandra 用 Java 语言编写。

（5）Elasticsearch

Elasticsearch 是一个分布式、高扩展、高实时的搜索与数据分析引擎数据库。Elasticsearch 是用 Java 语言开发的，并作为 Apache 许可条款下的开放源代码发布，是一种流行的企业级搜索引擎。

（6）Neo4J

Neo4J 是一个高性能的、开源的、基于 Java 语言开发的图形数据库，它允许将数据以网络（从数学角度称为图）的方式存储。Neo4J 将数据存储在节点或关系的字段中，其中节点即实体，而实体之间的关系则会被作为边。图形数据库专注于构建关系图谱，通常应用于社交网络，推荐系统等。

除了上述数据库外，为了打破国外技术封锁、掌握关键核心技术，我国在自主研发数据库方面给予了政策支持，国产数据库百花齐放，如 OceanBase、TBase、GaussDB、HYDATA DB 等。数据库作为信息科技领域的核心组成部分，对于国家的信息安全、科技自主创新和数字经济的发展都起着重要作用。自主研发国产数据库可以促使国内企业在数据库领域进行技术创新，不再完全依赖国外技术，这有助于提升国家的科技创新能力。学习知识是一场永无止境的旅程，而对于研发国产数据库来说，每一位学习者都可以为其做出贡献。因此，积极学习数据库知识，提高自身的专业素养，不仅有助于个人的职业发展，更能为国产数据库的研发做出实实在在的贡献。

任务 1.1.2 安装和启动 MySQL

■ 任务需求

小明在完成了 MySQL 的下载后，下一步想要使用 MySQL。他必须先安装 MySQL。不同的 MySQL 安装文件，其安装过程也不同。本任务将基于任务 1.1.1 获取到的 mysql-8.0.27-winx64.zip 压缩包完成 MySQL 的安装，具体内容如下。

① 使用命令安装 MySQL 服务，将服务名称设置为 MySQL80。

② 创建 MySQL 配置文件，指定启动 MySQL 服务时自动检测的安装目录和数据库文件目录。

③ 初始化 MySQL 数据库，生成一个用于存放数据库文件的目录。

④ 启动 MySQL 服务。

知识储备

1. MySQL 目录结构

理论微课 1-6：MySQL 目录结构

将 mysql-8.0.27-winx64.zip 压缩文件解压到 MySQL 安装目录 D:\mysql-8.0.27-winx64，解压后，MySQL 安装目录下的内容如图 1-7 所示。

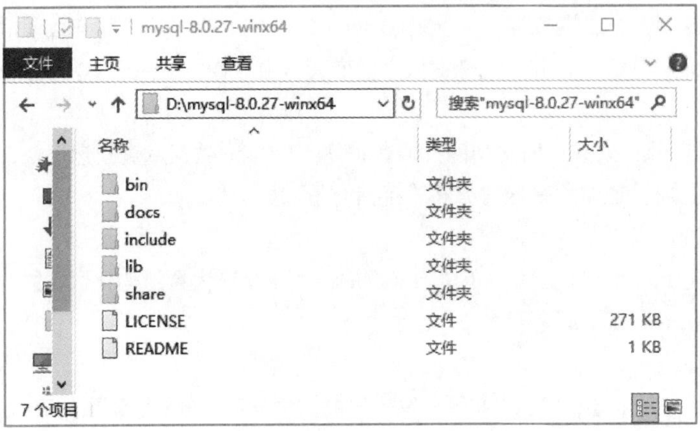

图 1-7 MySQL 安装目录下的内容

为了让初学者更好地了解 MySQL 相关信息，下面对 MySQL 安装目录下的内容进行介绍。

- bin 目录：用于放置一些可执行文件，如 mysql.exe、mysqld.exe、mysqlshow.exe 等，其中 mysql.exe 是 MySQL 客户端程序；mysqld.exe 是 MySQL 服务器端程序；mysqlshow.exe 用来查看当前数据库、表、索引、视图等。
- docs 目录：用于放置文档。
- include 目录：用于放置一些头文件，如 mysql.h、mysqld_error.h 等。
- lib 目录：用于放置一系列的库文件，如 libmysql.lib、mysqlclient.lib 等。
- share 目录：用于存放字符集、语言等信息。
- LICENSE 文件：介绍了 MySQL 的授权信息。
- README 文件：介绍了 MySQL 的版权、相关文档地址和下载地址等信息。

2. MySQL 服务的安装和卸载命令

理论微课 1-7：MySQL 服务的安装和卸载命令

下载 MySQL 安装包后，就可以对 MySQL 进行安装。MySQL 提供了客户端程序（bin\mysql.exe）和服务器端程序（bin\mysqld.exe），客户端程序可以在命令提示符中直接使用，而服务器端程序则需要在 Windows 系统的后台持续运行，为此需要将 MySQL 安装到 Windows 系统的服务中。

在 Windows 系统中安装 MySQL 服务时，需要以管理员身份在 MySQL 安装目录的 bin 目录下执行安装命令。MySQL 服务的安装命令语法如下。

```
mysqld -install MySQL 服务名称
```

上述命令中，“-install”后面用于指定 MySQL 服务的名称，该名称由用户自行定义，如 MySQL80。如果安装时不指定服务名称，则默认名称为“MySQL”。

执行安装命令后，如果提示“Service successfully installed”，表示 MySQL 服务已经成功安装。

如果安装 MySQL 服务时，所指定的服务名称已经存在，则会安装失败，提示“The service already exists!”。此时，可以先卸载已经存在的 MySQL 服务，再安装新的 MySQL 服务，MySQL 服务的卸载命令语法如下。

```
mysqld -remove MySQL服务名称
```

3. MySQL 配置文件

MySQL 配置文件保存了 MySQL 的一些配置信息，常用来配置 MySQL 安装目录、MySQL 数据库文件目录和 MySQL 服务的端口号。默认情况下，MySQL 配置文件不存在，需要手动创建。

理论微课 1-8：MySQL 配置文件

MySQL 配置文件通常存放在 MySQL 安装目录中。MySQL 配置文件一般命名为 my.ini（Windows 环境）或 my.cnf（Linux 环境），MySQL 服务启动时会读取 MySQL 配置文件。每次修改 MySQL 配置文件后，必须重新启动 MySQL 服务才会生效。

MySQL 配置文件的常用配置如下。

```
[mysqld]
basedir=MySQL安装目录
datadir=MySQL数据库文件的存放目录
port=3306
```

上述配置中，basedir 表示 MySQL 的安装目录；datadir 表示 MySQL 数据库文件目录的存放目录，也就是数据表的存放位置；port 表示 MySQL 客户端连接服务器端时使用的端口号，默认的端口号为 3306。

需要注意的是，计算机中有很多服务，多个服务用不同的端口号来区分。MySQL 服务默认监听的 3306 端口号如果被其他服务占用，会导致 MySQL 服务无法启动，此时可以将 3306 更改为其他未被占用的端口号，或者将占用 3306 端口号的服务停止。

4. 数据库的初始化命令

创建 MySQL 配置文件后，MySQL 中还没有自动生成数据库文件目录，因此需要初始化数据库，也就是让 MySQL 自动创建数据库文件目录。MySQL 提供了两种初始化数据库的方式，在实际使用时任选其一即可，具体如下。

理论微课 1-9：数据库的初始化命令

第 1 种方式：在初始化时不会为默认用户 root 生成密码，具体命令如下。

```
mysqld --initialize-insecure
```

上述命令中，--initialize 表示初始化数据库；-insecure 表示忽略安全性；root 用户的密码为空。

第 2 种方式：在初始化时自动为默认用户 root 生成随机密码，具体命令如下。

```
mysqld --initialize --console
```

上述命令中，--console 表示将初始化的过程在命令提示符中显示。MySQL 会自动为默认用户 root 生成一个随机的复杂密码。

5. MySQL 服务的启动和停止命令

MySQL 安装和配置完成后，需要启动 MySQL 服务，否则 MySQL 客户端无法连接数据库。

理论微课 1-10：MySQL 服务的启动和停止命令

在启动或停止 MySQL 时，必须以管理员身份进行操作。在命令提示符中，切换到 MySQL 安装目录下的 bin 目录，执行如下命令启动 MySQL 服务。

```
net start MySQL服务名称
```

上述命令中，net start 是 Windows 系统中启动服务的命令，“MySQL 服务名称”就是在安装 MySQL 服务时自定义的服务名称。

如果想要停止 MySQL 服务，可以在命令提示符中，执行如下命令。

```
net stop MySQL服务名称
```

上述命令中，net stop 是 Windows 系统中停止服务的命令，“MySQL 服务名称”是要停止的服务的名称。

任务实现

根据任务需求，首先应安装 MySQL 服务；然后创建 MySQL 配置文件，完成 MySQL 的配置；接着根据 MySQL 配置文件初始化数据库，在初始化时选择生成随机密码的方式；最后启动 MySQL 服务。本任务的具体实现步骤如下。

实操微课 1-2：任务 1.1.2 安装和启动 MySQL

1. 安装 MySQL 数据库

① 进入“开始”菜单，在搜索框中输入 cmd，右击搜索到的命令提示符，在弹出的快捷菜单中选择“以管理员身份运行”命令，进入命令提示符。

② 在命令提示符中，使用命令切换到 MySQL 安装目录下的 bin 目录，具体命令如下。

```
D:
cd D:\mysql-8.0.27-winx64\bin
```

③ 使用命令安装 MySQL 服务，并将该服务命名为 MySQL80，具体安装命令如下。

```
mysqld -install MySQL80
```

执行安装命令后，安装结果如图 1-8 所示。

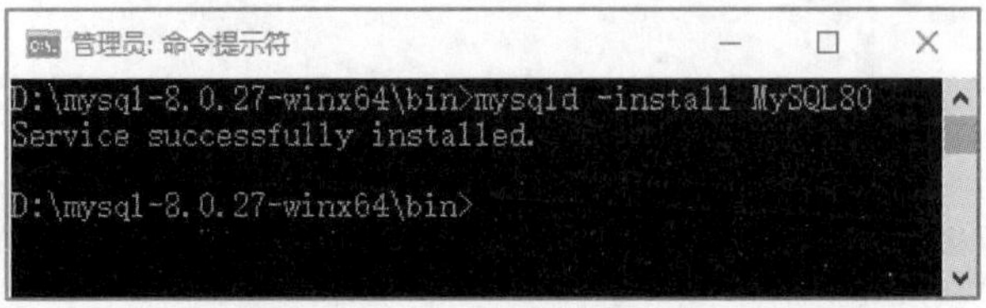

图 1-8 MySQL 安装结果

从图 1-8 可以看出，成功安装了 MySQL 服务。

2. 配置 MySQL 数据库

在 MySQL 安装目录 D:\mysql-8.0.27-winx64 下，使用文本编辑器（如记事本）创建 my.ini 文件，该配置文件的内容如下。

```
[mysqld]
basedir=D:\\mysql-8.0.27-winx64
datadir=D:\\mysql-8.0.27-winx64\\data
port=3306
```

注意：

如果想要在 MySQL 配置文件中存储反斜杠“\”，需要写成转义字符“\\”的形式，“\\”表示一个反斜杠字符“\”。

至此，MySQL 的配置完成。

3. 初始化 MySQL 数据库

在命令提示符中，切换到 D:\mysql-8.0.27-winx64\bin 目录下，执行如下命令，初始化 MySQL 数据库。

```
mysqld --initialize --console
```

上述命令执行后，MySQL 自动为默认用户 root 随机生成一个密码，如图 1-9 所示。

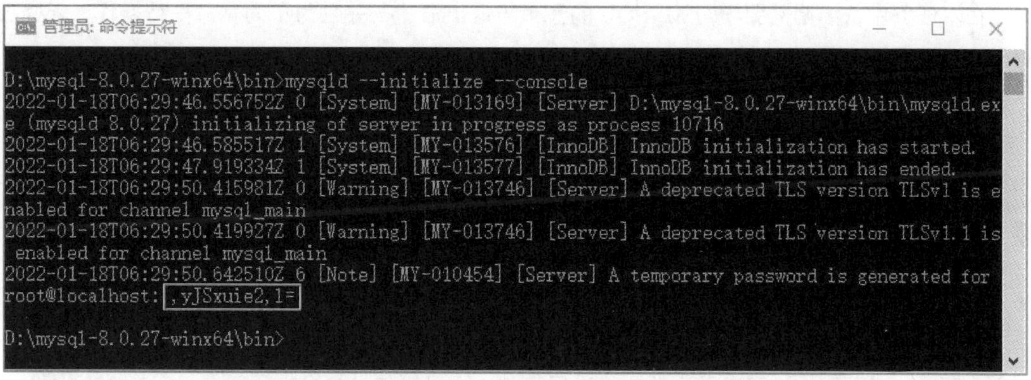

图 1-9 初始化数据库

从图 1-9 可以看到，MySQL 初始化时，为 root 用户设置了初始密码“,yJSxuie2,l=”。成功执行上述命令后，会在 MySQL 安装目录下看到一个 data 目录，该目录用于存放数据库文件。

至此，MySQL 的初始化已经完成。

4. 启动 MySQL 服务

在命令提示符中，切换到 D:\mysql-8.0.27-winx64\bin 目录下，执行如下命令启动 MySQL 服务。

```
net start MySQL80
```

上述命令执行成功后，显示的结果如图 1-10 所示。

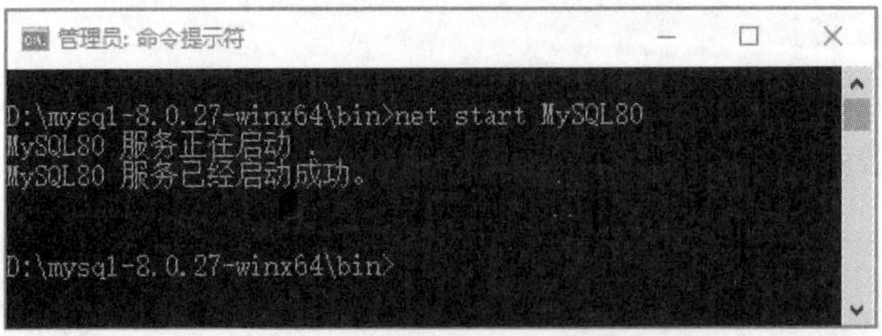

图 1-10 启动 MySQL 服务

至此，启动 MySQL 服务完成。

1.2 MySQL 的登录、退出与密码设置

在成功启动 MySQL 服务后，即可登录 MySQL。本节将针对 MySQL 的登录、退出以及密码设置进行详细讲解。

任务 1.2.1 使用命令行登录与退出 MySQL

任务需求

MySQL 提供了一个运行在命令行环境下的客户端工具，使用它可以完成 MySQL 的登录与退出。在本任务中，小明需要学习 MySQL 的登录与退出命令，并且为了简化命令行操作，还需要对环境变量进行配置。本任务的具体要求如下。

① 在命令提示符中，切换到 MySQL 安装目录的 bin 目录下，完成 MySQL 的登录与退出。

② 配置环境变量，实现在任意目录下登录 MySQL。

知识储备

1. MySQL 的登录与退出命令

在 MySQL 安装目录下的 bin 目录中，mysql.exe 是 MySQL 提供的命令行客户端工具，它不能通过双击图标的方式进行启动，而是需要在命令提示符中以命令的方式启动。使用命令登录 MySQL 的方式有以下两种，选择其一即可。

理论微课 1-11：MySQL 的登录与退出命令

第 1 种登录方式：适合在安全的场合或者本地测试的情况下使用，该方式是将登录密码以明文的方式展示在命令行中，基本语法如下。

```
mysql -h hostname -u username -ppassword
```

下面对命令的基本语法进行说明，具体如下。

- mysql 表示运行 mysql.exe 程序。在命令提示符中使用 mysql 命令时，需要确保在当前路径下或者在环境变量中能够找到 mysql.exe 程序。
- -h 选项指定 host 相关的信息，即需要登录的 MySQL 服务器的主机名或 IP 地址，如果客户端和服务器在同一台计算机上，可以输入 localhost 或者 127.0.0.1，也可以省略 -h 选项相关内容。
- -u 选项指定登录 MySQL 服务器所使用的用户名。

- -p 选项指定与用户名相对应的登录密码。

第 2 种登录方式：在登录时省略 -p 后面的密码，执行命令后，在隐藏的状态下输入密码。通过这种方式登录，可以降低密码被泄露的风险，MySQL 命令的基本语法如下。

```
mysql -h hostname -u username -p
```

上述命令中，-p 后没有提供密码。执行命令时，命令提示符中会出现“Enter password：”提示信息，表示需要输入密码。此时再输入密码，密码在命令提示符中以“*”符号显示。

执行登录命令后，命令提示符中输出“Welcome to the MySQL monitor”等信息，表明成功登录 MySQL 数据库。

如果想要退出 MySQL 命令行客户端，可以使用 exit 或 quit 命令。执行退出命令后，命令提示符会输出信息“Bye”，说明使用命令成功退出 MySQL 命令行客户端。

2. 环境变量

默认情况下，执行 MySQL 的 mysql 命令时，需要确保当前执行命令的路径位于 MySQL 安装目录的 bin 目录，如果在其他目录，需要先使用命令切换到 MySQL 安装目录的 bin 目录。如果每次登录 MySQL 时，都需要切换到指定的路径，则操作比较烦琐。为了简化操作，可以将 MySQL 安装目录的 bin 目录配置到系统的 PATH 环境变量中，这样在启动 MySQL 服务时，系统会在 PATH 环境变量保存的路径中寻找对应的命令。

理论微课 1-12：环境变量

在命令提示符中使用命令配置环境变量。以管理员身份运行命令提示符，并在命令提示符中执行如下命令。

```
setx PATH "%PATH%; MySQL安装目录 \bin"
```

上述命令中，%PATH% 表示原来的 PATH 环境变量，“MySQL 安装目录 \bin”是 MySQL 安装目录中 bin 目录的路径，整个命令的含义是在原有的 PATH 环境变量中添加“MySQL 安装目录 \bin”路径。

执行配置环境变量的命令后，命令提示符输出信息“成功：指定的值已得到保存。”，说明已经将路径“MySQL 安装目录 \bin”成功配置到 PATH 环境变量中。

注意：

如果当前已经打开了命令提示符，需要先关闭当前命令提示符，再打开新的命令提示符，配置的环境变量才在命令提示符中生效。此时命令提示符在任何目录的路径下，都能执行 mysql 命令。

任务实现

根据任务需求，完成 MySQL 的登录与退出，以及配置环境变量，具体步骤如下。

实操微课 1-3：任务 1.2.1 使用命令行登录与退出 MySQL

1. MySQL 的登录与退出

本书初始化数据库时，MySQL 为 root 用户设置的初始密码为“,yJSxuie2,l=”。下面选择使用在命令提示符隐藏具体密码的形式登录 MySQL。

打开命令提示符，切换到 MySQL 安装目录的 bin 目录下，具体命令如下。

```
D:
cd D:\mysql-8.0.27-winx64\bin
```

切换到 bin 目录后，执行如下命令，登录 MySQL。

```
mysql -u root -p
```

执行上述命令，在命令提示符中输出的“Enter password：”提示信息后输入密码“,yJSxuie2,l=”（读者需要输入自己的密码），登录 MySQL 的效果如图 1-11 所示。

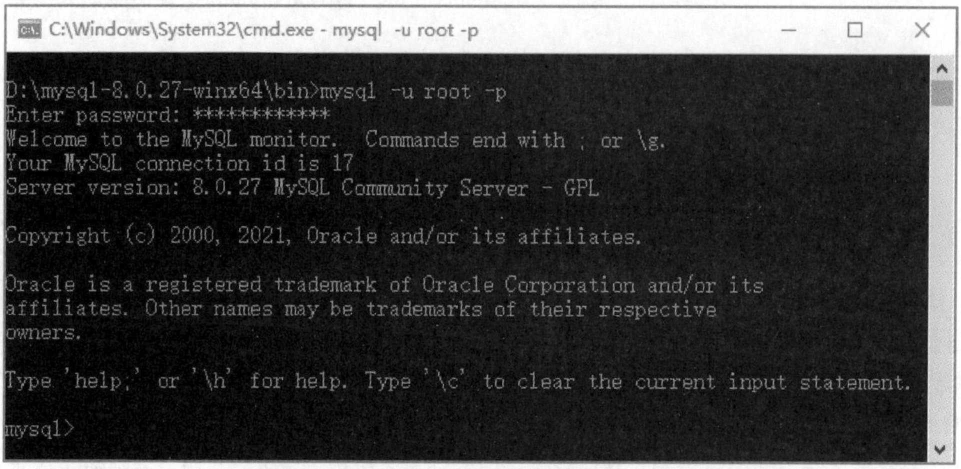

图 1-11 登录 MySQL

下面使用 exit 命令退出 MySQL，具体如图 1-12 所示。

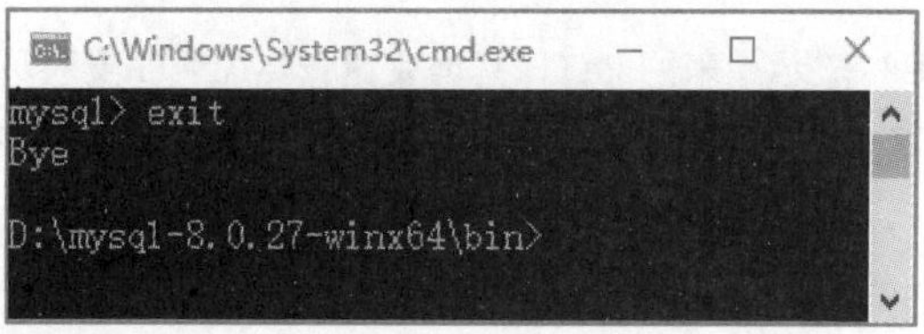

图 1-12 退出 MySQL

2. 配置环境变量

以管理员身份运行命令提示符，在命令提示符中执行如下命令，将路径 D:\mysql-8.0.27-winx64\bin 配置到 PATH 环境变量中。

```
setx PATH "%PATH%;D:\mysql-8.0.27-winx64\bin"
```

执行上述命令，效果如图 1-13 所示。

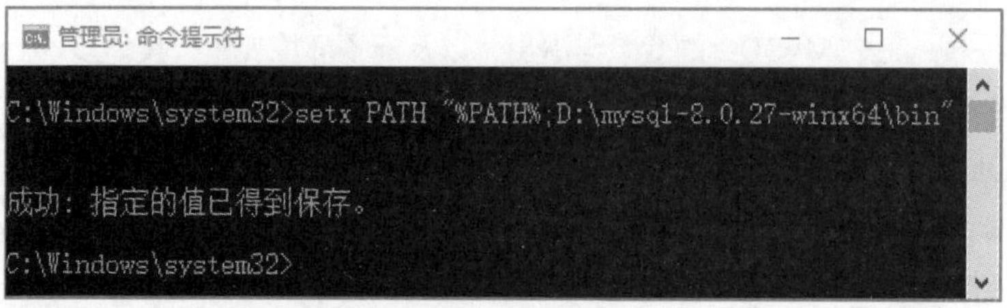

图 1-13 配置环境变量

下面在非 MySQL 安装目录中的 bin 目录下使用 mysql 命令登录 MySQL，验证环境变量是否配置成功。配置环境变量后的访问效果如图 1-14 所示。

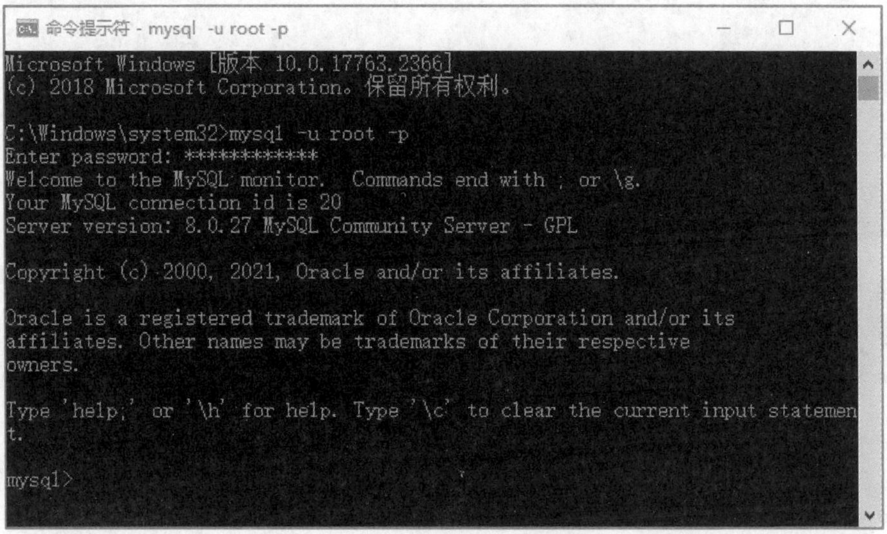

图 1-14 配置环境变量后的访问效果

从图 1-14 可看出，在 C:\Windows\system32 路径下使用 MySQL 命令成功登录 MySQL，说明环境变量配置成功。

■ 知识拓展

MySQL 提供了很多内置的命令，对于刚接触 MySQL 的人员来说，很多的命令不知道该如何使用。为此，MySQL 提供了文档和帮助信息。MySQL 的帮助信息分为客户端的帮助信息和服务端的帮助信息，接下来分别进行讲解。

1. 客户端的帮助信息

客户端相关的帮助信息，可以在登录 MySQL 之后，执行 help 命令即可获得，客户端相关的帮助信息具体效果如图 1-15 所示。

理论微课 1-13：客户端的帮助信息

从图 1-15 可以看出，登录 MySQL 后执行 help 命令，命令提示符中输出了和客户端相关的帮助信息，其中包括 MySQL 客户端相关命令，如前面使用过的 exit 命令。在输出的 MySQL 命令列表中，第 1 列是命令的名称，第 2 列是命令的简写方式，第 3 列是命令的功能说明，读者可以根据需求使用相应的命令。

2. 服务端的帮助信息

图 1-15 中最后一条信息“For server side help，type 'help contents'”，表示可以执行 help contents 命令获取服务端的帮助信息。

理论微课 1-14：服务端的帮助信息

接下来，在命令提示符中执行 help contents 命令获得服务端相关的帮助信息，效果如图 1-16 所示。

从图 1-16 可以看出，执行 help contents 命令后，命令提示符中输出了和服务端相关的帮助信息，这些信息以分类的方式展示。如果想要进一步查看对应分类的帮助信息，在 help 命令后输入分类名称执行即可。例如，想要获取 Data Types（数据类型）的信息，执行 help Data Types 命令即可。

```
mysql> help

For information about MySQL products and services, visit:
   http://www.mysql.com/
For developer information, including the MySQL Reference Manual, visit:
   http://dev.mysql.com/
To buy MySQL Enterprise support, training, or other products, visit:
   https://shop.mysql.com/

List of all MySQL commands:
Note that all text commands must be first on line and end with ';'
?         (\?) Synonym for `help'.
clear     (\c) Clear the current input statement.
connect   (\r) Reconnect to the server. Optional arguments are db and host.
delimiter (\d) Set statement delimiter.
ego       (\G) Send command to mysql server, display result vertically.
exit      (\q) Exit mysql. Same as quit.
go        (\g) Send command to mysql server.
help      (\h) Display this help.
notee     (\t) Don't write into outfile.
print     (\p) Print current command.
prompt    (\R) Change your mysql prompt.
quit      (\q) Quit mysql.
rehash    (\#) Rebuild completion hash.
source    (\.) Execute an SQL script file. Takes a file name as an argument.
status    (\s) Get status information from the server.
system    (\!) Execute a system shell command.
tee       (\T) Set outfile [to_outfile]. Append everything into given outfile.
use       (\u) Use another database. Takes database name as argument.
charset   (\C) Switch to another charset. Might be needed for processing binlog with multi-byte charsets.
warnings  (\W) Show warnings after every statement.
nowarning (\w) Don't show warnings after every statement.
resetconnection(\x) Clean session context.
query_attributes Sets string parameters (name1 value1 name2 value2 ...) for the next query to pick up.

For server side help, type 'help contents'

mysql>
```

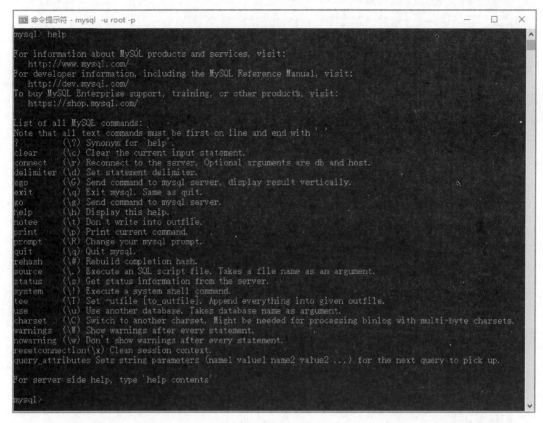

图 1-15　客户端相关的帮助信息

```
mysql> help contents
You asked for help about help category: "Contents"
For more information, type 'help <item>', where <item> is one of the following
categories:
   Account Management
   Administration
   Components
   Compound Statements
   Contents
   Data Definition
   Data Manipulation
   Data Types
   Functions
   Geographic Features
   Help Metadata
   Language Structure
   Loadable Functions
   Plugins
   Prepared Statements
   Replication Statements
   Storage Engines
   Table Maintenance
   Transactions
   Utilhelp contents

mysql>
```

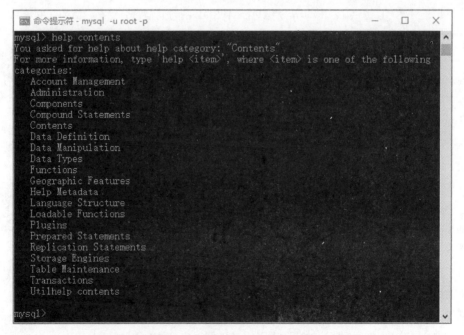

图 1-16　服务端相关的帮助信息

任务 1.2.2 设置 MySQL 登录密码

任务需求

小明在登录 MySQL 时，由于 MySQL 自动生成的密码“,yJSxuie2,l=”太复杂，不方便记忆，他经常会把密码输入错误而导致登录失败。小明考虑到他自己计算机中的 MySQL 对密码安全性没有要求，他想要将 root 用户的初始密码“,yJSxuie2,l=”改为 123456，便于登录操作。本任务将完成 MySQL 登录密码的设置。

知识储备

MySQL 登录密码的设置方法

通过前面的学习可知，在初始化数据库时既可以选择随机生成密码，也可以选择忽略密码。前者会自动设置初始密码，但该密码不方便记忆，通常情况下人们都会选择自定义一个方便记忆的密码；后者就需要手动设置一个密码。MySQL 中允许为登录 MySQL 服务器的用户设置密码，设置密码的语法格式如下。

理论微课 1-15：MySQL 登录密码的设置方法

```
ALTER USER '用户'@'localhost' IDENTIFIED BY '新密码';
```

上述语法中，表示为 localhost 主机中的“用户”设置密码，密码为“新密码”。

任务实现

根据任务需求，将 root 用户的初始密码“,yJSxuie2,l=”改为 123456，具体步骤如下。

实操微课 1-4：任务 1.2.2 设置 MySQL 登录密码

① 打开命令提示符，使用 mysql 命令以 root 用户身份登录 MySQL，登录成功后执行如下命令将 root 用户的密码设置为 123456。

```
ALTER USER 'root'@'localhost' IDENTIFIED BY '123456';
```

上述命令执行后，设置 root 用户密码的效果如图 1-17 所示。

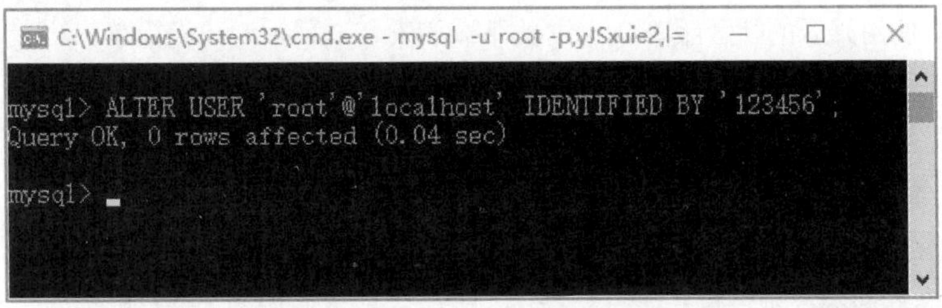

图 1-17 设置 root 用户密码的效果

从图 1-17 可以看出，命令提示符输出提示信息“Query OK”，说明成功为用户设置了密码。

② 执行 exit 命令退出 MySQL，然后执行 mysql -u root -p123456 命令使用新密码登录 MySQL，结果如图 1-18 所示。

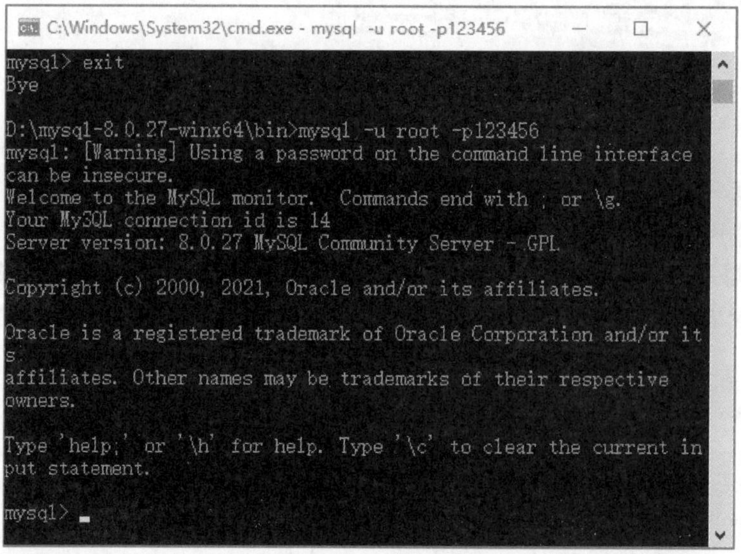

图 1-18 使用 root 用户的新密码登录 MySQL

从图 1-18 可以看出，当前已经成功使用新密码登录了 MySQL。

知识拓展

SQLyog 图形化管理工具

在日常开发中，当需要输入的命令较长时，使用命令行客户端工具输入命令很不方便。此时可以使用相对方便的图形化管理工具来操作 MySQL，从而提高效率。

理论微课 1-16：SQLyog 图形化管理工具

SQLyog 是 Webyog 公司推出的一个高效、简捷的图形化管理工具，用于管理 MySQL 数据库。SQLyog 具有以下 3 个特点。

① 基于 MySQL C APIs 程序接口开发。

② 方便快捷的数据库同步与数据库结构同步。

③ 强大的数据表备份与还原功能。

SQLyog 提供了个人版和企业版等版本，并发布了 GPL 协议开源的社区版。在这里选择使用开源的社区版。SQLyog 的下载和安装过程相对比较简单，社区版源代码托管在 GitHub 上，读者可以到 GitHub 网站自行下载。

图 1-19 SQLyog 安装包

下面以社区版 SQLyog Community 13.1.9（64 bit）版本为例，演示如何登录 MySQL，具体步骤如下。

① 双击 SQLyog 的安装包启动安装程序，安装包如图 1-19 所示。

② 根据安装界面的提示信息一步一步操作，安装完成界面如图 1-20 所示。

③ 在图 1-20 中，单击“完成”按钮，即可启动 SQLyog。SQLyog 主界面如图 1-21 所示。

在图 1-21 中，在菜单栏选择“文件”→“新连接”命令，会打开“连接到我的 SQL 主机”对话框，单击“新建”按钮，在 MySQL Host Address 文本框中输入 localhost、“用户名”文本框中输入 root、“密码”文本框中输入“,yJSxuie2,l=”，“端口”文本框中输入 3306，如图 1-22 所示。

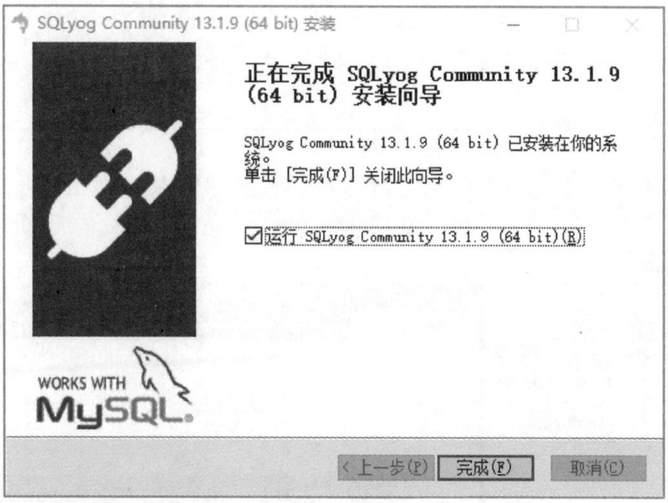

图 1-20 SQLyog 安装完成界面

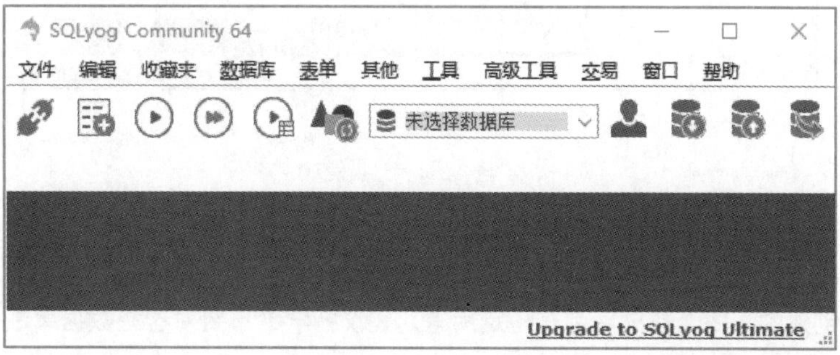

图 1-21 SQLyog 主界面

图 1-22 “连接到我的 SQL 主机”对话框

在图1-22中，MySQL Host Address表示MySQL主机地址，单击“连接”按钮，即可连接数据库。连接成功后就会跳转到SQLyog主界面，如图1-23所示。

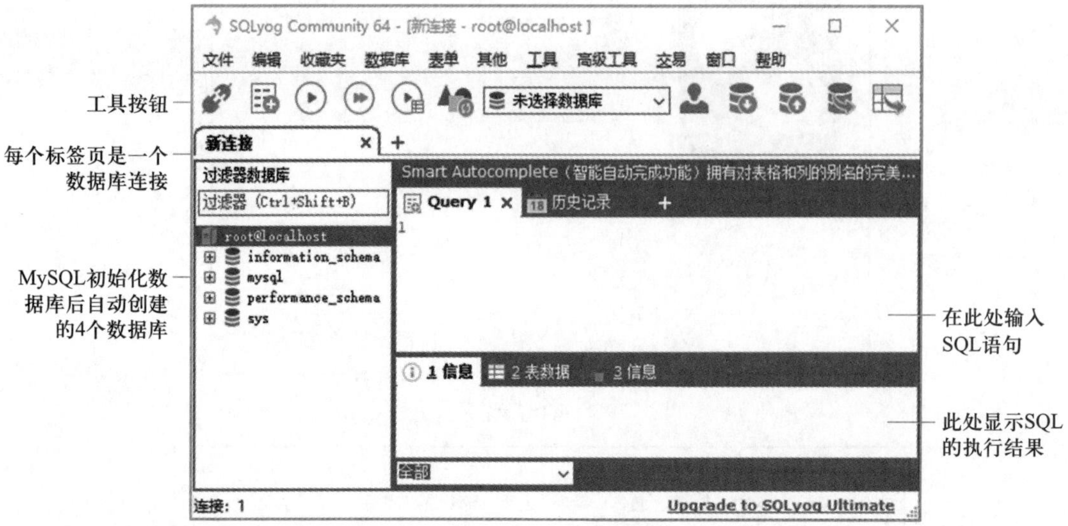

图1-23 SQLyog主界面

在图1-23中，左边栏是一个树形控件，root@localhost表示当前使用root用户身份登录了地址为localhost的MySQL服务器。当前MySQL服务器中有4个数据库，这4个数据库是在安装MySQL后自动创建的，每个数据库都有特定用途，建议初学者不要对这些数据库进行更改操作。

单击每个数据库名称前面的“+”按钮，可以查看数据库的内容，如表、视图、存储过程、函数、触发器、事件等。这些内容将在后面章节中详细讲解。

1.3 数据库设计

前面内容主要讲解了数据库的基本知识，以及MySQL数据库的常用操作，相信读者已经能够使用MySQL的命令完成登录、退出和设置密码等操作。但是，在将数据库技术应用到实际需求时，仅仅掌握数据库的基本操作还不够，还需要学习如何设计一个合理、规范和高效的数据库。本节的目的是让读者掌握数据库的设计，能够完成E-R图绘制，并将E-R图转换为关系模型，以及能够利用关系代数进行关系运算。

任务1.3.1 绘制“学生选课系统”E-R图

任务需求

小明临近毕业，他打算设计一个“学生选课系统”数据库作为他的毕业设计作品。于是，小明找到自己的毕业指导老师——张老师，请教她如何进行数据库设计。张老师给小明提供了一些学习建议，她建议小明首先了解数据库设计所需经历的基本过程，然后学习数据模型的分类和组成要素，以及概念模型的常用术语，最后绘制“学生选课系统”数据库E-R图。张老师还提醒小明：在数据库设计过程中要细心、严谨，避免后续在使用数据库过程中出现不可控的情况；在遇到问题时，要做到独立思考、分析和解决问题，这对成长很有帮助。同时希望小明能够顺利完成毕业设计作品，展现出当代大学生应具备的职业素养和解决问题的能力。

针对“学生选课系统”E-R 图，小明需要完成以下任务。

① 每个学生可以选修多门课程，每门课程可以被多名学生选修，学生完成选修课程会有相应的成绩。

② 每个学生都有学号、姓名、性别、出生年月和系的信息。

③ 每门课程具有课程号、课程名、学分的信息。

知识储备

1. 数据库设计概述

理论微课 1-17：数据库设计概述

数据库设计要求设计人员对数据库设计的过程有一个大致的了解。数据库设计一般分为 6 个阶段，分别是需求分析、概念结构设计、逻辑结构设计、物理结构设计、数据库实施、数据库运行与维护，具体介绍如下。

（1）需求分析

在需求分析阶段，数据库设计人员需要分析用户的需求，将分析的结果记录下来，形成需求分析报告。在这个阶段中，数据库设计人员需要和用户进行深入的沟通，以避免理解不准确导致后续工作出现问题。需求分析阶段是整个设计过程的基础，需求分析如果做得不好，可能会导致整个数据库设计返工重做。

（2）概念结构设计

在概念结构设计阶段，它是整个数据库设计的关键，通过对用户的需求进行综合、归纳与抽象，形成一个概念数据模型。一般通过绘制 E-R 图，直观呈现数据库设计人员对用户需求的理解。

（3）逻辑结构设计

在逻辑结构设计阶段，将概念结构设计完成的 E-R 图等成果，转换为数据库管理系统所支持的数据模型（如关系模型），完成实体、属性和联系的转换。

（4）物理结构设计

在物理结构设计阶段，需要为逻辑数据模型确定数据库的存储结构、文件类型等。通常数据库管理系统为了保证其独立性与可移植性，承担了大部分任务，数据库设计人员只需考虑硬件、操作系统的特性，为数据表选择合适的存储引擎，为字段选择合适的数据类型，以及评估磁盘空间需求等工作。

（5）数据库实施

在数据库实施阶段，设计人员根据逻辑设计和物理设计的结果建立数据库，编写与调试应用程序，组织数据入库，并进行试运行，如使用 SQL 语句创建数据库、数据表等。

（6）数据库运行与维护

在数据库运行和维护阶段，将数据库应用系统正式投入运行，在运行过程中不断进行一些维护、调整、备份和升级等工作。

2. 数据模型的概念和分类

理论微课 1-18：数据模型的概念和分类

数据模型（Data Model）是数据库系统的核心和基础，它是对现实世界数据特征的抽象，为数据库系统的信息表示与操作提供一个抽象的框架。

数据模型按照不同的应用层次，主要分为概念数据模型（Conceptual Data Model）、逻辑数据模型（Logical Data Model）和物理数据模型（Physical Data Model）。

现实世界中客观存在的对象转换为计算机存储的数据，需要经历现实世界、信息世界和机器世界 3 个层次，相邻层之间的转换需要依赖不同的数据模型。下面通过一张图描述客观对象转换为计算机存储数据的过程，具体如图 1-24 所示。

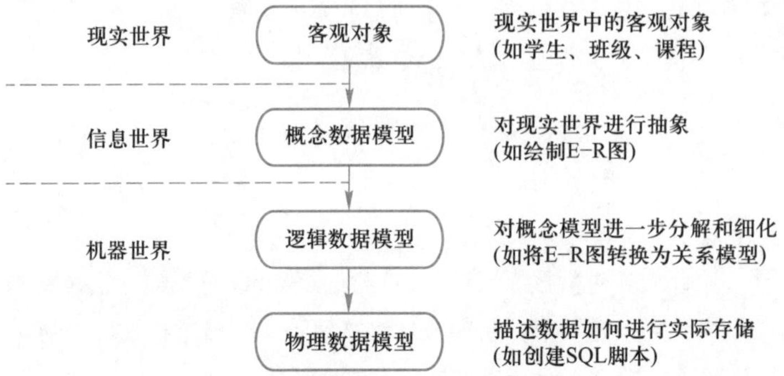

图 1-24 客观对象转换为计算机存储数据的过程

图 1-24 中，客观对象转换为计算机存储数据的过程如下。

① 将现实世界中的客观对象抽象成信息世界的数据，形成概念数据模型。概念数据模型也称为信息模型，它是现实世界到机器世界的中间层。

② 对概念数据模型进一步分解和细化，形成逻辑数据模型。逻辑数据模型是一种面向数据库系统的模型。任何一个数据库管理系统都是基于某种逻辑数据模型的，逻辑数据模型有多种，具体内容会在后面详细讲解。MySQL 数据库管理系统采用的逻辑数据模型为关系模型。

③ 通过物理数据模型描述数据如何进行实际存储。物理数据模型是一种面向计算机系统的模型，它是对数据最底层的抽象，描述数据在系统内部的表示方式和存取方法（如数据在磁盘上的表示方式和存取方法）。

3. 数据模型的组成要素

理论微课 1-19：数据模型的组成要素

数据模型所描述的内容包括 3 部分，分别是数据结构、数据操作和数据约束。

① 数据结构：用于描述数据库系统的静态特征，主要研究数据本身的类型、内容、性质以及数据之间的联系等。

② 数据操作：用于描述数据库系统的动态行为，是对数据库中对象实例允许执行的操作集合。数据操作主要包含检索和更新（插入、删除和修改）两类。

③ 数据约束：是指数据与数据之间所具有的制约和存储规则，这些规则用以限定符合数据模型的数据库状态及其状态的改变，以保证数据的正确性、有效性和相容性。

4. 概念数据模型常用术语

理论微课 1-20：概念数据模型常用术语

概念数据模型是现实世界到信息世界的一个中间层次，它用于信息世界的建模，它能够全面、清晰、准确地描述信息世界，概念数据模型有很多常用术语，具体如下。

① 实体（Entity）：是指客观存在并可相互区别的事物。实体可以是具体的人、事、物，也可以是抽象的概念或联系。例如，学生、班级、课程、学生的一次选

课、教师与学校的工作关系等都是实体。

② 属性（Attribute）：是指实体所具有的某一特性，一个实体可以由若干属性描述。例如，学生实体有学号、学生姓名和学生性别等属性。属性由两部分组成，分别是属性名和属性值。例如，学号、学生姓名和学生性别是属性名，而“1”“张三”“男”这些具体值是属性值。

③ 联系（Relationship）：概念数据模型中的联系是指实体与实体之间的联系，有一对一、一对多、多对多 3 种情况。

- 一对一（1∶1）：每个学生都有一个学生证，学生和学生证之间是一对一的联系。
- 一对多（1∶n）：一个班级有多个学生，班级和学生是一对多的联系。
- 多对多（m∶n）：一个学生可以选修多门课程，一门课程又可以被多个学生选修，学生和课程之间就形成了多对多的联系。

④ 实体型（Entity Type）：即实体类型，通过实体名及其属性名集合来抽象描述同类实体。如“学生（学号，学生姓名，学生性别）”就是一个实体型。

⑤ 实体集（Entity Set）：是指同一类型实体的集合，如全校学生就是一个实体集。

5. 概念数据模型的表示方法—— E-R 图

概念数据模型的表示方法有很多，其中常用的方法是实体 - 联系方法（Entity Relationship Approach）。该方法使用 E-R 图来描述现实世界的概念数据模型。

理论微课 1-21：概念数据模型的表示方法—— E-R 图

E-R 图也称为实体 - 联系图（Entity Relationship Diagram），它是一种用图形表示的实体联系模型。在前面内容中已经介绍了 E-R 图涉及的相关术语，包括实体、属性和实体之间的联系等。E-R 图通用的表示方式如下。

- 实体：用矩形框表示，将实体名写在矩形框内。
- 属性：用椭圆框表示，将属性名写在椭圆框内。实体与属性之间用实线连接。
- 联系：用菱形框表示，将联系名写在菱形框内，用连线将相关的实体连接，并在连线旁标注联系的类型。

为了帮助读者理解实体、属性和实体之间的联系，下面使用 E-R 图描述学生与班级、学生与课程的联系，分别如图 1-25 和图 1-26 所示。

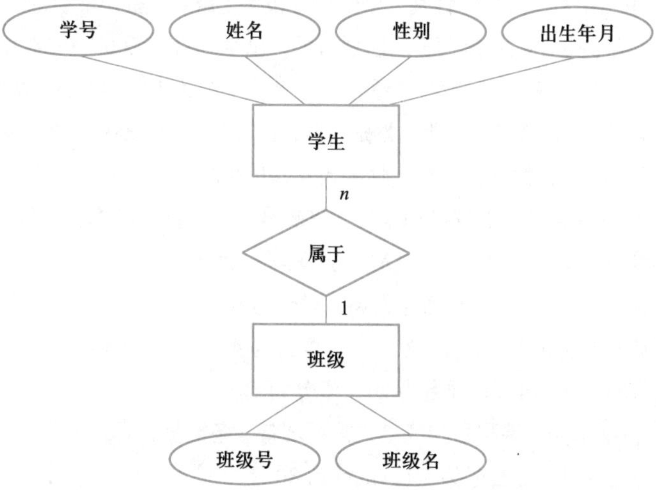

图 1-25 学生与班级的 E-R 图

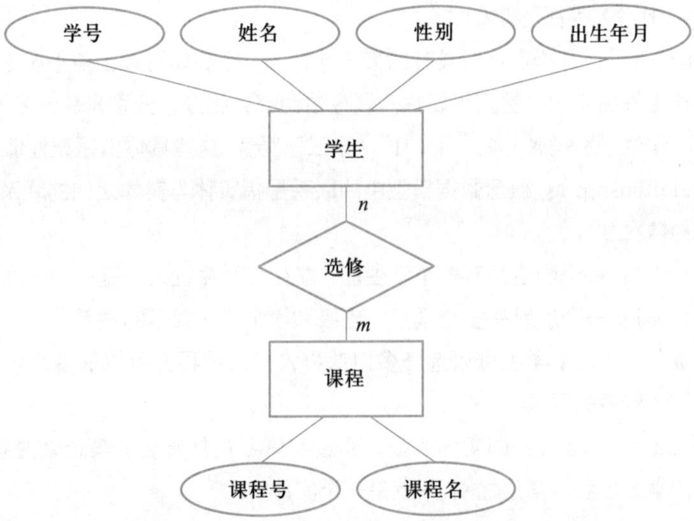

图 1-26 学生与课程的 E-R 图

从图 1-25 和图 1-26 中可以看出，E-R 图接近于普通人的思维，即使不具备计算机专业知识，也可以理解其表示的含义。

任务实现

由于“学生选课系统”是小明自己做的一个小型的数据库，并不需要投入使用，所以小明决定准备一些模拟数据方便进行数据库设计。准备好数据之后，进行数据库概念结构设计，对数据进行综合、归纳，抽象出系统涉及的实体和实体之间的联系，从而绘制“学生选课系统”E-R 图。准备数据和数据库概念结构设计的具体步骤如下。

实操微课 1-5：任务 1.3.1 绘制“学生选课系统”E-R 图

1. 准备数据

学生、课程和选课信息如下。

① 学生数据：包括学号、姓名、性别、出生年月和系，需要准备 4 条学生的数据，具体如下。

- 第 1 个学生学号为 1，姓名为张三，性别为男，出生年月为 2000-1-2，所在系为软件技术。
- 第 2 个学生学号为 2，姓名为李四，性别为男，出生年月为 1999-12-21，所在系为网络技术。
- 第 3 个学生学号为 3，姓名为小明，性别为男，出生年月为 2000-10-8，所在系为 UI 设计。
- 第 4 个学生学号为 4，姓名为小红，性别为女，出生年月为 2000-2-4，所在系为软件技术。

② 课程数据：包括课程号、课程名和学分，需要准备 4 条课程数据，具体如下。

- 第 1 条数据课程号为 K1，课程名为 MySQL，学分为 4。
- 第 2 条数据课程号为 K2，课程名为 Java，学分为 6。
- 第 3 条数据课程号为 K3，课程名为 PHP，学分为 4。
- 第 4 条数据课程号为 K4，课程名为 UI，学分为 5。

③ 选课数据：包括学号、课程号和成绩，需要准备 4 条数据，具体如下。

- 第 1 条数据学号为 1，课程号为 K1，成绩为 80。
- 第 2 条数据学号为 1，课程号为 K2，成绩为 60。

- 第 3 条数据学号为 2，课程号为 K3，成绩为 70。
- 第 4 条数据学号为 2，课程号为 K4，成绩为 65。

2. 数据库概念结构设计

下面对收集到的数据进行分类和组织，确定实体、实体的属性、实体之间的联系。

① 确定实体及实体的属性。

- 学生实体：属性包括学号、姓名、性别、出生年月、系。
- 课程实体：属性包括课程号、课程名、学分。

② 确定实体之间的联系。

学生实体和课程实体之间通过选课进行联系，并且这两个实体之间是多对多的联系。

③ 根据实体及实体的属性相关信息画出每个实体的示意图。

学生实体示意图，如图 1-27 所示。

课程实体示意图，如图 1-28 所示。

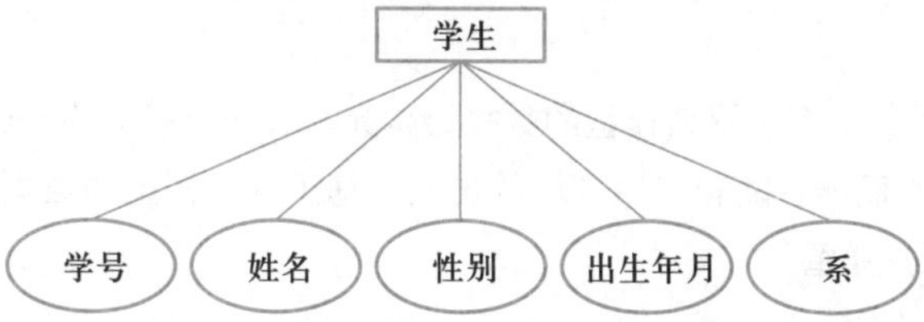

图 1-27 学生实体示意图

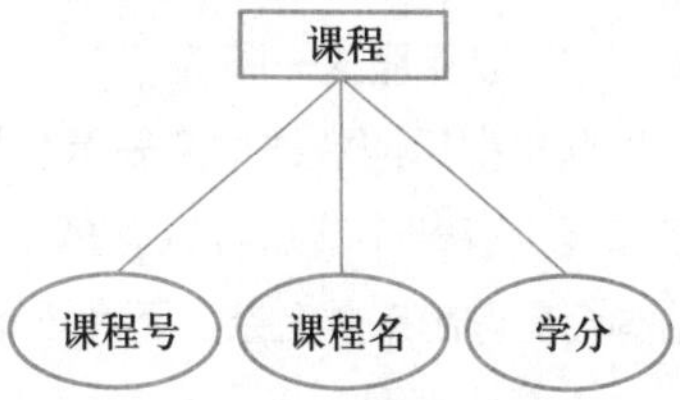

图 1-28 课程实体示意图

④ 根据学生和课程实体之间的联系，绘制“学生选课系统”E-R 图，具体如图 1-29 所示。

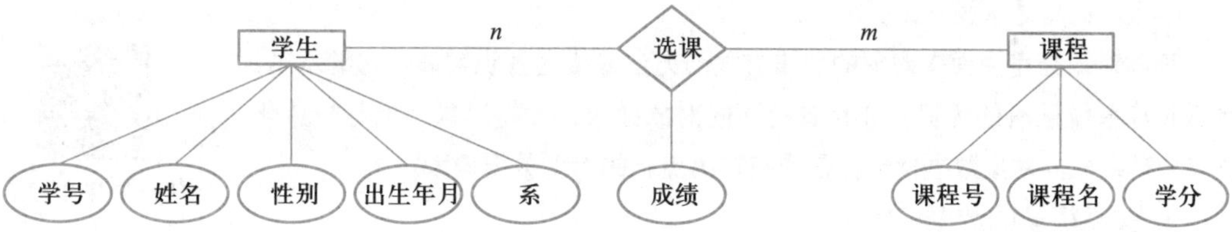

图 1-29 “学生选课系统”E-R 图

任务 1.3.2 制作“学生选课系统”关系模型

■ 任务需求

在任务 1.3.1 中小明完成了“学生选课系统”的概念结构设计，设计成果为 E-R 图，但是 E-R 图没有办法组织数据。接下来，进入到数据库设计的下一个环节，即逻辑结构设计，逻辑结构设计的产物是逻辑数据模型。考虑“学生选课系统”是运行在 MySQL 中的，而 MySQL 是基于关系模型的数据库管理系统，因此他选择关系模型作为“学生选课系统”的逻辑数据模型。

本任务需要将 E-R 图转换为“学生选课系统”关系模型。

知识储备

1. 逻辑数据模型

逻辑数据模型主要分为层次模型（Hierarchical Model）、网状模型（Network Model）、关系模型（Relational Model）和面向对象模型（Object Oriented Model）。

理论微课 1-22：逻辑数据模型

（1）层次模型

层次模型是数据库系统最早出现的数据模型。层次模型用树结构表示数据之间的联系，它的数据结构类似一棵倒置的树，有且仅有一个根节点，其余的节点都是非根节点。层次模型中的每个节点表示一个记录类型，记录之间是一对多的联系，即一个节点可以有多个子节点。

（2）网状模型

在现实世界中事物之间的联系更多的是非层次的，使用层次模型表示非树结构很不直接，网状模型则可以克服这一弊端。

网状模型用网状结构来表示数据之间的联系。网状模型的数据结构允许有一个以上的节点无双亲和至少有一个节点可以有多于一个的双亲。随着应用环境的扩大，基于网状模型的数据库，其结构会变得越来越复杂，不利于最终用户掌握。

（3）关系模型

关系模型以数据表的形式组织数据，实体之间的联系通过数据表的公共属性表示，结构简单明了，并且有逻辑计算、数学计算等坚实的数学理论做基础。关系模型是目前广泛使用的数据模型之一，本书重点讲解关系模型。

（4）面向对象模型

面向对象模型用面向对象的思维方式与方法来描述客观实体。它继承了关系数据库系统已有的优势，并且支持面向对象建模，支持对象存取与持久化，支持代码级面向对象数据操作，是现在较为流行的新型数据模型。

理论微课 1-23：关系模型的数据结构

2. 关系模型的数据结构

下面以一个简单的学生信息二维表为例，讲解关系模型中的一些基本术语。学生信息二维表如图 1-30 所示。

字段(属性)

学号	姓名	性别	出生年月
1	张三	男	1996-02
2	李四	男	1996-04
3	小红	女	1996-09

记录(元组)

图 1-30 学生信息二维表

关系模型中的基本术语具体如下。

① 关系（Relation），关系一词与数学领域有关，它是基于集合的一个重要概念，用于反映元素之间的联系和性质。从用户角度来看，关系模型的数据结构是二维表，即关系模型通过二维表

组织数据。一个关系对应一张二维表（如图 1-30 所示的学生信息二维表）。二维表中可以保存的数据包括实体本身的数据和实体间的联系。

② 字段（Field），二维表中的列称为字段，一列即为一个字段，每个字段都有一个字段名。根据不同的习惯，字段也可以称为属性（Attribute）。图 1-30 中的表有 4 列，对应 4 个字段，分别是学号、姓名、性别和出生年月。

③ 记录（Record），二维表中的每一行数据称为一个记录。记录也可以称为元组（Tuple）。

④ 域（Domain），指字段的取值范围。例如，性别字段的域为男、女。

⑤ 关系模式（Relation Schema），对关系的描述，一般表示为“关系名（字段 1，字段 2，…，字段 *n*）”。例如，图 1-30 中学生信息二维表的关系模式描述如下。

```
学生（学号，姓名，性别，出生年月）
```

⑥ 键（Key），又称为关键字或码。在二维表中，若要为某一个记录设置唯一标识，需要用到键。实际应用中选定的键称为主键（Primary Key），一张表只能有一个主键，主键可以建立在一个或多个字段上，建立在多个字段上的主键称为复合主键。当两张表存在联系时，如果其中一张表的主键被另一张表引用，则需要在另一张表中建立外键（Foreign Key）。

例如，学生的学号具有唯一性，学号可以作为学生实体的键，班级的班级号也可以作为班级实体的键。如果学生表中拥有班级号的信息，就可以通过班级号这个键为学生表和班级表建立联系，如图 1-31 所示。

学生表

学号	姓名	性别	班级号
1	张三	男	1
2	李四	女	1
3	小明	男	2
4	小红	女	2

班级表

班级号	班级名称	班主任
1	软件班	张老师
2	设计班	王老师

图 1-31 学生表和班级表

在图 1-31 中，学生表中的班级号表示学生所属的班级，在班级表中，班级号是该表的键。班级表与学生表通过班级号可以建立一对多的联系，即一个班级中有多个学生。其中，班级表的班级号为主键，学生表的班级号为外键。

当两个实体的联系为多对多时，对应的数据表一般不通过键直接建立联系，而是通过一张中间表间接进行关联。例如，学生与课程的多对多联系，可以通过学生选课表建立联系，如图 1-32 所示。

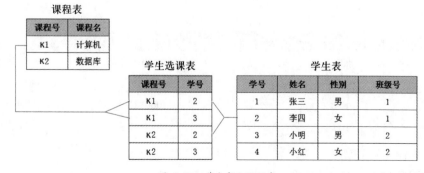

课程表

课程号	课程名
K1	计算机
K2	数据库

学生选课表

课程号	学号
K1	2
K1	3
K2	2
K2	3

学生表

学号	姓名	性别	班级号
1	张三	男	1
2	李四	女	1
3	小明	男	2
4	小红	女	2

图 1-32 学生表和课程表

在图 1-32 中，学生表与课程表之间通过学生选课表关联。学生选课表将学生与课程的多对多联系拆解成两个一对多联系，即一个学生选修多门课，一门课被多个学生选修。

3. 关系模型的完整性约束

为了保证数据库中数据的正确性、有效性和相容性，需要对关系模型进行完整性约束，所约束的完整性通常包括实体完整性、参照完整性和用户自定义完整性。

理论微课 1-24：关系模型的完整性约束

（1）实体完整性

实体完整性要求关系中的主键不能重复，且不能取空值。空值是指不知道、不存在或无意义的值。由于关系中的记录对应现实世界中互相之间可区分的个体，这些个体使用主键来唯一标识，若主键为空或重复，则无法唯一标识每个个体，所以需要保证实体完整性。

（2）参照完整性

参照完整性定义了外键和主键之间的引用规则，要求关系中的外键要么取空值，要么取参照关系中的某个记录的主键值。例如，学生表中的班级号对应班级表的班级号，按照参照完整性规则，学生的班级号只能取空值或班级表中已经存在的某个班级号。当取空值时表示该学生尚未分配班级，当取某个班级号时，该班级号必须是班级表中已经存在的某个班级号。

（3）用户自定义完整性

用户自定义完整性是用户针对具体的应用环境定义的完整性约束条件，由数据库管理系统检查用户自定义的完整性。例如，创建数据表时，定义用户名不允许重复的约束。

任务实现

在 MySQL 数据库中，关系模型的数据结构是二维表，一个关系对应一张二维表。制作“学生选课系统”关系模型也就是将 E-R 图中每一个关系转换为二维表的形式，具体步骤如下。

实操微课 1-6：任务 1.3.2 制作“学生选课系统”关系模型

1. 制作学生关系模型

① 根据学生实体及实体的字段，对学生的关系模式描述如下。

学生（学号，姓名，性别，出生年月，系）

上述关系模式中，学号为学生关系模式的键。

② 将收集到的学生数据填入学生关系二维表中，见表 1-1。

表 1-1 学生关系二维表（student）

学号	姓名	性别	出生年月	系
1	张三	男	2000-1-2	软件技术
2	李四	男	1999-12-21	网络技术
3	小明	男	2000-10-8	UI 设计
4	小红	女	2000-2-4	软件技术

2. 制作课程关系模型

① 根据课程实体及实体的字段，对课程的关系模式描述如下。

课程（课程号，课程名，学分）

上述模式中，课程号为课程关系模式的键。

② 将收集到的课程数据填入课程关系二维表中，见表 1-2。

表 1-2 课程关系二维表（course）

课程号	课程名	学分
K1	MySQL	4
K2	Java	6
K3	PHP	4
K4	UI	5

3. 制作选课关系模型

① 学生实体和课程实体之间的联系为多对多，将这两个实体之间的联系转换为关系模式，描述如下。

学生 - 课程（学号，课程号，成绩）

上述模式中，学号和课程号是关系模式的复合主键。

② 学生实体和课程实体的联系为多对多时，对应的数据表通过一张中间表（选课关系二维表）间接进行关联，将收集到的选课数据填入选课关系二维表中，见表 1-3。

表 1-3 选课关系二维表（sc）

学号	课程号	成绩
1	K1	80
1	K2	60
2	K3	70
2	K4	65

知识拓展

数据库设计范式

数据库设计会对数据的存储性能、数据的操作有很大影响。为了避免不规范的数据造成数据冗余，以及出现插入、删除、更新操作异常等情况，就要满足一定的规范化要求。为了规范化数据库，数据库技术专家们提出了各种范式（Normal Form）。

理论微课 1-25：数据库设计范式

根据要求的程度不同，范式有多种级别，最常用的有第一范式（1NF）、第二范式（2NF）和第三范式（3NF），这 3 个范式简称三范式。

（1）第一范式

第一范式（1NF）是指数据表的每一列都是不可分割的基本数据项，同一列中不能有多个值，即数据表中不能有重复的字段，一个字段不能有多个值。简而言之，第一范式遵从原子性，字段不可再分。

下面演示不满足第一范式的情况。假设在设计数据表时，将学生信息和选课信息保存到一张数据表中，见表 1-4 和表 1-5。

表 1-4 不满足第一范式的情况（1）

学号	姓名	性别	出生年月	系	课程号	成绩
3	小明	男	2000-10-8	UI 设计	K1、K2	80、60
4	小红	女	2000-2-4	软件技术	K1、K3	70、65

表 1-5 不满足第一范式情况（2）

学号	姓名	性别	出生年月	系	课程号	成绩	课程号	成绩
3	小明	男	2000-10-8	UI 设计	K1	80	K2	60
4	小红	女	2000-2-4	软件技术	K1	70	K3	65

表 1-4 的问题在于“课程号”和“成绩”这两个字段中包含了多个值，可以再进行细分；表 1-5 的问题在于“课程号”和“成绩”这两个字段存在重复。

为了满足第一范式，应将学生信息和选课信息分成两张表保存，即学生表和选课表，见表 1-6 和表 1-7。

表 1-6 学 生 表

学号	姓名	性别	出生年月	系
3	小明	男	2000-10-8	UI 设计
4	小红	女	2000-2-4	软件技术

表 1-7 选 课 表

学号	课程号	成绩
3	K1	80
3	K2	60
4	K1	70
4	K3	65

从表 1-7 可以看出，无论一个学生选择了多少门课程，或一门课程被多少个学生选修，都可以使用该表来保存。

（2）第二范式

第二范式（2NF）是在第一范式的基础上建立起来的，满足第二范式必须先满足第一范式。第二范式要求实体的字段完全依赖于主键，不能仅依赖主键的一部分（对于复合主键而言）。简而言之，第二范式遵从唯一性，非主键字段需完全依赖主键。

下面演示不满足第二范式的情况。假设在设计数据表时，将选课信息和课程信息保存到一张数据表中，见表 1-8。

表 1-8 不满足第二范式的情况

学号	课程号	课程名	成绩
3	K1	MySQL	80
3	K2	Java	60
4	K1	MySQL	70
4	K3	PHP	65

在表 1-8 中，“学号”和“课程号”组成了复合主键，“成绩”完全依赖复合主键，而“课程名”只依赖“课程号”。

采用上述方式设计的选课表存在以下问题。

- 插入异常：当添加一门新的选修课时，如果新的选修课还没有被学生选修过，则会因为主键不完整（缺少学号）而无法插入到数据表中。
- 删除异常：当删除数据表中的选课信息时，会导致课程信息被一并删除。
- 更新异常：由于课程名冗余，如果修改某一条记录中的课程名称，其他记录中的课程名称没有修改，会造成数据不一致。

为了满足第二范式，首先将课程信息放到单独的课程表中保存，见表 1-9。

表 1-9 课 程 表

课程号	课程名
K1	MySQL
K2	Java
K3	PHP

然后将选课信息放在单独的选课表中，见表 1-10。

表 1-10 选 课 表

学号	课程号	成绩
3	K1	80
3	K2	60
4	K1	70
4	K3	65

经过上述修改后，当新增一门课程时，可以添加到课程表中；当修改课程名时，只需修改一次；当删除选课信息时，不影响课程信息。

（3）第三范式

第三范式（3NF）是在第二范式的基础上建立起来的，即满足第三范式必须先满足第二范式。

第三范式要求一张数据表中每一列数据都和主键直接相关，而不能间接相关。简而言之，第三范式就是非主键字段不能相互依赖。

下面演示不满足第三范式的情况。假设在设计数据表时，将学生信息和班级信息都保存在一张数据表中，见表 1-11。

表 1-11 不满足第三范式的情况

学号	姓名	班级号	班级名称
1	张三	1	软件班
2	李四	1	软件班
3	小明	2	设计班
4	小红	2	设计班

在表 1-11 中，“学号”为主键，“班级名称”与“班级号”直接相关，“班级名称”与主键间接相关。采用这种方式设计的数据表存在以下问题。

- 插入班级时出现异常：如果要插入一个新的班级，会因为缺少主键“学号”而无法插入。
- 删除异常：如果删除学生信息，班级信息会被一并删除；如果删除班级信息，学生信息会被一并删除。
- 更新异常：由于班级名称冗余，如果修改某条记录中的班级名称，其他记录中的班级名称没有修改，会造成数据不一致。

为了满足第三范式，首先将学生信息放到单独的学生表中保存，见表 1-12。

表 1-12 学 生 表

学号	姓名	班级号
1	张三	1
2	李四	1
3	小明	2
4	小红	2

然后将班级信息放到单独的班级表中保存，见表 1-13。

表 1-13 班 级 表

班级号	班级名称
1	软件班
2	设计班

经过上述修改后，当新增一个班级时，可以添加到班级表中；当修改班级名称时，只需修改一次；当删除学生信息时，不影响班级信息。

以上 3 个范式有效地消除了数据冗余。但有得必有失，第三范式增加了数据表的数量，导致查询变得复杂，尤其是连接多张数据表查询数据时，会使查询性能降低。针对这种情况，可以借助非关系数据库来缓存一些经常被查询的数据，从而提高查询性能。

任务 1.3.3 利用关系代数查询数据

任务需求

小明在任务 1.3.2 中制作出了“学生选课系统”关系模型相关的二维表，但是小明对这些二维表产生了一个疑惑，如果将这些二维表保存在 MySQL 数据库中，那么 MySQL 是如何针对二维表进行数据查询的呢?

为了解答这个问题，小明查找了一些资料，了解到关系模型中的数据查询是通过关系代数运算实现的，于是开始学习关系代数有关的知识。在本任务中，将会运用关系代数对“学生选课系统”关系模型相关的二维表进行查询操作，具体要求如下。

① 使用投影运算，从学生关系二维表（student）中查询学号、姓名、系。

② 使用自然连接运算，将课程关系二维表（course）与选课关系表（sc）通过课程号相等的条件进行连接。

知识储备

1. 关系代数

关系模型可以使用关系代数来进行关系运算。关系代数是一种抽象的查询语言，是研究关系模型的数学工具。关系代数的运算对象是关系，运算结果也是关系。关系代数的运算符主要分为集合运算符和关系运算符两大类。其中集合运算符包括笛卡儿积、并、交、差，关系运算符包括除、选择、投影和连接，具体见表 1-14。

理论微课 1-26：关系代数

表 1-14 关系代数运算符

集合运算符	含义	关系运算符	含义
×	笛卡儿积	÷	除
∪	并	σ	选择
∩	交	π	投影
—	差	⋈	连接

2. 笛卡儿积

在数学中，笛卡儿积是对两个集合 A 和 B 进行相乘，结果中第 1 个对象是 A 的成员，而第 2 个对象是 B 的所有可能有序对中的一个成员。假设集合 A={a，b}，集合 B={0，1，2}，则两个集合的笛卡儿积为{(a，0)，(a，1)，(a，2)，(b，0)，(b，1)，(b，2)}。

理论微课 1-27：笛卡儿积

在数据库中，广义笛卡儿积（简称笛卡儿积）是对两个关系进行操作，产生的新关系中记录个数为两个关系中记录个数的乘积。假设有关系 R 和关系 S，关系 R 有 n 个字段，关系 S 有 m 个字段，R 和 S 的笛卡儿积（即 R×S）的结果是一个具有 $n+m$ 个字段的新关系。在新关系中，记录的前 n 个字段来自 R，后 m 个字段来自 S，记录的总个数是 R 和 S 中记录的乘积。

下面通过一个例子演示笛卡儿积运算，如图 1-33 所示。

R

学号	学生姓名
1	张三
2	李四

S

班级号	班级名称
001	软件班
002	网络班

R×S

学号	学生姓名	班级号	班级名称
1	张三	001	软件班
1	张三	002	网络班
2	李四	001	软件班
2	李四	002	网络班

图 1-33 笛卡儿积运算

在图 1-33 中，关系 R 中有 2 个字段分别为学号和学生姓名，关系 S 中有 2 个字段分别为班级号和班级名称，可以得知 R×S 共有 2+2 个字段，分别为学号、学生姓名、班级号和班级名称。关系 R 中有 2 个记录，分别为（1，张三）和（2，李四），关系 S 中有 2 个记录，分别为（001，软件班）和（002，网络班），可以得知 R×S 共有 2×2 个记录，分别为（1，张三，001，软件班）、（1，张三，002，网络班）、（2，李四，001，软件班）、（2，李四，002，网络班）。

3. 并、交、差

理论微课 1-28：并、交、差

并、交、差运算要求参与运算的两个关系具有相同数量的字段，其运算结果是一个具有相同数量字段的新关系。假设有关系 R 和关系 S，R∪S 表示合并两个关系中的记录，R∩S 表示找出既属于 R 又属于 S 的记录，R—S 表示找出属于 R 但不属于 S 的记录。

下面通过一个例子演示并、交、差运算，如图 1-34 所示。

R

学号	学生姓名
1	张三
2	李四

S

学号	学生姓名
1	张三
3	小明

R∪S

学号	学生姓名
1	张三
2	李四
3	小明

R∩S

学号	学生姓名
1	张三

R−S

学号	学生姓名
2	李四

图 1-34 并、交、差运算

图 1-34 中关系 R 中有 2 个记录，分别为（1，张三）、（2，李四），关系 S 中有 2 个记录，分别为（1，张三）、（3，小明）。R∪S、R∩S 和 R—S 的运算过程如下。

- R∪S 运算时，因为关系 R 和关系 S 中都有记录（1，张三），所以需要将该记录去重，可以得知 R∪S 的结果为（1，张三）、（2，李四）、（3，小明）。
- R∩S 运算时，记录（1，张三）既在关系 R 中，又在关系 S 中，可以得知 R∩S 的结果为（1，张三）。
- R—S 运算时，记录（2，李四）属于关系 R，但不属于关系 S，可以得知 R—S 最后的结果为（2，李四）。

4. 除

理论微课 1-29：除

如果把笛卡儿积看作乘运算，则除运算是笛卡儿积的逆运算。假设有关系 R 和关系 S，除运算需满足 S 的字段集是 R 字段集的真子集，R÷S 的结果是 R 字段集减去 S 字段集的结果。例如，R（A，B，C，D）÷S（C，D）的结果由 A 和 B 两个字段构成。

下面通过一个例子演示除运算，如图 1-35 所示。

在图 1-35 中，R÷S1 表示查询学号为 2 的学生所选择的课程，由关系 R 可以得知学号为 2 的

R

课程号	学号
1	2
2	2
3	2
1	3
2	3
1	4

S1

学号
2

S2

学号
2
3

R÷S1

课程号
1
2
3

R÷S2

课程号
1
2

图 1-35 除运算

学生选择的课程号为 1、2、3。R ÷ S2 表示查询学号为 2 和 3 的学生共同选择的课程，根据关系 R 可以得知学号为 3 的学生选择的课程号为 1、2，学号为 2 的学生所选择的课程为 1、2、3，那么 R ÷ S2 的结果为 1、2。

5. 选择和投影

选择是在一个关系中将满足条件的记录找出来，即水平方向筛选；投影是在一个关系中去掉不需要的字段，保留需要的字段，即垂直方向筛选。

理论微课 1-30：选择和投影

下面通过一个例子演示选择和投影运算，如图 1-36 所示。

R

学号	学生姓名	学生性别
1	张三	男
2	李四	女

$\sigma_{学号=1}(R)$

学号	学生姓名	学生性别
1	张三	男

选择

$\pi_{学号，学生姓名}(R)$

学号	学生姓名
1	张三
2	李四

投影

图 1-36 选择和投影运算

在图 1-36 中，选择操作 $\sigma_{学号=1}$（R）表示在关系 R 中查找学号为 1 的学生，找到了记录（1，张三，男）；投影操作 $\pi_{学号，学生姓名}$（R）表示在关系 R 中查找学号和学生姓名，也就是保留学号字段和学生姓名字段，去掉了学生性别字段。

6. 连接

连接是在两个关系的笛卡儿积中选取字段间满足一定条件的记录。由于笛卡儿积的结果可能会包括很多没有意义的记录，相比之下连接运算更为实用。

理论微课 1-31：连接

常用的连接方式有等值连接和自然连接。假设有关系 R 和关系 S，使用 A 和 B 分别表示 R 和 S 中数目相等且可比的字段组。等值连接是在 R 和 S 的笛卡儿积中选取 A、B 字段值相等的记录。自然连接是一种特殊的等值连接，要求 R 和 S 必须有相同的字段组，进行等值连接后再去除重复的字段组。

下面通过一个例子演示等值连接运算和自然连接运算，如图 1-37 所示。

在图 1-37 中，等值连接运算 R ⋈ S 需要先找出关系 R 和关系 S 的笛卡儿积，然后再从其中选取字段值相等的记录。已知关系 R 中有 4 个记录，关系 S 中有 3 个记录，R×S 共有 12 个记录，则等值连接运算结果为 R×S 中班级号相等的记录。自然连接运算 R ⋈ S 的结果就是在等值连接运算的结果中去除重复的字段组班级号。

R

学号	学生姓名	班级号
1	张三	1
2	李四	1
3	小明	2
4	小红	2

S

班级号	班级名称
1	软件班
2	设计班
3	网络班

R×S

学号	学生姓名	R.班级号	S.班级号	班级名称
1	张三	1	1	软件班
1	张三	1	2	设计班
1	张三	1	3	网络班
2	李四	1	1	软件班
2	李四	1	2	设计班
2	李四	1	3	网络班
3	小明	2	1	软件班
3	小明	2	2	设计班
3	小明	2	3	网络班
4	小红	2	1	软件班
4	小红	2	2	设计班
4	小红	2	3	网络班

R⋈S(等值连接)

学号	学生姓名	R.班级号	S.班级号	班级名称
1	张三	1	1	软件班
2	李四	1	1	软件班
3	小明	2	2	设计班
4	小红	2	2	设计班

R⋈S(自然连接)

学号	学生姓名	班级号	班级名称
1	张三	1	软件班
2	李四	1	软件班
3	小明	2	设计班
4	小红	2	设计班

图 1-37 等值连接运算和自然连接运算

任务实现

根据任务需求，应使用关系代数中的投影运算从学生关系二维表（student）中查询学号、姓名、系；使用自然连接运算，将课程关系二维表（course）与选课关系二维表（sc）通过课程号相等的条件进行连接，具体步骤如下。

实操微课 1-7：任务 1.3.3 利用关系代数查询数据

① 已知学生关系二维表（student）中字段为学号、姓名、性别、出生年月和系。投影运算 $\pi_{学号，姓名，系}$（student）表示保留学号字段、姓名字段和系字段，去掉性别字段和出生年月字段，投影运算结果如图 1-38 所示。

学生关系二维表(student)

学号	姓名	性别	出生年月	系
1	张三	男	2000-1-2	软件技术
2	李四	男	1999-12-21	网络技术
3	小明	男	2000-10-8	UI设计
4	小红	女	2000-2-4	软件技术

$\pi_{学号，姓名，系}$(student)

学号	姓名	系
1	张三	软件技术
2	李四	网络技术
3	小明	UI设计
4	小红	软件技术

图 1-38 投影运算结果

② 自然连接操作需要先找出课程关系二维表（course）和选课关系二维表（sc）的笛卡儿积（如图 1-39 所示），然后再从笛卡儿积中选取课程号相等的记录，结果为等值连接（如图 1-40 所示），最后再将等值连接中重复的课程号字段组去除，得到自然连接的结果（如图 1-41 所示）。

课程关系二维表(course)

课程号	课程名	学分
K1	MySQL	4
K2	Java	6
K3	PHP	4
K4	UI	5

选课关系二维表(sc)

学号	课程号	成绩
1	K1	80
1	K2	60
2	K3	70
2	K4	65

course×sc

course.课程号	课程名	学分	学号	sc.课程号	成绩
K1	MySQL	4	1	K1	80
K1	MySQL	4	1	K2	60
K1	MySQL	4	2	K3	70
K1	MySQL	4	2	K4	65
K2	Java	6	1	K1	80
K2	Java	6	1	K2	60
K2	Java	6	2	K3	70
K2	Java	6	2	K4	65
K3	PHP	4	1	K1	80
K3	PHP	4	1	K2	60
K3	PHP	4	2	K3	70
K3	PHP	4	2	K4	65
K4	UI	5	1	K1	80
K4	UI	5	1	K2	60
K4	UI	5	2	K3	70
K4	UI	5	2	K4	65

图 1-39 笛卡儿积运算结果

course ⋈ sc(等值连接)
course.课程号=sc.课程号

course.课程号	课程名	学分	学号	sc.课程号	成绩
K1	MySQL	4	1	K1	80
K2	Java	6	1	K2	60
K3	PHP	4	2	K3	70
K4	UI	5	2	K4	65

图 1-40 等值连接运算结果

course ⋈ sc(自然连接)

课程号	课程名	学分	学号	成绩
K1	MySQL	4	1	80
K2	Java	6	1	60
K3	PHP	4	2	70
K4	UI	5	2	65

图 1-41 自然连接运算结果

本章小结

本章通过任务的形式对数据库入门的知识进行了详细讲解。首先讲解了 MySQL 的下载、安装和启动，并对数据库的基本概念进行了铺垫；然后讲解了 MySQL 的登录、退出和密码设置，通过命令行和 SQLyog 图形化管理工具两种方式对 MySQL 进行登录；最后讲解了数据库设计，完成了“学生选课系统”的 E-R 图、关系模型的制作，并利用关系代数查询数据。通过本章的学习，希望读者能够掌握数据库入门的相关知识，为后续的学习打下坚实的基础。

课后练习

一、填空题

1. 数据模型按照不同的应用层次，主要分为概念数据模型、逻辑数据模型、________。
2. 数据模型所描述的内容包括 3 部分，分别是数据结构、数据操作、________。
3. 概念数据模型中实体与实体之间的联系，有________、________、多对多 3 种情况。
4. MySQL 服务默认监听________端口。
5. MySQL 安装目录下________目录用于放置一些可执行文件。

二、判断题

1. 关系代数是一种抽象的查询语言，是研究关系模型的数学工具。（ ）
2. 关系模型的数据结构是二维表。（ ）
3. 关系模型所约束的完整性通常包括实体完整性、参照完整性和用户自定义完整性。（ ）
4. 数据库系统阶段，数据的独立性包含逻辑独立性和物理独立性。（ ）
5. E-R 图是一种用表格表示的实体联系模型。（ ）

三、选择题

1. 下列选项中，不属于按照应用层次划分的是（ ）。

A. 概念数据模型　　B. 逻辑数据模型
C. 物理数据模型　　D. 关系数据模型

2. 数据的独立性包括（ ）。（多选）

A. 物理独立性　　B. 逻辑独立性
C. 用户独立性　　D. 程序独立性

3. 若要启动一个名称为 mysql80 的 MySQL 服务，下列选项中正确的命令是（ ）。

A. net start　　B. net start mysql80
C. net stop mysql80　　D. start mysql80

4. 下列选项中，用于退出 MySQL 命令行客户端的命令有（ ）。（多选）

A. exit　　B. stop　　C. quit　　D. remove

5. 下列选项中，MySQL 默认提供的用户是（ ）。

A. admin　　B. test　　C. root　　D. user

四、操作题

请绘制 E-R 图表示学生与班级、学生与课程的联系。

（1）涉及的实体。

- 学生：学号、姓名、性别、出生日期、联系电话。
- 班级：班级号、班级名称。
- 课程：课程名、课程编号。

（2）实体之间的联系。

- 一个学生可以选修多门课程，一门课程可以被多个学生选修。
- 一个班级有多名学生，每个学生只能在一个班级中学习。

第 2 章

数据库和数据表的基本操作

PPT：第 2 章　数据库和数据表的基本操作

教学设计：第 2 章　数据库和数据表的基本操作

学习目标

知识目标	• 了解 SQL 的概念，能够说出 SQL 的语法特点 • 了解 MySQL 中的注释，能够说出单行注释和多行注释的作用 • 了解 MySQL 中可用的字符集和校对集，能够说出常用的字符集和校对集的含义 • 熟悉数据表中字段的数据类型，能够区分 SQL 语句中不同数据类型的表示方式 • 熟悉数据表约束的概念，能够说明各种约束的基本语法和使用场景
技能目标	• 掌握数据库的基本操作，能够对数据库进行创建、查看、修改和删除 • 掌握数据表的基本操作，能够对数据表进行创建、查看、修改和删除 • 掌握数据表的相关约束的使用方法，能够在数据表中设置非空约束、唯一约束、主键约束和默认值约束 • 掌握字段自动增长的设置，能够在创建数据表时为字段设置自动增长

在 MySQL 中，数据库和数据表的操作是每个初学者必须掌握的内容，同时也是学习后续课程的基础。为了让初学者能够快速掌握数据库和数据表的基本操作，本章将对数据库和数据表的创建、查看、修改和删除，以及数据表的相关约束进行详细讲解。

2.1 数据库和数据表的创建与查看

若要使用 MySQL 保存数据，首先要在 MySQL 中创建数据库，然后在数据库中创建数据表，最后将数据保存到数据表中。本节将针对数据库和数据表的创建与查看进行详细讲解。

任务 2.1.1 创建与查看数据库

■ 任务需求

在任务 1.3.2 中，小明完成了“学生选课系统”关系模型的制作，最终得到了基于关系模型的二维表。那么在有了二维表以后，如何将二维表存储到 MySQL 中呢？这就需要在 MySQL 中完成数据库和数据表的创建。

由于小明刚开始使用 MySQL，还不知道如何在 MySQL 中创建数据库，于是小明请教了张老师。张老师针对小明的情况给出了一些学习建议：首先了解 SQL 的基本概念以及 SQL 的语法规则；然后了解 MySQL 的注释、字符集和校对集；最后动手实操，在 MySQL 中完成“学生选课系统”数据库的创建。

■ 知识储备

1. SQL

MySQL 数据库管理系统使用结构化查询语言（Structured Query Language，SQL）进行数据库的管理。SQL 是一种适用于关系数据库的语言，它是由 IBM 公司于 20 世纪 70 年代开发出来的，并在 20 世纪 80 年代被美国国家标准学会（American National Standards Institute，ANSI）和国际标准化组织（International Organization for Standardization，ISO）定义为关系数据库语言的标准。SQL 提供了管理关系数据库的一些语法，通过这些语法可以完成存取数据、删除数据和更新数据等操作。

理论微课 2-1：SQL

根据 SQL 的功能，可以将 SQL 划分为 4 个类别，具体如下。

- 数据查询语言（Data Query Language，DQL），用于查询和检索数据，主要包括 SELECT 语句。SELECT 语句用于查询和检索数据库中的一条数据或多条数据。
- 数据操作语言（Data Manipulation Language，DML），用于对数据库的数据进行添加、修改和删除操作，主要包括 INSERT 语句、UPDATE 语句和 DELETE 语句。INSERT 语句用于插入数据；UPDATE 语句用于修改数据；DELETE 语句用于删除数据。
- 数据定义语言（Data Definition Language，DDL），用于定义数据表结构，主要包括 CREATE 语句、ALTER 语句和 DROP 语句。CREATE 语句用于创建数据库、数据表；ALTER 语句用于修改数据库、数据表；DROP 语句用于删除数据库、数据表。
- 数据控制语言（Data Control Language，DCL），用于用户权限管理，主要包括 GRANT 语句、COMMIT 语句和 ROLLBACK 语句。GRANT 语句用于给用户授予权限；COMMIT 语句用于提交事务；ROLLBACK 语句用于回滚事务。

以上列举的 4 类语言，在本书的后面章节中会对其语法和使用进行详细讲解。另外，包括 MySQL 在内的许多数据库产品都在标准 SQL 之上扩展了一些自己的语法，这导致不同数据库使用的 SQL 存在一些细微的差异。

2. SQL 语法规则

理论微课 2-2：SQL 语法规则

在通过 SQL 操作数据库时，需要编写 SQL 语句。一条 SQL 语句由一个或多个子句构成。下面演示一条简单的 SQL 语句，代码如下。

```
SELECT * FROM 表名 ;
```

上述 SQL 语句中，SELECT 和 FROM 是关键字，它们被赋予了特定含义，SELECT 的含义为“选择”，FROM 的含义为“来自”。“SELECT *”与“FROM 表名”是两个子句，前者表示选择所有的字段，后者表示从指定的数据表中查询。“表名”是一个用户自定义的数据表的名称。

在编写 SQL 语句时，应注意以下 4 点。

- 运行在不同平台下的 MySQL 对数据库名、数据表名和字段名大小写的区分方式不同。在 Windows 平台下，数据库名、数据表名和字段名都不区分大小写，而在 Linux 平台下，数据库名和数据表名严格区分大小写，字段名不区分大小写。
- 关键字在 MySQL 中不区分大小写，习惯上使用大写形式。用户自定义的名称习惯上使用小写形式。
- 关键字不能直接作为用户自定义的名称使用，如果要使用关键字作为用户自定义的名称，可以通过反引号“`”将用户自定义的名称包裹起来，如 `select`。
- SQL 语句可以在单行或多行中书写，以分号结束即可。

本书在讲解 SQL 语法时，对 SQL 语法中的特殊符号进行以下约定。

- 使用“[ ]”括起来的内容表示可选项，如“[DEFAULT]”表示 DEFAULT 可写可不写。
- “[, ...]”表示其前面的内容可以有多个，如“[字段名 数据类型][, ...]”表示可以有多个“[字段名 数据类型]”。
- 在“{ }”中使用“|”表示选择项，在选择项中仅需选择其中一项，如 { A|B|C } 表示从 A、B、C 中任选其一。

3. MySQL 中的注释

理论微课 2-3：MySQL 中的注释

MySQL 支持单行注释和多行注释，用于对 SQL 语句进行解释说明，并且注释内容会被 MySQL 忽略。在团队协作中，注释是解释代码功能的重要方式之一。我们在程序中添加注释时，应负起高度的责任，确保注释完整和准确。

单行注释以“--”或“#”开始，到行末结束。需要注意的是，“--”后面一定要加一个空格，而“#”后面的空格可加可不加。单行注释的使用示例如下。

```
SELECT * FROM emp;     -- 单行注释
SELECT * FROM emp;     # 单行注释
```

多行注释以“/*”开始，以“*/”结束，其使用示例如下。

```
/*
  多行注释
*/
SELECT * FROM emp;
```

4. MySQL 中的字符集

计算机采用二进制方式保存数据，用户输入的字符会按照一定的规则转换为二进制后保存，这个转换的过程称为字符编码。将一系列字符的编码规则组合起来就形成了字符集。MySQL 中的字符集规定了字符在数据库中的存储格式，不同的字符集有不同的编码规则。

理论微课 2-4：MySQL 中的字符集

常用的字符集有 GBK 和 UTF-8。UTF-8 支持世界上大多数国家的语言文字，通用性比较强，适用于大多数场合；而如果只需要支持英文、中文、日文和韩文，不考虑其他语言，从性能角度考虑，可以采用 GBK。

GBK 在 MySQL 中的写法为 gbk，而 UTF-8 在 MySQL 中的写法有两种，分别是 utf8 和 utf8mb4。utf8 中的单个字符最多占用 3 字节，而 utf8mb4 中的单个字符允许占用 4 字节，因此，utf8mb4 相比 utf8 可以支持更多的字符。

MySQL 提供了各种字符集的支持，通过“SHOW CHARACTER SET；”语句可以查看 MySQL 中可用的字符集，输出结果如图 2-1 所示。

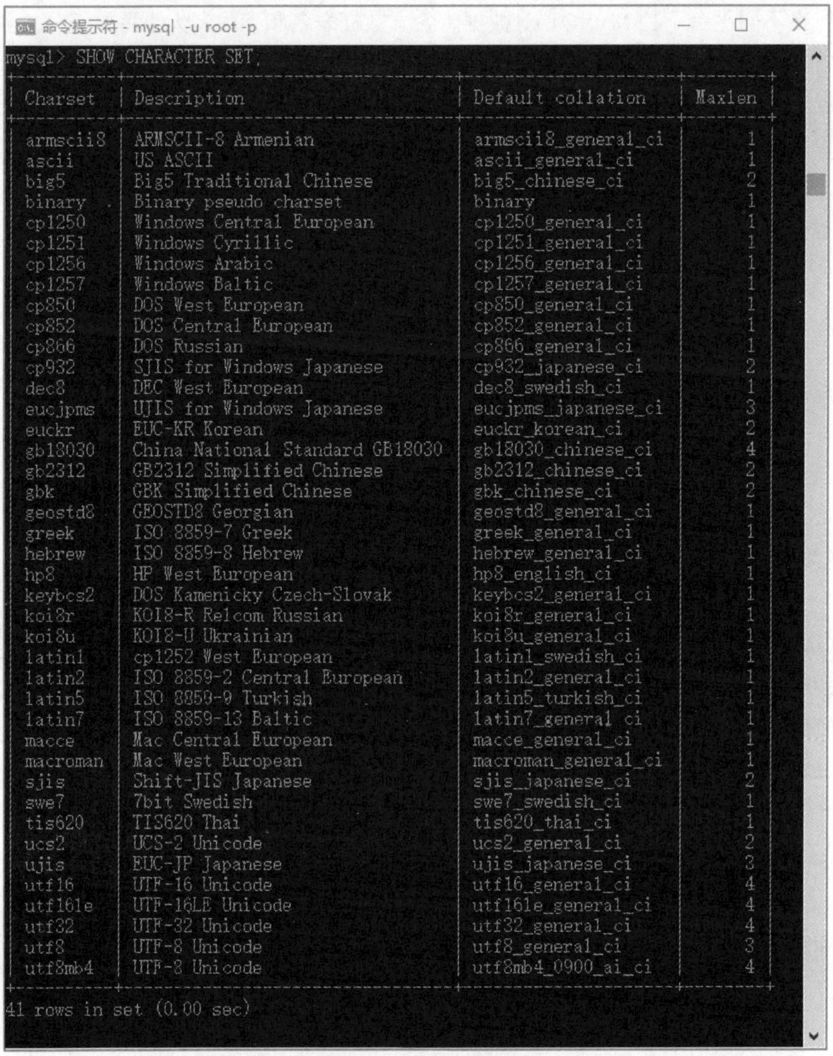

```
命令提示符 - mysql -u root -p
mysql> SHOW CHARACTER SET;
+----------+---------------------------------+---------------------+--------+
| Charset  | Description                     | Default collation   | Maxlen |
+----------+---------------------------------+---------------------+--------+
| armscii8 | ARMSCII-8 Armenian              | armscii8_general_ci |      1 |
| ascii    | US ASCII                        | ascii_general_ci    |      1 |
| big5     | Big5 Traditional Chinese        | big5_chinese_ci     |      2 |
| binary   | Binary pseudo charset           | binary              |      1 |
| cp1250   | Windows Central European        | cp1250_general_ci   |      1 |
| cp1251   | Windows Cyrillic                | cp1251_general_ci   |      1 |
| cp1256   | Windows Arabic                  | cp1256_general_ci   |      1 |
| cp1257   | Windows Baltic                  | cp1257_general_ci   |      1 |
| cp850    | DOS West European               | cp850_general_ci    |      1 |
| cp852    | DOS Central European            | cp852_general_ci    |      1 |
| cp866    | DOS Russian                     | cp866_general_ci    |      1 |
| cp932    | SJIS for Windows Japanese       | cp932_japanese_ci   |      2 |
| dec8     | DEC West European               | dec8_swedish_ci     |      1 |
| eucjpms  | UJIS for Windows Japanese       | eucjpms_japanese_ci |      3 |
| euckr    | EUC-KR Korean                   | euckr_korean_ci     |      2 |
| gb18030  | China National Standard GB18030 | gb18030_chinese_ci  |      4 |
| gb2312   | GB2312 Simplified Chinese       | gb2312_chinese_ci   |      2 |
| gbk      | GBK Simplified Chinese          | gbk_chinese_ci      |      2 |
| geostd8  | GEOSTD8 Georgian                | geostd8_general_ci  |      1 |
| greek    | ISO 8859-7 Greek                | greek_general_ci    |      1 |
| hebrew   | ISO 8859-8 Hebrew               | hebrew_general_ci   |      1 |
| hp8      | HP West European                | hp8_english_ci      |      1 |
| keybcs2  | DOS Kamenicky Czech-Slovak      | keybcs2_general_ci  |      1 |
| koi8r    | KOI8-R Relcom Russian           | koi8r_general_ci    |      1 |
| koi8u    | KOI8-U Ukrainian                | koi8u_general_ci    |      1 |
| latin1   | cp1252 West European            | latin1_swedish_ci   |      1 |
| latin2   | ISO 8859-2 Central European     | latin2_general_ci   |      1 |
| latin5   | ISO 8859-9 Turkish              | latin5_turkish_ci   |      1 |
| latin7   | ISO 8859-13 Baltic              | latin7_general_ci   |      1 |
| macce    | Mac Central European            | macce_general_ci    |      1 |
| macroman | Mac West European               | macroman_general_ci |      1 |
| sjis     | Shift-JIS Japanese              | sjis_japanese_ci    |      2 |
| swe7     | 7bit Swedish                    | swe7_swedish_ci     |      1 |
| tis620   | TIS620 Thai                     | tis620_thai_ci      |      1 |
| ucs2     | UCS-2 Unicode                   | ucs2_general_ci     |      2 |
| ujis     | EUC-JP Japanese                 | ujis_japanese_ci    |      3 |
| utf16    | UTF-16 Unicode                  | utf16_general_ci    |      4 |
| utf16le  | UTF-16LE Unicode                | utf16le_general_ci  |      4 |
| utf32    | UTF-32 Unicode                  | utf32_general_ci    |      4 |
| utf8     | UTF-8 Unicode                   | utf8_general_ci     |      3 |
| utf8mb4  | UTF-8 Unicode                   | utf8mb4_0900_ai_ci  |      4 |
+----------+---------------------------------+---------------------+--------+
41 rows in set (0.00 sec)
```

图 2-1 MySQL 中可用的字符集

在图 2-1 中，Charset 列表示字符集名称，Description 列表示描述信息，Default collation 列表示默认校对集，Maxlen 列表示单个字符的最大长度。

5. MySQL 中的校对集

校对集用于控制字符之间的比较关系，在进行比较和排序等操作时都会用到校对集。MySQL 中的校对集用于为不同字符集指定比较和排序规则。例如，utf8mb4 字符集默认的校对集为 utf8mb4_0900_ai_ci，其中 utf8mb4 表示该校对集对应的字符集；0900 是指 Unicode 校对算法版本；_ai 表示口音不敏感，即 a、à、á、â 和 ä 之间没有区别；_ci 表示大小写不敏感，即 p 和 P 之间没有区别。

理论微课 2-5：MySQL 中的校对集

MySQL 中提供了多种校对集，通过“SHOW COLLATION;”语句可以查看 MySQL 中可用的校对集，由于输出结果很长，这里仅展示部分内容，如图 2-2 所示。

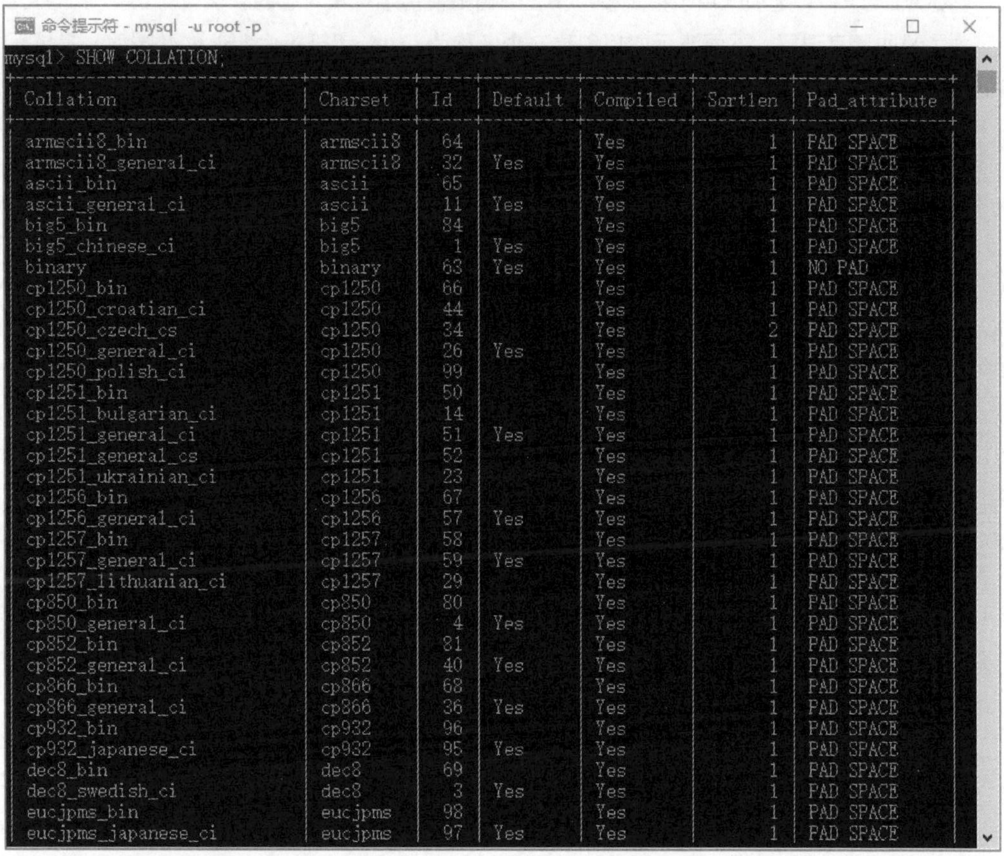
命令提示符 - mysql -u root -p
mysql> SHOW COLLATION;

Collation	Charset	Id	Default	Compiled	Sortlen	Pad_attribute
armscii8_bin	armscii8	64		Yes	1	PAD SPACE
armscii8_general_ci	armscii8	32	Yes	Yes	1	PAD SPACE
ascii_bin	ascii	65		Yes	1	PAD SPACE
ascii_general_ci	ascii	11	Yes	Yes	1	PAD SPACE
big5_bin	big5	84		Yes	1	PAD SPACE
big5_chinese_ci	big5	1	Yes	Yes	1	PAD SPACE
binary	binary	63	Yes	Yes	1	NO PAD
cp1250_bin	cp1250	66		Yes	1	PAD SPACE
cp1250_croatian_ci	cp1250	44		Yes	1	PAD SPACE
cp1250_czech_cs	cp1250	34		Yes	2	PAD SPACE
cp1250_general_ci	cp1250	26	Yes	Yes	1	PAD SPACE
cp1250_polish_ci	cp1250	99		Yes	1	PAD SPACE
cp1251_bin	cp1251	50		Yes	1	PAD SPACE
cp1251_bulgarian_ci	cp1251	14		Yes	1	PAD SPACE
cp1251_general_ci	cp1251	51	Yes	Yes	1	PAD SPACE
cp1251_general_cs	cp1251	52		Yes	1	PAD SPACE
cp1251_ukrainian_ci	cp1251	23		Yes	1	PAD SPACE
cp1256_bin	cp1256	67		Yes	1	PAD SPACE
cp1256_general_ci	cp1256	57	Yes	Yes	1	PAD SPACE
cp1257_bin	cp1257	58		Yes	1	PAD SPACE
cp1257_general_ci	cp1257	59	Yes	Yes	1	PAD SPACE
cp1257_lithuanian_ci	cp1257	29		Yes	1	PAD SPACE
cp850_bin	cp850	80		Yes	1	PAD SPACE
cp850_general_ci	cp850	4	Yes	Yes	1	PAD SPACE
cp852_bin	cp852	81		Yes	1	PAD SPACE
cp852_general_ci	cp852	40	Yes	Yes	1	PAD SPACE
cp866_bin	cp866	68		Yes	1	PAD SPACE
cp866_general_ci	cp866	36	Yes	Yes	1	PAD SPACE
cp932_bin	cp932	96		Yes	1	PAD SPACE
cp932_japanese_ci	cp932	95	Yes	Yes	1	PAD SPACE
dec8_bin	dec8	69		Yes	1	PAD SPACE
dec8_swedish_ci	dec8	3	Yes	Yes	1	PAD SPACE
eucjpms_bin	eucjpms	98		Yes	1	PAD SPACE
eucjpms_japanese_ci	eucjpms	97	Yes	Yes	1	PAD SPACE

图 2-2 MySQL 中可用的校对集（部分）

图 2-2 中，Collation 列表示校对集名称，Charset 列表示对应哪个字符集，Id 列表示校对集 ID，Default 列表示是否为对应字符集的默认校对集，Compiled 列表示是否已编译，Sortlen 列表示排序的内存需求量，Pad_attribute 列表示校对规则的附加属性。

6. 数据库的创建语句

MySQL 安装完成后，如果想要使用 MySQL 存储数据，必须先创建数据库。创建数据库就是在数据库系统中划分一块存储数据的空间。创建数据库的基本语法如下。

理论微课 2-6：数据库的创建语句

```
CREATE {DATABASE|SCHEMA} [IF NOT EXISTS] 数据库名称 [DEFAULT CHARSET]
[COLLATE];
```

下面对创建数据库的基本语法进行讲解。

- CREATE { DATABASE|SCHEMA }：表示创建数据库。其中，DATABASE 和 SCHEMA 在 MySQL 中都表示数据库，但在其他数据库产品中可能有区别。使用 CREATE DATABASE 或 CREATE SCHEMA 都可以创建指定名称的数据库。
- IF NOT EXISTS：可选项，用于在创建数据库前判断要创建的数据库的名称是否已经存在，只有在要创建的数据库的名称不存在时才会执行创建数据库的操作。
- DEFAULT CHARSET：可选项，用于指定默认的数据库字符集。如果省略此项，则使用 MySQL 服务器配置的默认字符集。
- COLLATE：可选项，用于指定校对集，省略则使用字符集对应的默认校对集。

为了帮助读者理解，下面演示如何创建一个名称为 test、字符集为 gbk 的数据库，具体示例如下。

```
mysql> CREATE DATABASE test DEFAULT CHARSET gbk;
Query OK, 1 row affected (0.02 sec)
```

从上述示例结果可以看出，执行创建数据库的 SQL 语句后，SQL 语句下面输出了一行提示信息“Query OK，1 row affected (0.02 sec)”。该提示信息可以分为 3 部分来解读，第 1 部分“Query OK”表示 SQL 语句执行成功；第 2 部分“1 row affected”表示执行上述 SQL 语句后影响了数据库中的 1 条记录；第 3 部分“(0.02 sec)”表示执行上述 SQL 语句所花费的时间是 0.02 秒。

如果在创建数据库时，要创建的数据库已经存在，则会出现错误提示信息。例如，再次使用 CREATE DATABASE 语句创建数据库 test，具体示例如下。

```
mysql> CREATE DATABASE test;
ERROR 1007 (HY000): Can't create database 'test'; database exists
```

从上述示例结果可以看出，创建数据库 test 时，服务器返回了一条错误提示信息，其含义为“无法创建数据库 test，该数据库已存在”。

7. 数据库的查看语句

如果要查看 MySQL 中已存在的数据库，可以根据不同的需求选择不用的语句进行查看。下面讲解 MySQL 中的两种查看数据库语句。

理论微课 2-7：数据库的查看语句

（1）查看所有数据库的语句

查看 MySQL 中所有数据库的语句，其基本语法如下。

```
SHOW {DATABASES|SCHEMAS} [LIKE 'pattern'|WHERE expr];
```

下面对上述语法的各部分分别进行讲解。

- SHOW { DATABASES|SCHEMAS }：表示使用 SHOW DATABASES 或 SHOW SCHEMAS 查看已存在的数据库。
- LIKE 'pattern'：可选项，表示 LIKE 子句，可以根据指定匹配模式匹配数据库，'pattern' 为指定的匹配模式，可以通过“%”和“_”这两种模式对字符串进行匹配，其中，“%”表示匹配一个或多个字符；“_”表示匹配一个字符。

- WHERE expr：可选项，表示 WHERE 子句，用于根据指定条件匹配数据库。

为了帮助读者理解，下面演示如何查看 MySQL 中所有的数据库，具体示例如下。

```
mysql> SHOW DATABASES;
+--------------------+
| Database           |
+--------------------+
| information_schema |
| mysql              |
| performance_schema |
| sys                |
| test               |
+--------------------+
5 rows in set (0.03 sec)
```

从上述示例结果可以看出，MySQL 中有 5 个数据库。其中，除了 test 是手动创建的数据库外，其余 4 个数据库都是在安装 MySQL 后自动创建的。建议初学者不要随意删除或修改 MySQL 自动创建的数据库，避免造成服务器故障。

下面对 MySQL 自动创建的 4 个数据库的主要作用进行简要介绍。

- information_schema：主要存储数据库和数据表的结构信息，如用户表信息、字段信息、字符集信息。
- mysql：主要存储 MySQL 自身需要使用的控制和管理信息，如用户的权限。
- performance_schema：用于存储系统性能相关的动态参数，如全局变量。
- sys：系统数据库，包括了存储过程、自定义函数等信息。

（2）查看指定数据库的创建信息

查看指定数据库的创建信息，其基本语法如下。

```
SHOW CREATE {DATABASE|SCHEMA} 数据库名称 ;
```

下面演示如何查看 test 数据库的创建信息，具体示例如下。

```
mysql> SHOW CREATE DATABASE test;
+----------+-----------------------------------------+
| Database | Create Database                         |
+----------+-----------------------------------------+
| test     | CREATE DATABASE `test`                  |
|          | /*!40100 DEFAULT CHARACTER SET gbk */   |
|          | /*!80016 DEFAULT ENCRYPTION='N' */      |
+----------+-----------------------------------------+
1 row in set (0.00 sec)
```

上述结果中显示了 test 数据库的创建信息，其中包含默认字符集为 gbk 的信息和默认未加密的信息。以“/*!”开头并以“*/”结尾的内容是 MySQL 中用于保持兼容性的信息。“/*!”后面的数字是版本号，表示只有当 MySQL 的版本号等于或高于指定的版本时才会被当成语句的一部分被执行，否则将被当成注释，其中，40100 表示的版本为 4.1.0，80016 表示的版本为 8.0.16。

任务实现

根据任务需求，要想将关系模型二维表中的数据存储到 MySQL 中，必须先在 MySQL 中创建一个数据库。本任务的具体实现步骤如下。

实操微课 2-1：任务 2.1.1 创建与查看数据库

① 登录 MySQL。可参考任务 1.2.1 完成 MySQL 的登录。

② 使用 CREATE DATABASE 语句创建一个名称为 school 的数据库，并将该数据库的字符集设置为 utf8mb4，具体 SQL 语句及执行结果如下。

```
mysql> CREATE DATABASE school DEFAULT CHARSET utf8mb4;
Query OK, 1 row affected (0.01 sec)
```

从上述执行结果可以看出，CREATE DATABASE 语句已经成功执行。

③ 为了检查 school 数据库是否创建成功，使用 SHOW CREATAE DATABASE 语句查看 school 数据库的创建信息，具体 SQL 语句及执行结果如下。

```
mysql> SHOW CREATE DATABASE school;
+----------+------------------------------------------------+
| Database | Create Database                                |
+----------+------------------------------------------------+
| school   | CREATE DATABASE `school`                       |
|          | /*!40100 DEFAULT CHARACTER SET utf8mb4 COLLATE |
|          |          utf8mb4_0900_ai_ci */                 |
|          | /*!80016 DEFAULT ENCRYPTION='N' */             |
+----------+------------------------------------------------+
1 row in set (0.00 sec)
```

从上述执行结果可以看出，school 数据库的创建信息正确显示，说明该数据库已经创建成功。

任务 2.1.2 创建数据表

任务需求

创建好 school 数据库后，接下来在 school 数据库中创建数据表。小明请教张老师如何创建数据表，张老师对数据表的创建给出了一些学习建议：首先熟悉一下数据表中字段的常用数据类型，包括数值类型、字符串类型、日期和时间类型；然后学习选择数据库和创建数据表的语句；最后完成学生表（student）、课程表（course）和选课表（cs）的创建。

知识储备

1. 数值类型

理论微课 2-8：数值类型

现实生活中有各种各样的数字，如考试成绩、商品价格等。在 MySQL 中，如果希望保存数字，可以将数字保存为数值类型。将数字保存为数值类型后，在 MySQL 中可以很方便地进行数学计算。数值类型主要包括整数类型、浮点数类型和定点数类型。

（1）整数类型

整数类型包括 TINYINT、SMALLINT、MEDIUMINT、INT 和 BIGINT。整数类型的字节数和取值范围见表 2-1。

表 2-1　整数类型的字节数和取值范围

类型名	字节数	无符号（UNSIGNED）数取值范围	有符号（SIGNED）数取值范围
TINYINT	1	0~255	-128~127
SMALLINT	2	0~65535	-32768~32767
MEDIUMINT	3	0~16777215	-8388608~8388607
INT	4	0~4294967295	-2147483648~2147483647
BIGINT	8	$0\sim2^{64}-1$	$-2^{63}\sim2^{63}-1$

注意：

如果使用无符号数据类型，需要通过 UNSIGNED 关键字修饰数据类型。例如，描述数据表中的 age（用户年龄）字段，可以使用“age TINYINT UNSIGNED”表明 age 字段是无符号的 TINYINT 类型。

（2）浮点数类型

浮点数类型用于保存小数。浮点数类型有两种，分别是 FLOAT（单精度浮点数）和 DOUBLE（双精度浮点数）。FLOAT 需要 4 字节存储，DOUBLE 需要 8 字节存储。通过 UNSIGNED 关键字可以将浮点数类型修饰为无符号数据类型。

注意：

浮点数类型的精度不高。对于 FLOAT 类型，当一个数字的整数部分和小数部分加起来超过 6 位时就有可能损失精度；对于 DOUBLE 类型，当一个数字的整数部分和小数部分加起来超过 15 位时就有可能损失精度。浮点数在进行数学计算时也可能会损失精度。因此，浮点数类型适合将小数作为近似值存储而不是作为精确值存储。

（3）定点数类型

定点数类型用于保存确切精度的小数。定点数类型分为 DECIMAL 和 NUMERIC，在 MySQL 中，两者被视为相同的类型。以 DECIMAL 为例，定点数类型的定义方式如下。

```
DECIMAL(M,D)
```

上述定义中，M 表示整数部分加小数部分的总长度，取值范围为 0~65，默认值为 10，超出范围会报错；D 表示小数部分的位数，即小数点后面的位数，取值范围为 0~30，默认值为 0，且必须满足 D≤M。例如，123.45 这个数字的 M 为 5，D 为 2。

2. 字符串类型

对于一些文本信息类的数据，如姓名、家庭住址等，在 MySQL 中适合保存为字符串类型。MySQL 中常用的字符串类型见表 2-2。

理论微课 2-9：字符串类型

表 2-2 字符串类型

类型名	长度范围	类型说明
CHAR	0~255 个字符	固定长度的字符串
VARCHAR	取决于单行长度限制	可变长度的字符串
TINYBLOB	0~255 字节	短二进制数据
BLOB	0~65535 字节	普通二进制数据
MEDIUMBLOB	0~16777215 字节	中等二进制数据
LONGBLOB	0~4294967295 字节	超大二进制数据
TINYTEXT	0~255 字节	短文本数据
TEXT	0~65535 字节	普通文本数据
MEDIUMTEXT	0~16777215 字节	中等文本数据
LONGTEXT	0~4294967295 字节	超大文本数据

（1）CHAR 和 VARCHAR

CHAR 和 VARCHAR 类型的字段用于存储字符串数据，其写法分别为 CHAR (M) 和 VARCHAR (M)，M 是指字符个数限制。CHAR 类型的字段会根据 M 分配存储空间，无论有没有被存满，都会占用存满时的储存空间；VARCHAR 类型的字段则根据实际保存的字符个数来决定实际占用的存储空间。例如，VARCHAR (255) 表示最多可以保存 255 个字符，在 utf8 字符集下，当保存 255 个中文字符时，这些中文字符占用 255×3 字节 =765 字节，此外 VARCHAR 还会多占用 1~3 字节来存储一些额外的信息。

在向 CHAR 和 VARCHAR 类型的字段中插入字符串时，如果插入的字符串尾部存在空格，CHAR 类型的字段会去除空格后进行存储，而 VARCHAR 类型的字段会保留空格完整地存储字符串。

（2）TEXT 系列

TEXT 系列的数据类型包括 TINYTEXT、TEXT、MEDIUMTEXT 和 LONGTEXT，通常用于存储文章内容等较长的字符串。

（3）BLOB 系列

BLOB 系列的数据类型包括 TINYBLOB、BLOB、MEDIUMBLOB 和 LONGBLOB，通常用于存储图片、PDF 文档等二进制数据。

注意：

MySQL 中数据表的单行长度限制为 65535 字节，单行长度限制是指一条记录中除 BLOB 系列和 TEXT 系列外的其他常见数据类型的字段加起来不能超过限制。BLOB 系列和 TEXT 系列的字段不受单行长度限制，只会占用单行的 9~12 字节的存储空间。

3. 日期和时间类型

为了方便在数据库中存储日期和时间，MySQL 提供了一些表示日期和时间的数据类型，分别是 YEAR、DATE、TIME、DATETIME 和 TIMESTAMP。MySQL 中的日期和时间类型见表 2-3。

理论微课 2-10：
日期和时间类型

表 2-3 日期和时间类型

类型名	字节数	范围	格式	描述
YEAR	1	1901—2155	YYYY	年份值
DATE	3	1000-01-01—9999-12-31	YYYY-MM-DD	日期值
TIME	3	-838:59:59—838:59:59	HH:MM:SS	时间值或持续时间
DATETIME	8	1000-01-01 00:00:00~9999-12-31 23:59:59	YYYY-MM-DD HH:MM:SS	日期和时间值
TIMESTAMP	4	1970-01-01 00:00:01—2038-01-19 03:14:07	YYYY-MM-DD HH:MM:SS	日期和时间值，保存为时间戳

（1）YEAR 类型

YEAR 类型用于存储年份数据。当使用 YEAR 类型时，一定要区分 '0' 和 0，字符 '0' 表示的年份是 2000，而数字 0 表示的年份是 0000。

（2）DATE 类型

DATE 类型用于存储日期数据，通常用于保存年、月、日。

（3）TIME 类型

TIME 类型用于存储时间数据，通常用于保存时、分、秒。

（4）DATETIME 类型

DATETIME 类型用于存储日期和时间数据，通常用于保存年、月、日、时、分、秒。

（5）TIMESTAMP 类型

TIMESTAMP 类型用于存储日期和时间数据，其格式与 DATETIME 类似，但是在使用时，TIMESTAMP 类型与 DATATIME 类型有一些区别，具体如下。

- TIMESTAMP 类型的取值范围比 DATATIME 类型小。
- TIMESTAMP 类型的值和时区有关，如果插入的日期和时间为 TIMESTAMP 类型，系统会根据当前系统所设置的时区，对日期和时间进行转换后存放；从数据库中取出 TIMESTAMP 类型的数据时，系统也会将数据转换为对应时区时间后显示。因此，TIMESTAMP 类型可能会导致两个不同时区的环境下取出来的同一个日期和时间的显示结果不同。

4. 选择数据库

MySQL 中可能存在多个数据库，在使用 SQL 语句对数据库中的数据表进行操作前，需要指定要操作的数据表来自哪个数据库。指定的方式有两种，第 1 种是将数据表的名称写成“数据库名 . 数据表名”的形式；第 2 种是先使用 USE 语句选择数据库，选择后，在后续的 SQL 语句中可以直接写数据表的名称。由于第 2 种方式比较简单，在实际工作中一般会使用这种方式。

理论微课 2-11：选择数据库

在 MySQL 中，USE 语句用于选择某个数据库作为后续操作的默认数据库。USE 语句的基本语法如下。

```
USE 数据库名称；
```

使用 USE 语句选择数据库后，它会一直生效，直到退出 MySQL 或执行了不同的 USE 语句为止。

下面演示如何选择 test 数据库作为后续操作的数据库，具体示例如下。

```
mysql> USE test;
Database changed
```

从上述示例结果可以看出，当前所选择的数据库已经更改。如果想要查看当前选择的是哪个数据库，可以使用“SELECT DATABASE(); ”语句查看，具体示例如下。

```
mysql> SELECT DATABASE();
+------------+
| DATABASE() |
+------------+
| test       |
+------------+
1 row in set (0.00 sec)
```

从上述示例结果可以看出，当前选择的数据库名称为 test。

5. 创建数据表的语句

理论微课 2-12：创建数据表的语句

创建数据表是指在已经创建的数据库中建立新数据表。创建数据表时，如果不指定字符集，则会继承数据库设置的字符集。通过 CREATE TABLE 语句可以创建数据表，该语句的基本语法如下。

```
CREATE [TEMPORARY] TABLE [IF NOT EXISTS] 表名 (
   字段名 数据类型 [ 字段属性 ]...
)[ 表选项 ];
```

上述语法的具体说明如下。

- TEMPORARY：可选项，表示临时表，临时表仅在当前会话（从登录 MySQL 到退出 MySQL 的整个期间）可见，并且在会话结束时自动删除。
- IF NOT EXISTS：可选项，表示只有在创建的数据表不存在时，才会创建数据表，这样可以避免因为存在同名数据表导致创建失败。
- 表名：数据表的名称。
- 字段名：字段的名称。
- 数据类型：字段的数据类型。
- 字段属性：可选项，设置 COMMENT 属性可以为字段添加备注说明；设置约束属性可以保证数据的完整性和有效性。关于约束属性具体会在 2.4 节进行讲解。
- 表选项：可选项，用于设置数据表的相关选项，如存储引擎、字符集、校对集等。

存储引擎是 MySQL 处理数据表的 SQL 操作的组件，数据的存储、更新和查询都离不开存储引擎。在创建数据表时，可以在表选项中指定存储引擎，如果没有指定存储引擎，则默认使用 InnoDB 存储引擎。

通过“SHOW ENGINES;”语句可以查询 MySQL 支持的存储引擎，输出结果如图 2-3 所示。

在图 2-3 中，Engine 列表示存储引擎名称；Support 列表示是否支持；Comment 列表示备注说明；Transactions 列表示是否支持事务；XA 列表示是否支持分布式事务；Savepoints 列表示是否支持事务保存点。

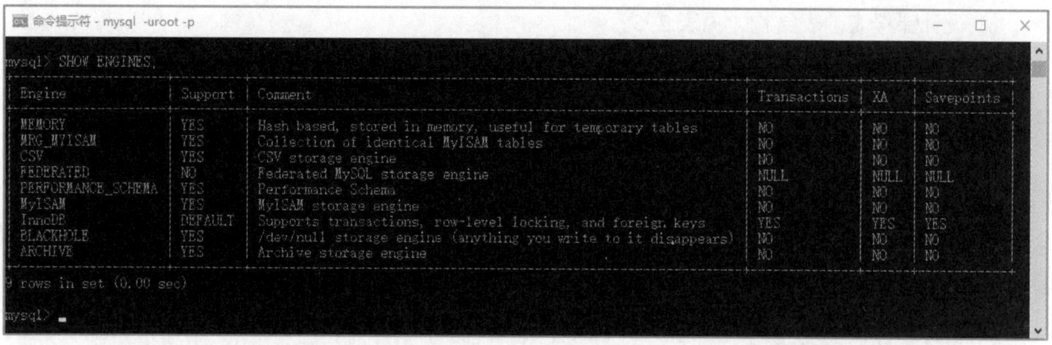

图 2-3 MySQL 支持的存储引擎

InnoDB 存储引擎是默认存储引擎，具有良好的事务管理、崩溃修复能力和并发控制，相比其他储存引擎通用性更强，如果没有特殊需要，推荐使用 InnoDB 存储引擎。

下面演示如何创建 test 数据表，具体示例如下。

```
mysql> CREATE TABLE test (
    ->   id INT COMMENT '学号',
    ->   name VARCHAR(20) COMMENT '姓名'
    -> );
Query OK, 0 rows affected (0.01 sec)
```

上述示例创建了 test 数据表，该数据表中有两个字段，分别是 id 和 name。id 字段的数据类型为 INT，备注说明为“学号”；name 字段的数据类型为 VARCHAR(20)，备注说明为“姓名”。

■ 任务实现

根据任务需求，要想在 school 数据库中创建学生表、课程表和选课表，需要先设计出各个数据表的结构。为字段选择数据类型时，通常将存储整数的字段设置为 INT 类型，如学号、课程号；将存储包含小数位的字段设置为 FLOAT 类型，如成绩；将存储固定长度字符串的字段设置为 CHAR 类型，如性别，取值为男或女；将存储不固定长度字符串的字段设置为 VARCHAR 类型，如姓名、系和课程名；将存储日期的字段设置为 DATE 类型，如出生年月。完成数据表结构的设计后，再根据设计的表结构完成数据表的创建。本任务的具体实现步骤如下。

实操微课 2-2：任务 2.1.2 创建数据表

① 设计学生表的表结构，见表 2-4。

表 2-4 学生表的表结构

字段名称	数据类型	备注说明
stuno	INT	学号
stuname	VARCHAR (20)	姓名
gender	CHAR (2)	性别
birth	DATE	出生年月
department	VARCHAR (20)	系

② 设计课程表的表结构，见表 2-5。

表 2-5 课程表的表结构

字段名称	数据类型	备注说明
courno	INT	课程号
courname	VARCHAR (20)	课程名
credit	FLOAT	学分

③ 设计选课表的表结构，见表 2-6。

表 2-6 选课表的表结构

字段名称	数据类型	备注说明
stuno	INT	学号
courno	INT	课程号
record	FLOAT	成绩

④ 选择 school 数据库，具体 SQL 语句及执行结果如下。

```
mysql> USE school;
Database changed
```

⑤ 根据表 2-4 设计的表结构完成学生表的创建，SQL 语句及执行结果如下。

```
mysql> CREATE TABLE student (
    ->   stuno INT COMMENT '学号',
    ->   stuname VARCHAR(20) COMMENT '姓名',
    ->   gender CHAR(2) COMMENT '性别',
    ->   birth DATE COMMENT '出生年月',
    ->   department VARCHAR(20) COMMENT '系'
    -> );
Query OK, 0 rows affected (0.05 sec)
```

从上述执行结果可以看出，学生表创建成功。

⑥ 根据表 2-5 设计的表结构完成课程表的创建，具体 SQL 语句及执行结果如下。

```
mysql> CREATE TABLE course (
    ->   courno INT COMMENT '课程号',
    ->   courname VARCHAR(20) COMMENT '课程名',
    ->   credit FLOAT COMMENT '学分'
    -> );
Query OK, 0 rows affected (0.04 sec)
```

从上述执行结果可以看出，课程表创建成功。

⑦ 根据表 2-6 设计的表结构完成选课表的创建，具体 SQL 语句及执行结果如下。

```
mysql> CREATE TABLE cs (
```

```
    ->   stuno INT COMMENT '学号',
    ->   courno INT COMMENT '课程号',
    ->   record FLOAT COMMENT '成绩'
    -> );
Query OK, 0 rows affected (0.04 sec)
```

从上述执行结果可以看出，选课表创建成功。

任务 2.1.3　查看数据表

任务需求

在任务 2.1.2 中，小明完成了 school 数据库中的学生表、课程表和选课表的创建。接下来，小明想要查看 school 数据库中是否存在数据表，以及数据表的结构是否正确。

本任务需要完成以下内容。

① 查看 school 数据库中是否存在学生表、课程表和选课表。

② 查看学生表的表结构。

③ 查看课程表的表结构。

④ 查看选课表的表结构。

知识储备

1. 使用 SHOW TABLES 语句查看数据表

理论微课 2-13：使用 SHOW TABLES 语句查看数据表

选择数据库后，可以通过 SHOW TABLES 语句查看当前数据库中的数据表，基本语法如下。

```
SHOW TABLES [LIKE 'pattern'|WHERE expr];
```

上述语法中，LIKE 子句和 WHERE 子句为可选项，如果不添加可选项，表示查看当前数据库中所有的数据表；如果添加可选项，则按照 LIKE 子句的匹配结果或者 WHERE 子句的匹配结果查看数据表。

2. 使用 SHOW CREATE TABLE 语句查看数据表创建语句

理论微课 2-14：使用 SHOW CREATE TABLE 查看数据表创建语句

通过 SHOW CREATE TABLE 语句可以查看数据表的创建语句。SHOW CREATE TABLE 语句的基本语法如下。

```
SHOW CREATE TABLE 表名;
```

上述语法中，表名是指要查看的数据表的名称。

说明：

在使用 MySQL 客户端工具执行 SHOW CREATE TABLE 语句时，由于返回结果中的字段非常多，需要换行显示，容易造成字段和数据显示错乱的问题。为此，MySQL 客户端工具提供了一种将结果以纵向结构显示的功能，在字段非常多时，可以让显示结果整齐美观。其使用方法是使用结束符“\G”替代“;”，示例语法如下。

```
SHOW CREATE TABLE 表名\G
```

3. 使用DESC语句查看数据表结构

在 MySQL 中，通过 DESC 语句可以查看字段名、字段数据类型等数据表的表结构信息。DESC 语句的基本语法如下。

理论微课 2-15：使用 DESC 语句查看数据表结构

```
DESC 表名;
```

上述语法也可以写成如下形式。

```
DESCRIBE 表名;
```

以上两种语法效果相同，为了简化书写，本书后续查看数据表结构时，都使用 DESC 语句。

DESC 语句执行成功后，会返回以下信息。

- Field：表示数据表中字段的名称，即列的名称。
- Type：表示数据表中字段对应的数据类型。
- Null：表示该字段是否可以存储 NULL 值。
- Key：表示该字段是否已经建立索引（索引具体会在第 6 章讲解）。
- Default：表示该字段是否有默认值，如果有默认值，则显示对应的默认值。
- Extra：表示与字段相关的附加信息。

任务实现

根据任务需求，查看学生表、课程表和选课表是否存在，以及表结构是否正确。本任务的具体实现步骤如下。

实操微课 2-3：任务 2.1.3 查看数据表

① 数据表都保存在 school 数据库下，直接查看 school 数据库中所有的数据表，即可知道数据表是否存在，具体 SQL 语句及执行结果如下。

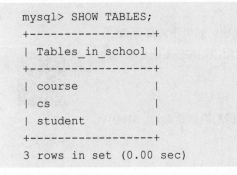

```
mysql> SHOW TABLES;
+-------------------+
| Tables_in_school |
+-------------------+
| course            |
| cs                |
| student           |
+-------------------+
3 rows in set (0.00 sec)
```

从上述执行结果可以看出，数据库中存在学生表、课程表和选课表。

上述 3 张数据表虽然创建成功了，但是不确定它们的表结构是否和表 2-4~ 表 2-6 的表结构一致，所以还需要查看每个数据表的表结构。

② 查看学生表的表结构，具体 SQL 语句及执行结果如下。

```
mysql> DESC student;
+------------+-------------+------+-----+---------+-------+
| Field      | Type        | Null | Key | Default | Extra |
```

```
+------------+--------------+------+-----+---------+-------+
| stuno      | int          | YES  |     | NULL    |       |
| stuname    | varchar(20)  | YES  |     | NULL    |       |
| gender     | char(2)      | YES  |     | NULL    |       |
| birth      | date         | YES  |     | NULL    |       |
| department | varchar(20)  | YES  |     | NULL    |       |
+------------+--------------+------+-----+---------+-------+
5 rows in set (0.00 sec)
```

从上述执行结果可以看出，学生表的表结构查看成功，与表 2-4 定义的学生表的表结构相同。

③ 查看课程表的表结构，SQL 语句及执行结果如下。

```
mysql> DESC course;
+----------+-------------+------+-----+---------+-------+
| Field    | Type        | Null | Key | Default | Extra |
+----------+-------------+------+-----+---------+-------+
| courno   | int         | YES  |     | NULL    |       |
| courname | varchar(20) | YES  |     | NULL    |       |
| credit   | float       | YES  |     | NULL    |       |
+----------+-------------+------+-----+---------+-------+
3 rows in set (0.00 sec)
```

从上述执行结果可以得出，课程表的表结构查看成功，与表 2-5 定义的课程表的表结构相同。

④ 查看选课表的表结构，具体 SQL 语句及执行结果如下。

```
mysql> DESC cs;
+--------+-------+------+-----+---------+-------+
| Field  | Type  | Null | Key | Default | Extra |
+--------+-------+------+-----+---------+-------+
| stuno  | int   | YES  |     | NULL    |       |
| courno | int   | YES  |     | NULL    |       |
| record | float | YES  |     | NULL    |       |
+--------+-------+------+-----+---------+-------+
3 rows in set (0.00 sec)
```

从上述执行结果可以看出，选课表的表结构查看成功，与表 2-6 定义的选课表的表结构相同。

2.2 数据库的修改和删除

前面学习了数据库的创建与查看，当数据库被创建后，如果想修改数据库的名称、字符集和校对集等，则需要使用相关语句完成对数据库的修改。当数据库不再使用时，则需要将其删除，以确保 MySQL 中存放的都是有效的数据库。本节讲解数据库修改和删除的相关内容。

任务 2.2.1 修改数据库

任务需求

小明在完成 MySQL“学生选课系统”的毕业设计后，他以实习生的身份入职了一家互联网公司。熟悉了工作内容后，小明接到了一个修改数据库字符集的任务。当前正在开发的“部门管理系统”数据库 dms 的字符集为 gbk，由于该字符集支持的语言有限，需要将其修改为 utf8mb4 字符集。为慎重起见，小明先在自己的计算机中创建一个 dms 数据库用于练习，熟悉了基本操作后再完成工作内容。

本任务需要完成以下内容。

① 创建一个“部门管理系统”数据库 dms，并指定数据库的字符集为 gbk。

② 使用 SQL 语句修改 dms 的字符集为 utf8mb4。

知识储备

理论微课 2-16：修改数据库的语句

修改数据库的语句

数据库创建后，可以使用 ALTER DATABASE 语句修改数据库，其基本语法如下。

```
ALTER {DATABASE|SCHEMA} [数据库名称]
[DEFAULT CHARSET] [COLLATE] [ENCRYPTION] [READ ONLY];
```

下面对修改数据库语法中的每个部分分别进行讲解。

- ALTER { DATABASE|SCHEMA }：表示修改指定名称的数据库，可以写成 ALTER DATABASE 或 ALTER SCHEMA 的形式。
- 数据库名称：可选项，表示要修改哪个数据库，如果省略数据库名称，则该语句适用于当前所选择的数据库，若没有选择数据库，会发生错误。
- DEFAULT CHARSET：可选项，用于指定默认的数据库字符集。
- COLLATE：可选项，用于指定校对集。
- ENCRYPTION：可选项，用于为数据库加密。
- READ ONLY：用于控制是否允许修改数据库及其中的数据，允许的值为 DEFAULT、0（非只读）和 1（只读）。

任务实现

实操微课 2-4：任务 2.2.1 修改数据库

根据任务需求，首先创建一个 gbk 字符集的 dms 数据库，然后将其字符集修改为 utf8mb4。修改后，查看 dms 数据库的创建语句，以确认字符集是否修改成功。本任务的具体实现步骤如下。

① 创建 dms 数据库，并指定字符集为 gbk，具体 SQL 语句及执行结果如下。

```
mysql> CREATE DATABASE dms DEFAULT CHARSET gbk;
Query OK, 1 row affected (0.01 sec)
```

② 将 dms 数据库的字符集修改为 utf8mb4，具体 SQL 语句及执行结果如下。

```
mysql> ALTER DATABASE dms DEFAULT CHARACTER SET utf8mb4;
Query OK, 1 row affected (0.01 sec)
```

从上述执行结果可以看出，修改 dms 数据库字符集的语句已经成功执行。

③ 查看 dms 数据库的创建语句，确认 dms 数据库的字符集是否为 utf8mb4，具体 SQL 语句及执行结果如下。

```
mysql> SHOW CREATE DATABASE dms;
+----------+------------------------------------------------+
| Database | Create Database                                |
+----------+------------------------------------------------+
| dms      | CREATE DATABASE `dms`                          |
|          | /*!40100 DEFAULT CHARACTER SET utf8mb4 COLLATE |
|          |   utf8mb4_0900_ai_ci */                        |
|          | /*!80016 DEFAULT ENCRYPTION='N' */             |
+----------+------------------------------------------------+
1 row in set (0.00 sec)
```

上述执行结果中，dms 数据库的字符集为 utf8mb4，说明字符集修改成功。由于没有设置校对集，dms 数据库使用了 utf8mb4 字符集对应的默认校对集 utf8mb4_0900_ai_ci。

任务 2.2.2 删除数据库

任务需求

当一个数据库不再使用时，为了释放存储空间，需要将该数据库删除。出于谨慎，小明打算先在自己的计算机中创建一个专门用来练习的数据库 mydb，然后再使用删除数据库的语句删除该数据库。

知识储备

理论微课 2-17：删除数据库的语句

删除数据库的语句

删除数据库就是将已经创建的数据库从磁盘中清除。数据库被删除后，数据库中所有的数据也一同被删除。

在 MySQL 中，删除数据库的基本语法如下。

```
DROP {DATABASE|SCHEMA} [IF EXISTS] 数据库名称;
```

在上述语法中，DROP DATABASE 或 DROP SCHEMA 表示删除数据库；IF EXISTS 为可选项，用于防止删除不存在的数据库时发生错误。

需要注意的是，执行 DROP DATABASE 命令后，MySQL 不会给出任何确认提示而直接删除数据库。删除数据库后，数据库中的数据也会被删除。因此，在执行删除数据库的操作时应谨慎，以免删错，建议在删除数据库之前先将数据库进行备份。备份数据库的方法会在第 8 章中进行讲解。

■ 任务实现

根据任务需求，需要先创建一个 mydb 数据库，然后删除该数据库。删除后，为了确认 mydb 数据库是否已经删除，使用 SHOW DATABASES 语句查看 mydb 数据库是否存在。本任务的具体实现步骤如下。

实操微课 2-5：任务 2.2.2 删除数据库

① 创建 mydb 数据库，具体 SQL 语句及执行结果如下。

```
mysql> CREATE DATABASE mydb;
Query OK, 1 row affected (0.01 sec)
```

② 使用 DROP DATABASE 语句删除 mydb 数据库，具体 SQL 语句及执行结果如下。

```
mysql> DROP DATABASE mydb;
Query OK, 0 rows affected (0.01 sec)
```

从上述执行结果可以看出，DROP DATABASE 语句已经成功执行。

③ 使用 SHOW DATABASES 语句查看 mydb 数据库是否删除成功，具体 SQL 语句及执行结果如下。

```
mysql> SHOW DATABASES LIKE 'mydb';
Empty set (0.00 sec)
```

从上述执行结果可以看出，当前 MySQL 服务器中不存在 mydb 数据库，说明 mydb 数据库已经被成功删除。

2.3 数据表的修改和删除

数据表创建完成后，如果想对数据表进行一些修改，如修改数据表名、修改字段数据类型或字段名、修改字段的排列位置、增加或删除字段等，通常有两种方式：第 1 种方式是删除原有的数据表，并根据新的要求重新创建数据表；第 2 种方式是在原有数据表的基础上通过 SQL 语句进行修改，该方式适合原有数据表中数据量大的情况。本节将对数据表的修改和删除进行详细讲解。

任务 2.3.1 修改数据表的名称

■ 任务需求

小明在“部门管理系统”数据库 dms 的开发工作中，接到了设计部门表的任务，该表用于保存部门的相关信息。为了完成这个任务，小明在自己的 dms 数据库中创建了部门表，命名为 department。创建完成后，小明又觉得 department 这个名字太长了，不便记忆，他打算使用修改数据表名称的语句将表名改为简写形式 dept。

小明设计的部门表的表结构见表 2-7。

表 2-7 部门表的表结构

字段名称	数据类型	备注说明
deptno	INT	部门编号
dname	CHAR (4)	部门名称
loc	VARCHAR (13)	部门地址

知识储备

修改数据表名称的语句

在 MySQL 中，修改数据表名称的语句有两种。

理论微课 2-18：修改数据表名称的语句

(1) ALTER TABLE 语句

使用 ALTER TABLE 语句修改数据表名称，具体语法如下。

```
ALERT TABLE 旧表名 RENAME [TO|AS] 新表名 ;
```

上述语法中，RENAME 后面可以添加 TO 或 AS，也可以省略 TO 或 AS，效果相同。

(2) RENAME TABLE 语句

使用 RENAME TABLE 语句修改数据表名，具体语法如下。

```
RENAME TABLE 旧表名 1 TO 新表名 1[, 旧表名 2 TO 新表名 2] ...;
```

上述语法可以同时修改多个数据表的名称。

任务实现

根据任务需求，先将部门表（department）创建出来，然后通过修改数据表名称的语句完成数据表名称的修改，这里选择使用 ALTER TABLE 语句进行修改。修改完成后，查看当前数据库中的数据表以确认数据表名称是否修改成功。本任务的具体实现步骤如下。

实操微课 2-6：任务 2.3.1 修改数据表的名称

① 选择 dms 数据库，具体 SQL 语句及执行结果如下。

```
mysql> USE dms;
Database changed
```

② 创建部门表，具体 SQL 语句及执行结果如下。

```
mysql> CREATE TABLE department(
    ->   deptno INT COMMENT '部门编号',
    ->   dname CHAR(4) COMMENT '部门名称',
    ->   loc VARCHAR(13) COMMENT '部门地址'
    -> );
Query OK, 0 rows affected (0.05 sec)
```

从上述执行结果可以看出，部门表创建成功。

③ 使用 ALTER TABLE 语句将部门表的名称修改为 dept，具体 SQL 语句及执行结果如下。

```
mysql> ALTER TABLE department RENAME TO dept;
Query OK, 0 rows affected (0.05 sec)
```

④ 使用 SHOW TABLES 语句查看当前数据库中的数据表，具体 SQL 语句及执行结果如下。

```
mysql> SHOW TABLES;
+----------------+
| Tables_in_dms |
+----------------+
| dept           |
+----------------+
1 row in set (0.00 sec)
```

从上述执行结果可以看出，部门表的名称已经成功修改为 dept。

任务 2.3.2 修改数据表的字段名

任务需求

小明完成了“部门管理系统”数据库 dms 中部门表的创建工作后，经常有同事询问他字段名 loc 的含义。小明反思了一下部门表的设计，他认为字段名 loc 的含义不明确。为避免发生类似的事情而浪费工作时间，小明决定将 loc 字段的名称改为 location。为此，小明需要使用修改数据表字段名的语句来完成部门表中字段名的修改。

知识储备

理论微课 2-19：修改数据表字段名的语句

修改数据表字段名的语句

在 MySQL 中，通过 ALTER TABLE 语句的 CHANGE 子句和 RENAME COLUMN 子句都可以修改字段名，下面分别进行讲解。

（1）CHANGE 子句

使用 CHANGE 子句修改字段名，其语法如下。

```
ALTER TABLE 表名 CHANGE [COLUMN] 旧字段名 新字段名 数据类型 [ 字段属性 ];
```

上述语法中，“旧字段名”为修改前的字段名；“新字段名”为修改后的字段名；“数据类型”指修改后字段的数据类型，不能为空，即使新字段的数据类型与旧字段的数据类型相同，也必须设置。另外，CHANGE 子句不仅可以修改字段的名称和数据类型，还可以修改字段的约束、排列位置，后续会一一讲解。

（2）RENAME COLUMN 子句

使用 RENAME COLUMN 子句修改字段名，其语法如下。

```
ALTER TABLE 表名 RENAME COLUMN 旧字段名 TO 新字段名 ;
```

上述语法中，RENAME COLUMN 子句只能修改字段名。如果只修改字段名称，则使用 RENAME COLUMN 子句更加方便。

任务实现

根据任务需求，要想将字段名 loc 修改为 location，需要使用 ALTER TABLE 语句的 CHANGE 子句或 RENAME COLUMN 子句来完成，这里选择使用 CHANGE 子句。修改完成后，使用 DESC 语句查看数据表结构，以确认字段名是否修改成功。本任务的具体实现步骤如下。

实操微课 2-7：任务 2.3.2 修改数据表的字段名

① 使用 ALTER TABLE 语句的 CHANGE 子句修改字段名，具体 SQL 语句及执行结果如下。

```
mysql> ALTER TABLE dept CHANGE loc location VARCHAR(13)
    -> COMMENT '部门地址';
Query OK, 0 rows affected (0.02 sec)
Records: 0  Duplicates: 0  Warnings: 0
```

② 使用 DESC 语句查看数据表结构，具体 SQL 语句及执行结果如下。

```
mysql> DESC dept;
+----------+-------------+------+-----+---------+-------+
| Field    | Type        | Null | Key | Default | Extra |
+----------+-------------+------+-----+---------+-------+
| deptno   | int         | YES  |     | NULL    |       |
| dname    | char(4)     | YES  |     | NULL    |       |
| location | varchar(13) | YES  |     | NULL    |       |
+----------+-------------+------+-----+---------+-------+
3 rows in set (0.00 sec)
```

从上述执行结果可以看出，字段名 loc 已成功修改为 location。

任务 2.3.3 修改数据表中字段的数据类型

任务需求

有一天，小明的项目组长找到小明，指出部门名称字段 dname 的数据类型设置为 CHAR (4) 是不合理的，如果部门名称超过 4 个字符，则不能保存。小明与组长沟通后，决定将 dname 字段的数据类型的长度修改为 14，从而能够容纳所有的部门名称，并留有一定余地，以应对将来可能的变化。考虑到如果使用 CHAR (14) 会占用较多的存储空间，小明选择使用 VARCHAR (14)，该数据类型占用的空间会根据实际内容的多少而定。

小明需要使用修改数据表中字段数据类型的语句来完成自己部门表中字段数据类型的修改。

理论微课 2-20：修改数据表中字段数据类型的语句

知识储备

修改数据表中字段数据类型的语句

在 MySQL 中，通过 ALTER TABLE 语句的 MODIFY 子句和 CHANGE 子

句都可以修改字段的数据类型，其中 CHANGE 子句在任务 2.3.2 中已经讲过，即将旧字段名与新字段名设置成相同的字段名，然后为其设置新的数据类型即可。下面讲解 MODIFY 子句。

使用 MODIFY 子句修改字段的数据类型，具体语法如下。

```
ALTER TABLE 表名 MODIFY [COLUMN] 字段名 新数据类型 ;
```

上述语法中，新数据类型指修改后的数据类型。

虽然 MODIFY 子句和 CHANGE 子句都可以修改字段数据类型，但是 CHANGE 子句需要写两次字段名，而 MODIFY 的语法相对简洁。

任务实现

实操微课 2-8：任务 2.3.3 修改数据表中字段的数据类型

根据任务需求，将字段 dname 的数据类型改为 VARCHAR (14)，这里选择通过 ALTER TABLE 语句的 CHANGE 子句来完成。修改后，查看 dept 数据表的表结构，以确认字段数据类型是否修改成功。本任务的具体实现步骤如下。

① 使用 ALTER TABLE 语句的 CHANGE 子句修改数据类型，具体 SQL 语句及执行结果如下。

```
mysql> ALTER TABLE dept CHANGE dname dname VARCHAR(14)
    -> COMMENT '部门名称';
Query OK, 0 rows affected (0.10 sec)
Records: 0  Duplicates: 0  Warnings: 0
```

② 使用 DESC 语句查看 dept 数据表的表结构，确认数据类型是否修改成功，具体 SQL 语句及执行结果如下。

```
mysql> DESC dept;
+----------+-------------+------+-----+---------+-------+
| Field    | Type        | Null | Key | Default | Extra |
+----------+-------------+------+-----+---------+-------+
| deptno   | int         | YES  |     | NULL    |       |
| dname    | varchar(14) | YES  |     | NULL    |       |
| location | varchar(13) | YES  |     | NULL    |       |
+----------+-------------+------+-----+---------+-------+
3 rows in set (0.00 sec)
```

从上述执行结果可以看出，字段 dname 的数据类型成功修改为 VARCHAR (14)。

任务 2.3.4 为数据表添加指定字段

任务需求

随着公司规模的扩大，公司推出了全员学习计划，以提升员工的个人素质和职业素质，现要求各部门完成公司安排的在线学习课程。在实施过程中，由专人负责统计各部门人员的学习进度，要求各部门负责人以部门为单位上报学习进度。为了在数据库中保存学习进度，小明需要在部门表中新增一个学习进度的字段。

在本任务中，小明需要使用为数据表添加指定字段的语句，在部门表中新增一个 INT 类型的字段 progress，用于保存学习进度。

知识储备

理论微课 2-21：为数据表添加指定字段的语句

为数据表添加指定字段的语句

在 MySQL 中，数据表创建后如果想要添加新字段，可以使用 ALTER TABLE 语句的 ADD 子句来完成，并且可以添加一个或多个字段。

使用 ADD 子句添加一个字段，其语法如下。

```
ALTER TABLE 表名 ADD [COLUMN] 新字段名 数据类型 [FIRST|AFTER 字段名];
```

上述语法中，FIRST 参数表示将数据表中新字段名添加为数据表的第一个字段；AFTER 参数表示将新字段添加到指定字段的后面。若不指定字段添加位置，则新字段默认添加到数据表的最后。

使用 ADD 子句添加多个字段，其语法如下。

```
ALTER TABLE 表名 ADD [COLUMN] (新字段名1 数据类型1,新字段名2 数据类型2,...);
```

上述语法中，同时新增多个字段时不能指定字段的添加位置。

任务实现

实操微课 2-9：任务 2.3.4 为数据表添加指定字段

根据任务需求，要想为 dept 数据表添加一个 INT 类型的字段 progress，需要通过 ALTER TABLE 语句的 ADD 子句来完成。添加后，查看数据表结构，以确认字段是否添加成功。本任务的具体实现步骤如下。

① 使用 ALTER TABLE 语句的 ADD 子句添加 progress 字段，具体 SQL 语句及执行结果如下。

```
mysql> ALTER TABLE dept ADD progress INT COMMENT '进度';
Query OK, 0 rows affected (0.08 sec)
Records: 0  Duplicates: 0  Warnings: 0
```

从上述执行结果可以看出，添加字段的语句已经执行成功。

② 使用 DESC 语句查看数据表结构，确认字段是否添加成功，具体 SQL 语句及执行结果如下。

```
mysql> DESC dept;
+----------+-------------+------+-----+---------+-------+
| Field    | Type        | Null | Key | Default | Extra |
+----------+-------------+------+-----+---------+-------+
| deptno   | int         | YES  |     | NULL    |       |
| dname    | varchar(14) | YES  |     | NULL    |       |
| location | varchar(13) | YES  |     | NULL    |       |
| progress | int         | YES  |     | NULL    |       |
+----------+-------------+------+-----+---------+-------+
4 rows in set (0.00 sec)
```

从上述执行结果可以看出，字段 progress 已经添加到数据表中，并设置该字段的数据类型显示为“int”，表示 INT 类型。

任务 2.3.5 修改数据表中字段的排列位置

■ 任务需求

任务 2.3.4 中，小明在自己的部门表中添加了 progress 字段，由于该字段的位置比较靠后，查看不太方便，小明打算将该字段的位置调整到第一列。为此，他需要使用修改数据表中字段排列位置的语句来完成这个任务。

■ 知识储备

理论微课 2-22：修改数据表中字段排列位置的语句

修改数据表中字段排列位置的语句

在 MySQL 中，如果想要在数据表创建后修改字段的排列位置，可以使用 ALTER TABLE 语句的 MODIFY 子句或 CHANGE 子句来实现。

使用 MODIFY 子句修改字段的排列位置，其语法如下。

```
# 语法 1，将某个字段修改为表的第一个字段
ALTER TABLE 表名 MODIFY 字段名 数据类型 FIRST;
# 语法 2，将字段名 1 移动到字段名 2 的后面
ALTER TABLE 表名 MODIFY 字段名 1 数据类型 AFTER 字段名 2;
```

上述语法中，FIRST 表示将表中指定的字段修改为表的第一个字段，AFTER 表示将“字段名 1”移动到“字段名 2”的后面。字段的数据类型如果不需要修改，和原来的数据类型保持一致即可。

CHANGE 子句除了可以修改字段名称和字段的数据类型外，还可以修改字段的排列位置。使用 CHANGE 子句修改字段的排列位置，其语法如下。

```
# 语法 1，将某个字段修改为表的第一个字段
ALTER TABLE 表名 CHANGE 字段名 字段名 数据类型 FIRST;
# 语法 2，将字段名 1 移动到字段名 2 的后面
ALTER TABLE 表名 CHANGE 字段名 1 字段名 1 数据类型 AFTER 字段名 2;
```

上述语法中，FIRST 和 AFTER 所表示的含义与 MODIFY 子句中的 FIRST 和 AFTER 相同。由于 CHANGE 子句还可以修改字段名和数据类型，如果不需要修改，和原来的字段名、数据类型保持一致即可。

■ 任务实现

实操微课 2-10：任务 2.3.5 修改数据表中字段的排列位置

根据任务需求，将 dept 数据表中的 progress 字段移动到第一列，这里选择通过 ALTER TABLE 语句的 CHANGE 子句来完成。移动完成后，查看数据表结构，以确认移动结果是否正确。本任务的具体实现步骤如下。

① 使用 ALTER TABLE 语句的 CHANGE 子句将 progress 字段移到第一

列，具体 SQL 语句及执行结果如下。

```
mysql> ALTER TABLE dept CHANGE progress progress INT COMMENT '进度'
    -> FIRST;
Query OK, 0 rows affected (0.15 sec)
Records: 0  Duplicates: 0  Warnings: 0
```

从上述执行结果可以看出，修改字段排列顺序的语句已经成功执行。

② 使用 DESC 语句查看数据表结构，确认字段顺序是否修改成功，具体 SQL 语句及执行结果如下。

```
mysql> DESC dept;
+----------+-------------+------+-----+---------+-------+
| Field    | Type        | Null | Key | Default | Extra |
+----------+-------------+------+-----+---------+-------+
| progress | int         | YES  |     | NULL    |       |
| deptno   | int         | YES  |     | NULL    |       |
| dname    | varchar(14) | YES  |     | NULL    |       |
| location | varchar(13) | YES  |     | NULL    |       |
+----------+-------------+------+-----+---------+-------+
4 rows in set (0.00 sec)
```

从上述执行结果可以看出，progress 字段已经成功移动到 dept 数据表中的第一列。

任务 2.3.6 删除数据表中的指定字段

任务需求

公司安排全员线上学习后，经过一段时间的学习，所有部门按时完成了线上学习的课程，进度达到 100%。考虑到任务 2.3.4 中添加的学习进度字段 progress 已经没有存在的必要，为了节省存储空间，小明打算将该字段删除。

为了完成这个任务，小明需要使用删除数据表指定字段的语句来删除部门表中的 progress 字段。

知识储备

删除数据表指定字段的语句

数据表创建成功后，不仅可以修改字段，还可以删除字段。删除字段是指将某个字段从数据表中删除。

理论微课 2-23：删除数据表指定字段的语句

在 MySQL 中，可以使用 ALTER TABLE 语句的 DROP 子句删除指定字段，其语法如下。

```
ALTER TABLE 表名 DROP [COLUMN] 字段名1 [, DROP 字段名2] ...;
```

上述语法中，DROP 子句可以删除一个或多个字段。

任务实现

根据任务需求，要想将dept数据表中的progress字段删除，需要通过ALTER TABLE语句的DROP子句来完成。删除后，查看数据表结构，以确认字段是否删除成功。本任务的具体实现步骤如下。

实操微课2-11：任务2.3.6 删除数据表中的指定字段

① 使用ALTER TABLE语句的DROP子句删除progress字段，具体SQL语句及执行结果如下。

```
mysql> ALTER TABLE dept DROP progress;
Query OK, 0 rows affected (0.15 sec)
Records: 0  Duplicates: 0  Warnings: 0
```

从上述执行结果可以看出，删除字段的语句已经成功执行。

② 使用DESC语句查看数据表结构，确认字段是否删除成功，具体SQL语句及执行结果如下。

```
mysql> DESC dept;
+------------+-------------+------+-----+---------+-------+
| Field      | Type        | Null | Key | Default | Extra |
+------------+-------------+------+-----+---------+-------+
| deptno     | int         | YES  |     | NULL    |       |
| dname      | varchar(14) | YES  |     | NULL    |       |
| location   | varchar(13) | YES  |     | NULL    |       |
+------------+-------------+------+-----+---------+-------+
3 rows in set (0.00 sec)
```

从上述执行结果可以看出，progress字段已经成功从dept数据表中删除。

任务2.3.7 删除数据表

任务需求

小明顺利完成了“部门管理系统”中部门表的开发工作。考虑到自己计算机中用于练习的部门表已经不再使用，小明打算将这个部门表删除。

在本任务中，小明需要使用删除数据表的语句，将任务2.3.1中创建的部门表删除。

知识储备

删除数据表的语句

删除数据表是指删除数据库中已存在的表。在删除数据表的同时，数据表中存储的数据也将被删除。

理论微课2-24：删除数据表的语句

在MySQL中，使用DROP TABLE语句可以删除数据表，该语句可以同时删除一张或多张数据表，基本语法如下。

```
DROP [TEMPORARY] TABLE [IF EXISTS] 表名1[, 表名2]...;
```

上述语法的具体说明如下。

- TEMPORARY：可选项，表示临时表，如果要删除临时表，可以通过该选项来删除。
- IF EXISTS：可选项，表示在删除前判断数据表是否存在，使用该可选项可以避免删除不存在的数据表导致语句执行错误。

任务实现

根据任务需求，要想将部门表删除，需要通过 DROP TABLE 语句来完成。删除后，确认部门表是否删除成功。本任务具体实现步骤如下。

实操微课 2-12：任务 2.3.7 删除数据表

① 删除部门表，具体 SQL 语句及执行结果如下。

```
mysql> DROP TABLE dept;
Query OK, 0 rows affected (0.02 sec)
```

② 使用 SHOW TABLES 语句查看当前数据库中的数据表，确认部门表是否被删除成功，具体 SQL 语句及执行结果如下。

```
mysql> SHOW TABLES;
Empty set (0.00 sec)
```

从上述执行结果可以看出，dms 数据库中没有数据表，说明已经成功删除了 dept 数据表。

2.4 数据表的约束

为了防止数据表中插入错误的数据，MySQL 定义了一些维护数据库中数据完整性和有效性的规则，这些规则即表的约束。表的约束作用于表中的字段，可以在创建表或修改表时为字段添加约束。

所谓“没有规矩，不成方圆”，在使用数据表时，表的约束起着规范作用，确保程序对数据表的正确使用。技术中如此，生活中也是如此。我们在生活中也需要遵循一些规则和道德准则，这样可以帮助建立良好的人际关系，保持社会秩序的和谐。

数据表常见的约束有非空约束、唯一约束、主键约束、外键约束和默认值约束，其中外键约束涉及多表操作，将在第 5 章进行讲解。本节主要讲解如何设置非空约束、唯一约束、主键约束和默认值约束。

任务 2.4.1 设置非空约束

任务需求

由于公司的“产品管理系统”存在一些问题，产品管理员请小明帮他解决。产品管理员遇到的问题是：当在“产品管理系统”中输入某个产品名称时，查找不到该产品的信息。为了解决这个问题，小明对产品表进行检查，发现该表中部分产品名称的数据为空，可能是录入数据时忘记填写。为了避免后续发生类似的事情，小明打算将产品名称设为必填项，以确保数据的完整性。

为慎重起见，小明在自己的计算机中创建一个 pms 数据库和产品表（product）用于练习。产品表的表结构见表 2-8。

表 2-8 产品表的表结构

字段名称	数据类型	备注说明
productno	INT	产品编号
pname	VARCHAR (20)	产品名称
price	DECIMAL (7,2)	产品价格
status	INT	产品状态（1：上架，0：下架）
categoryno	INT	分类编号

本任务需要完成以下内容。

① 创建一个“产品管理系统”数据库 pms。

② 在 pms 数据库中根据表 2-8 的表结构完成产品表的创建。

③ 设置产品名称 pname 字段为非空约束。

知识储备

1. 为字段设置非空约束

理论微课 2-25：为字段设置非空约束

非空约束用于确保插入到字段中值的非空性。如果没有对字段设置非空约束，字段默认允许插入 NULL 值；如果字段设置了非空约束，那么该字段中存放的值必须是 NULL 值之外的其他具体值。

在 MySQL 中，非空约束通过 NOT NULL 来实现，在数据表中可以为多个字段同时设置非空约束。字段的非空约束可以在创建数据表时设置，也可以在修改数据表时设置，具体如下。

（1）创建数据表时设置非空约束

创建数据表时给字段设置非空约束，基本语法如下。

```
CREATE TABLE 表名 （字段名 数据类型 NOT NULL);
```

上述语法中，可以直接在字段的数据类型后面添加 NOT NULL 设置非空约束。

（2）修改数据表时设置非空约束

在 MySQL 中，可以使用 ALTER TABLE 语句的 MODIFY 子句或 CHANGE 子句为字段设置非空约束，基本语法如下。

```
# 语法 1,MODIFY 子句
ALTER TABLE 表名 MODIFY 字段名 数据类型 NOT NULL;
# 语法 2,CHANGE 子句
ALTER TABLE 表名 CHANGE [COLUMN] 字段名 字段名 数据类型 NOT NULL;
```

上述语法中，通过 MODIFY 子句或 CHANGE 子句都可以设置非空约束，效果相同。

2. 删除非空约束

理论微课 2-26：删除非空约束

当非空约束不需要时可以删除。在 MySQL 中，非空约束的删除可以通过 ALTER TABLE 语句中的 MODIFY 子句或 CHANGE 子句以重新定义字段的方式实现，基本语法如下。

```
# 语法 1,MODIFY 子句
```

```
ALTER TABLE 表名 MODIFY 字段名 数据类型 ;
# 语法 2,CHANGE 子句
ALTER TABLE 表名 CHANGE [COLUMN] 字段名 字段名 数据类型 ;
```

上述语法中，通过 MODIFY 子句或 CHANGE 子句重新定义字段，即可删除非空约束。

任务实现

根据任务需求，要想设置产品表的产品名称 pname 字段不能为空，需要先按照表 2-8 的表结构创建产品表，然后为 pname 字段设置非空约束。设置完成后，查看表结构，确认 pname 字段是否成功添加非空约束。本任务的具体实现步骤如下。

实操微课 2-13：任务 2.4.1 设置非空约束

① 创建并选择 pms 数据库，具体 SQL 语句及执行结果如下。

```
mysql> CREATE DATABASE pms;
Query OK, 1 row affected (0.01 sec)
mysql> USE pms;
Database changed
```

② 根据表 2-8 完成产品表的创建，具体 SQL 语句及执行结果如下。

```
mysql> CREATE TABLE product (
    ->   productno INT COMMENT '产品编号',
    ->   pname VARCHAR(20) COMMENT '产品名称',
    ->   price DECIMAL(7,2) COMMENT '产品价格',
    ->   status INT COMMENT '产品状态',
    ->   categoryno INT COMMENT '分类编号'
    -> ) COMMENT '产品表';
Query OK, 0 rows affected (0.05 sec)
```

③ 为产品名称 pname 字段设置非空约束，具体 SQL 语句及执行结果如下。

```
mysql> ALTER TABLE product MODIFY pname VARCHAR(20) NOT NULL
    -> COMMENT '产品名称';
Query OK, 0 rows affected (0.03 sec)
Records: 0  Duplicates: 0  Warnings: 0
```

④ 使用 DESC 语句查看产品表的表结构，确认 pname 字段是否成功添加非空约束，具体 SQL 语句及执行结果如下。

```
mysql> DESC product;
+------------+--------------+------+-----+---------+-------+
| Field      | Type         | Null | Key | Default | Extra |
+------------+--------------+------+-----+---------+-------+
| productno  | int          | YES  |     | NULL    |       |
| pname      | varchar(20)  | NO   |     | NULL    |       |
| price      | decimal(7,2) | YES  |     | NULL    |       |
| status     | int          | YES  |     | NULL    |       |
| categoryno | int          | YES  |     | NULL    |       |
+------------+--------------+------+-----+---------+-------+
5 rows in set (0.01 sec)
```

从上述执行结果可以看出，pname 字段所在 Null 列的值为 NO，表示该字段成功添加非空约束。

任务 2.4.2 设置唯一约束

任务需求

产品管理员又遇到了一个问题：在“产品管理系统”中输入某个产品编号时，查找到多个产品信息，正常情况下通过一个产品编号应该只能查到一个产品信息。经过查看产品表，小明发现该表中多个产品的编号重复。为了避免发生类似的事情，小明打算将产品表中产品编号字段设置为不允许重复，当向该字段插入已经存在的值时，MySQL 会提示错误信息。

为了完成这个任务，小明需要使用设置唯一约束的语句，在自己的产品表中将产品编号 productno 字段设置为唯一约束。

知识储备

1. 为字段设置唯一约束

理论微课 2-27：为字段设置唯一约束

默认情况下，数据表中不同记录的同名字段可以保存相同的值，而唯一约束用于确保字段中值的唯一性。如果数据表中的字段设置了唯一约束，那么该字段中存放的值不能重复出现。

在 MySQL 中，唯一约束通过 UNIQUE 关键字进行设置，设置唯一约束时，可以在数据表中设置一个或者多个唯一约束。字段的唯一约束可以在创建数据表时进行设置，也可以在修改数据表时进行设置，具体如下。

（1）创建数据表时设置唯一约束

创建数据表时设置唯一约束的方式有两种，分别是列级约束和表级约束，这两种约束的区别如下。

- 列级约束定义在列中，紧跟在字段的数据类型之后，只对该字段起约束作用。
- 表级约束独立于字段，可以对数据表的单个或多个字段起约束作用。
- 当对多个字段设置表级唯一约束时，会通过多个字段确保唯一性，只要多个字段中有一个字段不同，那么结果就是唯一的。
- 当表级约束仅建立在一个字段上时，其效果与列级约束相同。

创建数据表时给字段设置列级唯一约束，基本语法如下。

```
CREATE TABLE 表名 (
   字段名1 数据类型 UNIQUE,
   字段名2 数据类型 UNIQUE,
   ...
);
```

上述语法是通过直接在字段的数据类型后面追加 UNIQUE 来设置唯一约束。

创建数据表时给字段设置表级唯一约束，基本语法如下。

```
CREATE TABLE 表名(
   字段名1 数据类型,
   字段名2 数据类型,
```

```
  字段名 3 数据类型 ,
  ...
  UNIQUE (字段名 1, 字段名 2)
);
```

上述语法中，通过表级约束的方式为字段 1 和字段 2 设置了唯一约束。

注意：

给字段成功设置唯一约束后，MySQL 会自动给对应的字段添加唯一索引，在通过 DESC 语句显示的表结构中，Key 列的值会发生变化，如果字段的 Key 列值为 UNI，则表示在创建数据表时给字段添加了唯一约束。

（2）修改数据表时设置唯一约束

修改数据表时设置唯一约束，可以通过 ALTER TABLE 语句的 MODIFY 子句或 CHANGE 子句以重新定义字段的方式设置，也可以通过 ALTER TABLE 语句中的 ADD 子句设置，基本语法如下。

```
# 语法 1, MODIFY子句
ALTER TABLE 表名 MODIFY 字段名 数据类型 UNIQUE;
# 语法 2, CHANGE子句
ALTER TABLE 表名 CHANGE [COLUMN] 字段名 字段名 数据类型 UNIQUE;
# 语法 3, ADD子句
ALTER TABLE 表名 ADD UNIQUE (字段);
```

上述语法中，使用 ADD 子句的方式语法更加简洁，通常添加唯一约束时会选择使用这种方式。

成功设置唯一约束后，在查看表结构时，会发现设置唯一约束的字段的 Key 列显示为 UNI，表示已经设置唯一约束。

2. 删除唯一约束

创建唯一约束时，系统也同时创建了对应的唯一索引。删除唯一约束时，无法通过修改字段属性的方式删除，而是按照索引的方式删除。关于索引的相关内容会在第 6 章中讲解，读者此时只需了解即可。

理论微课 2-28：删除唯一约束

默认情况下，MySQL 为唯一约束自动创建的索引的名称与字段名称一致。如果想要删除字段中已有的唯一约束，可以通过 ALTER TABLE 语句的"DROP 索引名"方式实现。删除唯一约束的索引时，会将对应的唯一约束一并删除。

删除唯一约束的基本语法如下。

```
ALTER TABLE 表名 DROP index 字段名 ;
```

上述语法中，字段名是指该表中设置了唯一约束的字段。

任务实现

根据任务需求，将产品表的产品编号 productno 字段设置为唯一约束。这里选择使用 ALTER TABLE 语句的 ADD 子句来完成。设置完成后，查看 product 表的表结构，确认 productno 字段是否成功设置唯一约束。本任务的具体实现步骤如下。

实操微课 2-14：任务 2.4.2 设置唯一约束

① 使用 ALTER TABLE 语句的 ADD 子句为产品编号 productno 字段设置唯一约束，具体 SQL 语句及执行结果如下。

```
mysql> ALTER TABLE product ADD UNIQUE (productno);
Query OK, 0 rows affected (0.03 sec)
Records: 0  Duplicates: 0  Warnings: 0
```

从上述执行结果可以看出，修改字段唯一约束的语句已经成功执行。

② 使用 DESC 语句查看数据表结构，确认 productno 字段是否成功添加唯一约束，具体 SQL 语句及执行结果如下。

```
mysql> DESC product;
+------------+--------------+------+-----+---------+-------+
| Field      | Type         | Null | Key | Default | Extra |
+------------+--------------+------+-----+---------+-------+
| productno  | int          | YES  | UNI | NULL    |       |
| pname      | varchar(20)  | NO   |     | NULL    |       |
| price      | decimal(7,2) | YES  |     | NULL    |       |
| status     | int          | YES  |     | NULL    |       |
| categoryno | int          | YES  |     | NULL    |       |
+------------+--------------+------+-----+---------+-------+
5 rows in set (0.00 sec)
```

从上述执行可以看出，productno 字段的 Key 值为 UNI，说明 productno 字段已经成功设置唯一约束。

任务 2.4.3 设置主键约束

任务需求

产品管理员反馈在使用“产品管理系统”时，经常查不到某个产品的信息。小明检查产品表中的数据，发现原因是有些产品的编号值为 NULL。虽然产品编号已经设置了唯一约束，但是无法阻止用户插入 NULL 值。小明查找相关资料，发现利用主键约束可以在确保唯一性的同时禁止插入 NULL 值。为了避免类似情况的发生，小明打算将产品编号 productno 字段设置为主键约束，并且小明还了解到通过自动增长可以免去手动设置主键值的麻烦。小明的做法充分体现了当代青年应具有的责任心和执行力。

在本任务中，小明需要在产品表中将 productno 字段的唯一约束删除，然后再给该字段设置主键约束和自动增长。

知识储备

1. 添加主键约束

在 MySQL 中，主键约束用于将一个或多个字段设置为表的主键。主键约束相当于非空约束和唯一约束的组合，要求被约束字段不能出现重复值，也不能出现 NULL 值。

理论微课 2-29：添加主键约束

主键约束可以通过给字段添加 PRIMARY KEY 关键字进行设置，每个数据表中只能设置一个主键约束。设置主键约束的方式有两种，分别为创建数据表时设置主键约束和修改数据表时添加主键约束，具体如下。

（1）创建数据表时设置主键约束

创建数据表时可以设置列级或者表级的主键约束，列级主键约束只能对单字段设置，表级主键约束可以对单字段或者多字段设置。当为多字段设置主键约束时，会形成复合主键。复合主键使用多个字段确定数据的唯一性。

创建数据表时给字段设置列级主键约束，基本语法如下。

```
CREATE TABLE 表名 (
    字段名 数据类型 PRIMARY KEY,
    ...
);
```

上述语法中，字段名的数据类型后面追加了 PRIMARY KEY，表示为该字段设置主键约束。

创建数据表时给字段设置表级主键约束，基本语法如下。

```
CREATE TABLE 表名 (
    字段名 1 数据类型 ,
    字段名 2 数据类型 ,
    ...
    PRIMARY KEY (字段名 1, 字段名 2)
);
```

上述语法中，使用表级约束为“字段名 1”和“字段名 2”设置了主键约束，并且“字段名 1”和“字段名 2”组成了复合主键。

当字段成功设置主键约束后，Key 列的值将发生变化，系统会自动为对应的字段设置主键索引，如果字段的 Key 列的值为 PRI，则表示在创建数据表时给字段设置了主键约束。

（2）修改数据表时添加主键约束

修改数据表时添加主键约束，可以使用 ALTER TABLE 语句，通过 MODIFY 子句或 CHANGE 子句以重新定义字段的方式添加，也可以通过 ADD 子句添加。不同的是，添加主键约束前需要确保数据表中不存在主键约束，否则会添加失败。

修改数据表时添加主键约束的基本语法如下。

```
# 语法 1, MODIFY 子句
ALTER TABLE 表名 MODIFY 字段名 数据类型 PRIMARY KEY;
# 语法 2, CHANGE 子句
ALTER TABLE 表名 CHANGE [COLUMN] 字段名 字段名 数据类型 PRIMARY KEY;
# 语法 3, ADD 子句
ALTER TABLE 表名 ADD PRIMARY KEY (字段);
```

上述语法中，语法 3 更加简洁。添加主键约束时通常会选择使用 ADD 子句的方式。

理论微课 2-30：设置字段自动增长

2. 设置字段自动增长

在为数据表设置主键约束或唯一约束后，每次插入记录时，都要检查插入的值是否重复，防止重复导致插入失败。由于检查重复值比较麻烦，为了简化操作，可以使用 AUTO_INCREMENT 实现自动生成不重复的值并自动增长。

创建数据表时设置字段自增长，基本语法如下。

```
CREATE TABLE 表名 (
    字段名 数据类型 约束 AUTO_INCREMENT,
    ...
);
```

上述语法演示了如何为带有列级约束的字段设置自动增长。如果使用表级约束，则上述语法中的“约束”可以省略。

修改数据表时设置字段自动增长，可以在 ALTER TABLE 语句中通过 MODIFY 子句或 CHANGE 子句以重新定义字段的方式设置，基本语法如下。

```
# 语法 1，MODIFY 子句
ALTER TABLE 表名 MODIFY 字段名 数据类型 AUTO_INCREMENT;
# 语法 2，CHANGE 子句
ALTER TABLE 表名 CHANGE 字段名 字段名 数据类型 AUTO_INCREMENT;
```

以下是使用 AUTO_INCREMENT 时的 4 点注意事项。

- 一个数据表中只能有一个字段设置 AUTO_INCREMENT，设置 AUTO_INCREMENT 字段的数据类型应该是整数类型，且该字段必须设置了唯一约束或主键约束。
- 如果为自动增长字段插入 NULL 值，或在插入数据时省略了自动增长字段，则该字段会使用自动增长值；如果插入的是一个具体的值，则不会自动增长值。
- 默认情况下，设置 AUTO_INCREMENT 字段的值从 1 开始自增。如果插入了一个大于自动增长值的具体值，则下次自动增长的值为字段中的最大值加 1。
- 使用 DELETE 删除数据时，自动增长值不会减少或者填补空缺。

3. 删除主键约束

对于设置错误或者不再需要的主键约束，可以通过 ALTER TABLE 语句的 DROP 子句将主键约束删除。删除主键约束时，也会自动删除主键索引。

理论微课 2-31：删除主键约束

删除主键约束的基本语法如下。

```
ALTER TABLE 表名 DROP PRIMARY KEY;
```

在上述语法中，由于主键约束在数据表中只能有一个，因此不需要指定主键约束对应的字段名称。

任务实现

根据任务需求，将产品表的产品编号 productno 字段设置为主键约束。这里选择 ALTER TABLE 语句的 ADD 子句来完成。首先将 productno 字段的唯一约束删除，然后给它设置主键约束，最后确认主键约束是否添加成功。本任务的具体实现步骤如下。

实操微课 2-15：任务 2.4.3 设置主键约束

① 使用 ALTER TABLE 语句的 DROP 子句删除 productno 字段的唯一约束，具体 SQL 语句及执行结果如下。

```
mysql> ALTER TABLE product DROP index productno;
Query OK, 0 rows affected (0.02 sec)
Records: 0  Duplicates: 0  Warnings: 0
```

从上述执行结果可以看出，修改字段唯一约束的语句已经成功执行。

② 使用 ALTER TABLE 语句的 ADD 子句为 productno 字段设置主键约束，具体 SQL 语句及执行结果如下。

```
mysql> ALTER TABLE product ADD PRIMARY KEY (productno);
Query OK, 0 rows affected (0.11 sec)
Records: 0  Duplicates: 0  Warnings: 0
```

从上述执行结果可以看出，设置主键约束的语句已经成功执行。

③ 使用 ALTER TABLE 语句的 CHANGE 子句为 productno 字段设置自动增长，具体 SQL 语句及执行结果如下。

```
mysql> ALTER TABLE product MODIFY productno INT AUTO_INCREMENT
    -> COMMENT '产品编号';
Query OK, 0 rows affected (0.17 sec)
Records: 0  Duplicates: 0  Warnings: 0
```

从上述执行结果可以看出，设置字段自动增长的语句已经成功执行。

④ 使用 DESC 语句查看产品表的表结构，确认 productno 字段是否成功添加主键约束，具体 SQL 语句及执行结果如下。

```
mysql> DESC product;
+------------+--------------+------+-----+---------+----------------+
| Field      | Type         | Null | Key | Default | Extra          |
+------------+--------------+------+-----+---------+----------------+
| productno  | int          | NO   | PRI | NULL    | auto_increment |
| pname      | varchar(20)  | NO   |     | NULL    |                |
| price      | decimal(7,2) | YES  |     | NULL    |                |
| status     | int          | YES  |     | NULL    |                |
| categoryno | int          | YES  |     | NULL    |                |
+------------+--------------+------+-----+---------+----------------+
5 rows in set (0.00 sec)
```

从上述结果可以看出，productno 字段的 Key 列的值为 PRI，说明 productno 字段已经成功设置主键约束，并且该字段 Null 列的值为 NO，表示该字段不能为空。Extra 列的值为 auto_increment，说明已经成功为字段设置自动增长。

任务 2.4.4 设置默认值约束

■ 任务需求

由于在“产品管理系统”中每次进行产品上架时，都需要手动设置产品的状态为上架，比较烦琐，产品管理员向小明提出了一个建议：能否通过技术手段将产品状态默认设置为上架，避免在新增产品信息时手动填写产品状态。

为了满足产品管理员的需要，小明需要使用设置字段默认值约束的语句，为产品表中的 status 字段设置默认值约束，并设置默认值为 1 表示上架。

理论微课 2-32：添加默认值约束

知识储备

1. 添加默认值约束

默认值约束用于给数据表中的字段指定默认值，当在表中插入一条新记录时，如果没有给这个字段赋值，那么数据库系统会自动为这个字段插入指定的默认值。

在 MySQL 中，可以通过 DEFAULT 关键字设置字段的默认值约束。设置默认值约束的方式有两种，分别为创建数据表时设置默认值约束和修改数据表时添加默认值约束，具体如下。

（1）创建数据表时设置默认值约束

创建数据表时给字段设置默认值约束，基本语法如下。

```
CREATE TABLE 表名 (
    字段名 数据类型 DEFAULT 默认值 ,
    ...
);
```

在上述语法中，字段名数据类型后面的“DEFAULT 默认值”表示设置默认值约束。

（2）修改数据表时添加默认值约束

修改数据表时添加默认值约束与修改数据表时添加非空约束类似，可以在 ALTER TABLE 语句中通过 MODIFY 子句或 CHANGE 子句以重新定义字段的方式添加默认值约束，基本语法如下。

```
# 语法 1，MODIFY 子句
ALTER TABLE 表名 MODIFY 字段名 数据类型 DEFAULT 默认值 ;
# 语法 2，CHANGE 子句
ALTER TABLE 表名 CHANGE [COLUMN] 字段名 字段名 数据类型 DEFAULT 默认值 ;
```

上述两种语法添加默认值约束的效果相同。

2. 删除默认值约束

当数据表中的某列不需要设置默认值时，可以通过修改表的语句删除默认值约束。删除默认值约束可以通过 ALTER TABLE 语句的 MODIFY 子句或 CHANGE 子句以重新定义字段的方式实现，基本语法如下。

理论微课 2-33：删除默认值约束

```
# 语法 1，MODIFY 子句
ALTER TABLE 表名 MODIFY 字段名 数据类型 ;
# 语法 2，CHANGE 子句
ALTER TABLE 表名 CHANGE [COLUMN] 字段名 字段名 数据类型 ;
```

在上述语法中，通过 MODIFY 子句或 CHANGE 子句重新定义字段，即可删除默认值约束。

实操微课 2-16：任务 2.4.4 设置默认值约束

任务实现

根据任务需求，将产品表中产品状态 status 字段设置为默认值约束，并将默认值设为 1。这里使用 ALTER TABLE 语句的 MODIFY 子句来完成。设置完成后，查看产品表的表结构，确认 status 字段是否成功添加默认值约束。本任务的具体实现步骤如下。

① 使用 ALTER TABLE 语句的 MODIFY 子句为 status 字段添加默认值约束，并将默认值设为 1，具体 SQL 语句及执行结果如下。

```
mysql> ALTER TABLE product MODIFY status INT DEFAULT 1 COMMENT '产品状态';
Query OK, 0 rows affected (0.04 sec)
Records: 0  Duplicates: 0  Warnings: 0
```

从上述执行结果可以看出，修改字段默认值约束的语句已经成功执行。

② 使用 DESC 语句查看产品表的表结构，确认 status 字段是否成功设置默认值约束，具体 SQL 语句及执行结果如下。

```
mysql> DESC product;
+------------+--------------+------+-----+---------+----------------+
| Field      | Type         | Null | Key | Default | Extra          |
+------------+--------------+------+-----+---------+----------------+
| productno  | int          | NO   | PRI | NULL    | auto_increment |
| pname      | varchar(20)  | NO   |     | NULL    |                |
| price      | decimal(7,2) | YES  |     | NULL    |                |
| status     | int          | YES  |     | 1       |                |
| categoryno | int          | YES  |     | NULL    |                |
+------------+--------------+------+-----+---------+----------------+
5 rows in set (0.00 sec)
```

从上述执行结果可以看出，status 字段的 Default 值为 1，说明 status 字段已经成功设置默认值约束。

本章小结

本章主要对数据库和数据表的基本操作进行了详细讲解。数据库的基本操作包括数据库的创建、查看、修改和删除；数据表的基本操作包括数据表的创建、查看、删除以及数据表的一系列修改操作；数据表的约束包括非空约束、唯一约束、主键约束、默认值约束，并且可以为字段设置自动增长。通过本章的学习，希望读者能够掌握数据库和数据表的基本操作，为后续的学习打下坚实的基础。

课后练习

一、填空题

1. 在 MySQL 中，对数据表进行操作之前，需要使用________语句选择数据库。
2. 在 MySQL 中，保存小数的数据类型分为________和定点数类型。
3. 在 MySQL 中，CHAR 类型和________类型的字段通常用于存储字符串数据。
4. 在 MySQL 中，主键约束通过________关键字进行设置。

5. 在 MySQL 中，唯一约束通过________关键字进行设置。

二、判断题

1. 创建数据库时，语句中添加 IF NOT EXISTS 可以防止数据库已存在而引发的错误。（ ）

2. TIMESTAMP 类型的取值范围比 DATATIME 类型大。（ ）

3. 在数据表中不可以为多个字段同时设置非空约束。（ ）

4. 一个数据表中只能有一个字段设置 AUTO_INCREMENT。（ ）

5. 使用 CHAR 数据类型存储数据时，该类型所占用的存储空间的字节数为实际插入值的长度加 1。（ ）

三、选择题

1. 下列选项中，可以查看数据表的结构信息的语句是（ ）。

A. SHOW TABLES; B. DESC 数据表名;

C. SHOW TABLE; D. SHOW CREATE TABLE 数据表名;

2. 下列数据表中，可以被语句“SHOW TABLES LIKE 'sh_'”查询到的是（ ）。

A. fish B. mydb C. she D. unshift

3. 下列选项中，对约束的描述错误的是（ ）。

A. 每个数据表中最多只能设置一个主键约束

B. 非空约束通过 NOT NULL 进行设置

C. 唯一约束通过关键字 UNIQUE 进行设置

D. 一个数据表中只能设置一个唯一约束

4. 下列选项中，可以删除数据库的是（ ）。

A. DELETE DATABASE B. DROP DATABASE

C. ALTER DATABASE D. CREAT DATABASE

5. 下列选项中，可以在修改数据表时将字段 id 设置在数据表第一列的是（ ）。

A. ALTER TABLE dept MODIFY FIRST id INT;

B. ALTER TABLE dept MODIFY id INT FIRST;

C. ALTER TABLE dept MODIFY AFTER id INT;

D. ALTER TABLE dept MODIFY id INT AFTER;

6. 在创建数据库时，可以确保数据库不存在时再执行创建操作的子句是（ ）。

A. IF EXIST B. IF NOT EXIST

C. IF EXISTS D. IF NOT EXISTS

7. 下列选项中，MySQL 自动创建的数据库包括（ ）。（多选）

A. information_schema B. mysql

C. performance_schema D. sys

四、简答题

1. 请简述什么是主键约束。

2. 请简述什么是唯一约束。

3. 请简述如何在创建数据表或修改数据表时添加 NOT NULL 约束。

五、操作题

1. 创建 dbms 数据库。

2. 在 dbms 数据库中创建教师表（teacher）、学生表（student）和课程表（course），表结构见表 2-9~ 表 2-11。

表 2-9　教师表（teacher）的表结构

字段名称	数据类型	NULL 值	键	默认值	说明
teacherno	INT	NOT NULL	主键	无	教师编号
tname	CHAR (8)	NOT NULL		无	姓名
gender	CHAR (2)	NOT NULL		男	性别
title	CHAR (12)	NULL		无	职称
birth	DATE	NOT NULL		无	出生年月
sal	DECIMAL (7,2)	NULL		无	基本工资

表 2-10　学生表（student）的表结构

字段名称	数据类型	NULL 值	键	默认值	说明
studentno	INT	NOT NULL	主键	无	学号
sname	CHAR (8)	NOT NULL		无	姓名
gender	CHAR (2)	NOT NULL		女	性别
birth	DATE	NOT NULL		无	出生年月
tc	TINYINT	NULL		无	总学分

表 2-11　课程表（course）的表结构

字段名称	数据类型	NULL 值	键	默认值	说明
courseno	INT	NOT NULL	主键	无	课程号
cname	CHAR (16)	NOT NULL		无	课程名
credit	TINYINT	NULL		无	学分

第 3 章

数据操作

PPT:第 3 章　数据操作

教学设计:第 3 章　数据操作

学习目标

知识目标	• 熟悉 INSERT 语句的语法，能够归纳 INSERT 语句的语法形式 • 熟悉 UPDATE 语句的语法，能够归纳 UPDATE 语句的语法形式 • 熟悉 DELETE 语句的语法，能够归纳 DELETE 语句的语法形式
技能目标	• 掌握数据表中数据的添加操作，能够添加单条数据和添加多条数据 • 掌握数据表中数据的更新操作，能够更新部分数据和更新全部数据 • 掌握数据表中数据的删除操作，能够删除部分数据和删除全部数据

通过第2章的学习，读者已经能够完成数据库和数据表的创建、查看、修改等基本操作。要想对数据库中的数据进行添加、更新和删除，还需要学习数据操作语言。本章将讲解如何利用数据操作语言对数据进行操作。

3.1 添加数据

数据表创建之后，可以向其中添加数据。添加数据又称为插入数据。在MySQL中，使用INSERT语句可以向数据表中添加单条或者多条数据，该语句有指定字段和省略字段两种语法。本节将对数据表中数据的添加操作进行详细讲解。

任务3.1.1 添加单条数据

任务需求

当公司招聘新员工时，需要将新员工信息添加到“员工管理系统”中。小明所在的项目组接到了任务，要求开发添加新员工的功能，小明负责其中SQL语句的编写。

小明打算先在自己的计算机中进行练习，操作熟练后再完成工作。首先需要创建一个ems数据库，然后在ems数据库中创建一个员工表（emp），最后向员工表中添加4条模拟数据，表示4位新员工的信息。

员工表的表结构见表3-1。

表3-1 员工表的表结构

字段名称	数据类型	备注说明
empno	INT	员工编号
ename	VARCHAR (20)	员工姓名
job	VARCHAR (20)	员工职位
mgr	INT	直属上级编号
sal	DECIMAL (7, 2)	基本工资
bonus	DECIMAL (7, 2)	奖金
deptno	INT	所属部门的编号

新员工信息见表3-2。

表3-2 新员工信息

empno	ename	job	mgr	sal	bonus	deptno
9839	刘一	总监	NULL	15500	NULL	10
9982	陈二	经理	9839	12950	NULL	10
9639	张三	助理	9902	1999	NULL	20
9566	李四	经理	9839	13495	NULL	20

知识储备

1. 指定字段添加数据的语句

使用 INSERT 语句添加数据时，如果值的数量或顺序与数据表定义的字段的数量或顺序不同，则必须指定字段。指定字段时，可以指定数据表中的全部字段，也可以指定数据表中的部分字段。

理论微课 3-1：指定字段添加数据的语句

添加数据并指定字段，其基本语法如下。

```
INSERT [INTO] 表名 (字段名1, 字段名2, ...) {VALUES|VALUE}
(值1, 值2, ...);
```

上述语法的具体说明如下。

- 关键字 INTO 可以省略，省略后效果相同。
- 表名是指需要添加数据的数据表的名称。
- 字段名表示需要添加数据的字段名称，字段的顺序需要与值的顺序一一对应，多个字段名之间使用英文逗号分隔。
- VALUES 和 VALUE 表示值，可以任选其一，通常情况下使用 VALUES。
- 值表示字段对应的数据，多个值之间使用英文逗号分隔。

在添加数据时，字符串和日期类型数据应包含在单引号或双引号中（通常使用单引号），插入的数据大小，应该在字段的数据类型规定的范围内。如果字段设置了非空约束且没有设置默认值约束，那么在添加数据时该字段的值不能省略。

下面通过两个例子分别演示如何通过指定数据表中全部字段的方式添加数据，以及通过指定数据表中部分字段的方式添加数据。

（1）通过指定数据表中全部字段的方式添加数据

假设在 school 数据库中有一个用于存储教师信息的教师表（teacher），选择 school 数据库并创建教师表的示例如下。

```
mysql> USE school;
Database changed
mysql> CREATE TABLE teacher (
    ->   teacherno INT PRIMARY KEY COMMENT '教师编号',
    ->   tname VARCHAR(8) NOT NULL COMMENT '姓名',
    ->   gender CHAR(1) NOT NULL DEFAULT '男' COMMENT '性别',
    ->   title VARCHAR(12) COMMENT '职称',
    ->   birth DATE NOT NULL COMMENT '出生年月',
    ->   sal DECIMAL(7,2) COMMENT '基本工资'
    -> );
Query OK, 0 rows affected (0.02 sec)
```

使用 INSERT 语句向教师表中添加一条数据：教师编号为 1001、性别为“男”、职称为“教授”、出生年月为 1976-01-02、姓名为“王小明”、基本工资为 9000，具体示例如下。

```
mysql> INSERT INTO teacher (teacherno,gender,title,birth,tname,sal)
    -> VALUES (1001,'男','教授','1976-01-02','王小明',9000);
Query OK, 1 row affected (0.02 sec)
```

上述 SQL 语句中，在添加数据时，字段的顺序要与 VALUES 中值的顺序一一对应。由示例结果“Query OK”可知，添加数据的语句执行成功。

在使用 INSERT 语句向数据表中添加数据后，可以使用 SELECT 语句进行查看。由于 SELECT 语句的完整语法比较复杂，具体将在第 4 章进行详细讲解，此处读者只需要知道 SELECT 语句的简单用法即可。

使用 SELECT 语句查询数据表中所有数据的语法如下。

```
SELECT * FROM 表名;
```

下面演示如何使用 SELECT 语句查询教师表中的数据，确认教师姓名为“王小明”的数据是否添加到教师表中，具体示例如下。

```
mysql> SELECT * FROM teacher;
+-----------+-------+--------+-------+------------+---------+
| teacherno | tname | gender | title | birth      | sal     |
+-----------+-------+--------+-------+------------+---------+
|      1001 | 王小明 | 男     | 教授  | 1976-01-02 | 9000.00 |
+-----------+-------+--------+-------+------------+---------+
1 row in set (0.00 sec)
```

从上述示例中的查询结果可以看出，教师表中成功添加了教师“王小明”的数据。

（2）通过指定数据表中部分字段的方式添加数据

使用 INSERT 语句向教师表中添加一条数据：教师编号为 1002、姓名为“李明”、职称为“讲师”、出生年月为 1982-08-22、基本工资为 5500、省略性别字段，具体示例如下。

```
mysql> INSERT INTO teacher (teacherno,tname,title,birth,sal)VALUES
    -> (1002,'李明','讲师','1982-08-22',5500);
Query OK, 1 row affected (0.01 sec)
```

使用 SELECT 语句查询教师表中的数据，确认数据是否添加成功，具体示例如下。

```
mysql> SELECT * FROM teacher;
+-----------+-------+--------+-------+------------+---------+
| teacherno | tname | gender | title | birth      | sal     |
+-----------+-------+--------+-------+------------+---------+
|      1001 | 王小明 | 男     | 教授  | 1976-01-02 | 9000.00 |
|      1002 | 李明   | 男     | 讲师  | 1982-08-22 | 5500.00 |
+-----------+-------+--------+-------+------------+---------+
2 rows in set (0.00 sec)
```

从上述示例中的查询结果可以看出，教师表中成功添加了教师“李明”的数据。在添加数据时没有为 gender 字段赋值，系统会自动为其添加默认值“男”。

理论微课 3-2：省略字段添加数据的语句

2. 省略字段添加数据的语句

在 MySQL 中，使用 INSERT 语句添加数据时，如果省略字段，那么值的顺序必须和数据表定义的字段顺序相同。

添加数据时省略字段，基本语法如下。

```
INSERT [INTO] 表名 {VALUES|VALUE} (值1, 值2,...);
```

下面演示如何使用省略字段的方式为数据表添加数据。使用 INSERT 语句向教师表中添加一条数据：教师编号为 1003、姓名为“王丹”、性别为“女”、职称为“讲师”、出生年月为 1980-07-12、基本工资为 5000 元，具体示例如下。

```
mysql> INSERT INTO teacher VALUES
    -> (1003,'王丹','女','讲师','1980-07-12',5000);
Query OK, 1 row affected (0.01 sec)
```

使用 SELECT 语句查询教师表中的数据，确认数据是否添加成功，具体示例如下。

```
mysql> SELECT * FROM teacher;
+-----------+-------+--------+-------+------------+---------+
| teacherno | tname | gender | title | birth      | sal     |
+-----------+-------+--------+-------+------------+---------+
|      1001 | 王小明 | 男     | 教授  | 1976-01-02 | 9000.00 |
|      1002 | 李明   | 男     | 讲师  | 1982-08-22 | 5500.00 |
|      1003 | 王丹   | 女     | 讲师  | 1980-07-12 | 5000.00 |
+-----------+-------+--------+-------+------------+---------+
3 rows in set (0.00 sec)
```

从上述示例中的查询结果可以看出，教师表中成功添加了教师“王丹”的数据。

任务实现

根据任务需求，首先创建一个 ems 数据库，然后选择该数据库并在其中创建员工表，最后在该表中逐条添加模拟的员工信息。这里选择使用 INSERT 语句省略字段的方式添加员工“刘一”“陈二”“张三”和“李四”的数据。添加数据后，查看员工表中的所有数据，确认数据是否添加成功。本任务的具体实现步骤如下。

实操微课 3-1：任务 3.1.1 添加单条数据

① 创建 ems 数据库，具体 SQL 语句及执行结果如下。

```
mysql> CREATE DATABASE ems DEFAULT CHARSET utf8mb4;
Query OK, 1 row affected (0.01 sec)
```

② 选择 ems 数据库，具体 SQL 语句及执行结果如下。

```
mysql> USE ems;
Database changed
```

③ 根据表 3-1 设计的表结构完成员工表的创建，具体 SQL 语句及执行结果如下。

```
mysql> CREATE TABLE emp (
    ->    empno INT COMMENT '员工编号',
    ->    ename VARCHAR(20) COMMENT '员工姓名',
    ->    job VARCHAR(20) COMMENT '员工职位',
    ->    mgr INT COMMENT '直属上级编号',
    ->    sal DECIMAL(7,2) COMMENT '基本工资',
    ->    bonus DECIMAL(7,2) COMMENT '奖金',
```

```
    ->   deptno INT COMMENT '所属部门的编号'
    -> );
Query OK, 0 rows affected (0.05 sec)
```

④ 使用INSERT语句添加员工“刘一”的数据：员工编号为9839、员工姓名为“刘一”、员工职位为“总监”、直属上级编号为NULL、基本工资为15500、奖金为NULL、所属部门的编号为10，具体SQL语句及执行结果如下。

```
mysql> INSERT INTO emp VALUES(9839,'刘一','总监',NULL,15500,NULL,10);
Query OK, 1 row affected (0.01 sec)
```

从上述执行结果可以看出，INSERT语句执行成功。

⑤ 使用INSERT语句添加员工“陈二”的数据：员工编号为9982、员工姓名为“陈二”、员工职位为“经理”、直属上级编号为9839、基本工资为12950、奖金为NULL、所属部门的编号为10，具体SQL语句及执行结果如下。

```
mysql> INSERT INTO emp VALUES(9982,'陈二','经理',9839,12950,NULL,10);
Query OK, 1 row affected (0.01 sec)
```

从上述执行结果可以看出，INSERT语句执行成功。

⑥ 使用INSERT语句添加员工“张三”的数据：员工编号为9639、员工姓名为“张三”、员工职位为“助理”、直属上级编号为9902、基本工资为1999、奖金为NULL、所属部门的编号为20，具体SQL语句及执行结果如下。

```
mysql> INSERT INTO emp VALUES(9639,'张三','助理',9902,1999,NULL,20);
Query OK, 1 row affected (0.01 sec)
```

从上述执行结果可以看出，INSERT语句执行成功。

⑦ 使用INSERT语句添加员工“李四”的数据：员工编号为9566、员工姓名为“李四”、员工职位为“经理”、直属上级编号为9839、基本工资为13495、奖金为NULL、所属部门的编号为20，具体SQL语句及执行结果如下。

```
mysql> INSERT INTO emp VALUES(9566,'李四','经理',9839,13495,NULL,20);
Query OK, 1 row affected (0.01 sec)
```

从上述执行结果可以看出，INSERT语句执行成功。

⑧ 确认员工刘一、陈二、张三和李四的信息是否添加成功，具体SQL语句及执行结果如下。

```
mysql> SELECT * FROM emp;
+-------+-------+-----+------+----------+-------+--------+
| empno | ename | job | mgr  | sal      | bonus | deptno |
+-------+-------+-----+------+----------+-------+--------+
|  9839 | 刘一  | 总监 | NULL | 15500.00 |  NULL |     10 |
|  9982 | 陈二  | 经理 | 9839 | 12950.00 |  NULL |     10 |
|  9639 | 张三  | 助理 | 9902 |  1999.00 |  NULL |     20 |
|  9566 | 李四  | 经理 | 9839 | 13495.00 |  NULL |     20 |
+-------+-------+-----+------+----------+-------+--------+
4 rows in set (0.00 sec)
```

从上述执行结果可以看出，员工表中成功添加了员工“刘一”“陈二”“张三”和“李四”的信息。

知识拓展

INSERT 语句的 SET 子句

理论微课 3-3：INSERT 语句的 SET 子句

除了前面讲过的语法外，还可以使用 INSERT 语句的 SET 子句为表中指定的字段或者全部字段添加数据，其基本语法如下。

```
INSERT [INTO] 表名 SET 字段名 1=值 1[,字段名 2=值 2,...];
```

在上述语法中，字段名表示需要添加数据的字段名称，值表示添加的数据。如果在 SET 关键字后面指定了多个“字段名 = 值”的数据对，则每个数据对之间使用逗号分隔，最后一个数据对后面不加逗号。

下面演示如何使用 INSERT 语句的 SET 子句向教师表中添加一条数据：教师编号为 1004、性别为“女”、出生年月为 1993-12-02、姓名为“王红”、职称为“助教”，具体示例如下。

```
mysql> INSERT INTO school.teacher SET teacherno=1004,gender='女',
    -> birth='1993-12-02',tname='王红',title='助教';
Query OK, 1 row affected (0.01 sec)
```

从上述示例结果可以看出，INSERT 语句执行成功。

使用 SELECT 语句查询教师表中的数据，确认“王红”的数据是否添加到数据表中，具体示例如下。

```
mysql> SELECT * FROM school.teacher;
+-----------+-------+--------+-------+------------+---------+
| teacherno | tname | gender | title | birth      | sal     |
+-----------+-------+--------+-------+------------+---------+
|      1001 | 王小明 | 男     | 教授   | 1976-01-02 | 9000.00 |
|      1002 | 李明   | 男     | 讲师   | 1982-08-22 | 5500.00 |
|      1003 | 王丹   | 女     | 讲师   | 1980-07-12 | 5000.00 |
|      1004 | 王红   | 女     | 助教   | 1993-12-02 |    NULL |
+-----------+-------+--------+-------+------------+---------+
4 rows in set (0.00 sec)
```

从上述示例结果可以看出，教师表中成功添加了“王红”的数据。在添加数据时没有为 sal 字段赋值，MySQL 会自动使用 NULL 值。

任务 3.1.2 添加多条数据

任务需求

当公司同时入职一批新员工时，如果使用任务 3.1.1 中的单条数据添加方式，操作会比较烦琐。为简化操作，小明打算优化一下添加数据的语句。小明查阅了相关文档后，发现可以使用一条

INSERT 语句完成多条数据的添加。小明的做法体现了一种节约时间和资源的高效工作方式，对提高工作效率、缩短项目周期都有积极的效果。注重效率不仅对工作有益，还会对生活产生积极的影响，包括促进人际关系、树立个人形象、提升自我管理能力以及培养良好的习惯和正确的价值观。

在本任务中，小明需要使用向数据表中添加多条数据的语句，为员工表添加数据。为了方便练习，小明准备了 8 条模拟数据表示新员工的信息，见表 3-3。

表 3-3 新员工的信息

empno	ename	job	mgr	sal	bonus	deptno
9988	王五	分析员	9566	3500	NULL	20
9902	赵六	分析员	9566	3500	NULL	20
9499	孙七	销售	9698	3600	300.00	30
9521	周八	销售	9698	3750	500.00	30
9654	吴九	销售	9698	3750	1400.00	30
9844	郑十	销售	9698	4000	0.00	30
9900	萧十一	助理	9698	1850	NULL	30
9903	吴红	分析员	9566	3500	NULL	20

知识储备

理论微课 3-4：添加多条数据的语句

添加多条数据的语句

MySQL 中可以使用单条 INSERT 语句同时添加多条数据，其基本语法如下。

```
INSERT INTO 表名 [(字段名 1,字段名 2,...)] {VALUES|VALUE}
(第 1 条记录的值 1,第 1 条记录的值 2,...),
(第 2 条记录的值 1,第 2 条记录的值 2,...),
...
(第 n 条记录的值 1,第 n 条记录的值 2,...);
```

在上述语法中，如果未指定字段名，则值的顺序要与数据表的字段顺序一致；如果指定了字段名，则值的顺序与指定的字段名顺序一致。当添加多条数据时，多条数据之间用逗号分隔。

下面演示使用一条 INSERT 语句向教师表中添加多条数据，新教师信息见表 3-4。

表 3-4 新教师信息

teacherno	tname	gender	title	birth	sal
1005	张贺	男	讲师	1978-03-06	6400
1006	韩芳	女	教授	1971-04-21	9200
1007	刘阳	男	讲师	1973-09-04	5800

使用 INSERT 语句向教师表中添加表 3-4 中的教师信息，具体示例如下。

```
mysql> INSERT INTO school.teacher VALUES
    -> (1005,'张贺','男','讲师','1978-03-06',6400),
    -> (1006,'韩芳','女','教授','1971-04-21',9200),
    -> (1007,'刘阳','男','讲师','1973-09-04',5800);
```

```
Query OK, 3 rows affected (0.01 sec)
Records: 3  Duplicates: 0  Warnings: 0
```

从上述示例结果可以看出，INSERT 语句成功执行。在执行结果中，“Records：3”表示记录了 3 条数据，“Duplicates：0”表示添加的 3 条数据没有重复，“Warnings：0”表示添加数据时没有警告。

使用 SELECT 语句查询教师表中的数据，确认教师“张贺”“韩芳”和“刘阳”是否按要求添加到教师表中，具体示例如下。

```
mysql> SELECT * FROM school.teacher;
+-----------+-------+--------+-------+------------+---------+
| teacherno | tname | gender | title | birth      | sal     |
+-----------+-------+--------+-------+------------+---------+
|      1001 | 王小明 | 男     | 教授  | 1976-01-02 | 9000.00 |
|      1002 | 李明   | 男     | 讲师  | 1982-08-22 | 5500.00 |
|      1003 | 王丹   | 女     | 讲师  | 1980-07-12 | 5000.00 |
|      1004 | 王红   | 女     | 助教  | 1993-12-02 |    NULL |
|      1005 | 张贺   | 男     | 讲师  | 1978-03-06 | 6400.00 |
|      1006 | 韩芳   | 女     | 教授  | 1971-04-21 | 9200.00 |
|      1007 | 刘阳   | 男     | 讲师  | 1973-09-04 | 5800.00 |
+-----------+-------+--------+-------+------------+---------+
7 rows in set (0.00 sec)
```

从上述示例结果可以看出，教师表中成功添加了“张贺”“韩芳”和“刘阳”的信息。

■ 任务实现

根据任务需求，先使用 INSERT 语句将新员工“王五”“赵六”“孙七”“周八”“吴九”“郑十”“萧十一”和“吴红”的信息添加到员工表中，然后查看员工表中的所有数据，确认添加的员工信息是否正确。本任务的具体实现步骤如下。

实操微课 3-2：任务 3.1.2 添加多条数据

① 使用 INSERT 语句向员工表中添加员工“王五”“赵六”“孙七”“周八”“吴九”“郑十”“萧十一”和“吴红”的信息，具体 SQL 语句及执行结果如下。

```
mysql> INSERT INTO emp VALUES
    -> (9988,'王五','分析员',9566,3500,NULL,20),
    -> (9902,'赵六','分析员',9566,3500,NULL,20),
    -> (9499,'孙七','销售',9698,3600,300,30),
    -> (9521,'周八','销售',9698,3750,500,30),
    -> (9654,'吴九','销售',9698,3750,1400,30),
    -> (9844,'郑十','销售',9698,4000,0,30),
    -> (9900,'萧十一','助理',9698,1850,NULL,30),
    -> (9903,'吴红','分析员',9566,3500,NULL,20);
Query OK, 8 rows affected (0.02 sec)
Records: 8  Duplicates: 0  Warnings: 0
```

从上述执行结果可以看出，INSERT 语句成功执行。

② 确认新员工的信息是否添加成功，具体 SQL 语句及执行结果如下。

```
mysql> SELECT * FROM emp;
+-------+-------+-------+------+----------+--------+--------+
| empno | ename | job   | mgr  | sal      | bonus  | deptno |
+-------+-------+-------+------+----------+--------+--------+
|  9839 | 刘一   | 总监   | NULL | 15500.00 |   NULL | 10     |
|  9982 | 陈二   | 经理   | 9839 | 12950.00 |   NULL | 10     |
|  9639 | 张三   | 助理   | 9902 |  1999.00 |   NULL | 20     |
|  9566 | 李四   | 经理   | 9839 | 13495.00 |   NULL | 20     |
|  9988 | 王五   | 分析员 | 9566 |  3500.00 |   NULL | 20     |
|  9902 | 赵六   | 分析员 | 9566 |  3500.00 |   NULL | 20     |
|  9499 | 孙七   | 销售   | 9698 |  3600.00 | 300.00 | 30     |
|  9521 | 周八   | 销售   | 9698 |  3750.00 | 500.00 | 30     |
|  9654 | 吴九   | 销售   | 9698 |  3750.00 | 1400.00 | 30    |
|  9844 | 郑十   | 销售   | 9698 |  4000.00 |   0.00 | 30     |
|  9900 | 萧十一 | 助理   | 9698 |  1850.00 |   NULL | 30     |
|  9903 | 吴红   | 分析员 | 9566 |  3500.00 |   NULL | 20     |
+-------+-------+-------+------+----------+--------+--------+
12 rows in set (0.00 sec)
```

从上述执行结果可以看出，员工表中成功地添加了新员工“王五”“赵六”“孙七”“周八”“吴九”“郑十”“萧十一”和“吴红”的信息。

3.2 更新数据

数据表中的数据添加成功后，可以对数据进行更新，例如某员工职位发生变更，就需要更新数据表中的员工职位字段。在 MySQL 中，使用 UPDATE 语句可以更新数据表中的部分数据或全部数据。本节将对数据表中数据的更新操作进行详细讲解。

任务 3.2.1 更新部分数据

■ 任务需求

为了提高员工的积极性，总监决定给表现优异的人员涨薪。涨薪后，“员工管理系统”中的数据需要更新，所以需要在“员工管理系统”中开发更新数据的功能。

在本任务中，假设员工孙七表现突出，为了奖励他，给他涨薪 500 元。那么，小明需要使用更新部分数据的语句，在员工表中将孙七的工资增加 500 元。

■ 知识储备

更新部分数据的语句

更新部分数据是指根据指定条件更新数据表中的一条或多条数据。使用 UPDATE 语句可以更新部分数据，需要通过 WHERE 子句指定更新数据的条件。

理论微课 3-5：更新部分数据的语句

更新部分数据的基本语法如下。

```
UPDATE 表名 SET 字段名 1=值 1[,字段名 2=值 2,...] WHERE 条件表达式 ;
```

上述语法的说明具体如下。

- SET 子句用于指定表中要更新的字段名及相应的值。其中，字段名是要更新字段的名称，值是相应字段被更新后的值。如果想要在原字段值的基础上更新，可以使用加（+）、减（-）、乘（*）、除（/）运算符进行计算，如“字段名 +1”表示在原字段基础上加 1。
- WHERE 子句用于指定表中要更新的记录，WHERE 后跟指定条件，只有满足指定条件的记录才会发生更新。

下面演示如何更新数据表中部分数据。使用 UPDATE 语句将教师“王红”的基本工资 sal 的值更新为 4800，具体示例如下。

```
mysql> UPDATE school.teacher SET sal=4800 WHERE tname='王红';
Query OK, 1 row affected (0.02 sec)
Rows matched: 1  Changed: 1  Warnings: 0
```

从上述示例结果可以看出，UPDATE 语句执行成功，其中“1 row affected”表示 1 行数据受到影响，“Rows matched：1”表示匹配到 1 行，“Changed：1”表示改变了 1 行。

使用 SELECT 语句查询“王红”的信息，确认工资是否为 4800 元，具体示例如下。

```
mysql> SELECT * FROM school.teacher WHERE tname='王红';
+-----------+-------+--------+-------+------------+---------+
| teacherno | tname | gender | title | birth      | sal     |
+-----------+-------+--------+-------+------------+---------+
|      1004 | 王红  | 女     | 助教  | 1993-12-02 | 4800.00 |
+-----------+-------+--------+-------+------------+---------+
1 row in set (0.00 sec)
```

从上述示例结果可以看出，王红的基本工资成功更新为 4800 元。

任务实现

根据任务需求，要想将员工“孙七”的工资涨 500 元，需要通过 UPDATE 语句结合 WHERE 子句来完成。首先查看孙七的现有工资是多少，这是为了与更新之后的工资进行对比，然后使用 UPDATE 语句更新孙七的工资，更新后再次查看孙七的信息，确认工资是否更新成功。本任务的具体实现步骤如下。

实操微课 3-3：任务 3.2.1 更新部分数据

① 使用 SELECT 语句查询孙七当前的基本工资，具体 SQL 语句及执行结果如下。

```
mysql> SELECT * FROM emp WHERE ename='孙七';
+-------+-------+------+------+---------+--------+--------+
| empno | ename | job  | mgr  | sal     | bonus  | deptno |
+-------+-------+------+------+---------+--------+--------+
|  9499 | 孙七  | 销售 | 9698 | 3600.00 | 300.00 | 30     |
+-------+-------+------+------+---------+--------+--------+
1 row in set (0.01 sec)
```

从上述执行结果可以看出，sal 字段的值为 3600。

② 使用 UPDATE 语句更新孙七的基本工资，将 sal 字段的值在原来的基础上增加 500，具体 SQL 语句及执行结果如下。

```
mysql> UPDATE emp SET sal=sal+500 WHERE ename='孙七';
Query OK, 1 row affected (0.01 sec)
Rows matched: 1  Changed: 1  Warnings: 0
```

从上述执行结果可以看出，UPDATE 语句执行成功。

③ 再次使用 SELECT 语句查询孙七的数据，确认基本工资是否比原有的基本工资增加了 500 元，具体 SQL 语句及执行结果如下。

```
mysql> SELECT * FROM emp WHERE ename='孙七';
+-------+-------+------+------+---------+--------+--------+
| empno | ename | job  | mgr  | sal     | bonus  | deptno |
+-------+-------+------+------+---------+--------+--------+
|  9499 | 孙七  | 销售 | 9698 | 4100.00 | 300.00 | 30     |
+-------+-------+------+------+---------+--------+--------+
1 row in set (0.00 sec)
```

从上述执行结果可以看出，sal 字段的值为 4100，比更新前的 3600 增加了 500，说明孙七的工资更新成功。

任务 3.2.2 更新全部数据

任务需求

公司营收蒸蒸日上，公司领导决定在年终总结大会上宣布给全体员工涨薪。如果使用任务 3.2.1 中的数据更新方式，操作比较烦琐，小明打算使用更新全部数据的语句来实现，将员工表中全体员工的工资增加 500 元。

知识储备

更新全部数据的语句

在使用 UPDATE 语句更新数据时，如果没有添加 WHERE 子句，则会将表中所有数据的指定字段都进行更新，因此更新全部数据时，应谨慎操作。

理论微课 3-6：更新全部数据的语句

更新全部数据的基本语法如下。

```
UPDATE 表名 SET 字段名1=值1[,字段名2=值2,...];
```

在上述语法中，SET 子句用于指定表中要修改的字段名及相应的值。其中，字段名是要修改字段的名称，值为相应字段名被修改后的值。

任务实现

根据任务需求，要想将公司全员的工资增加500元，需要通过UPDATE语句并省略WHERE子句来完成。首先查看全员现有的工资是多少，从而与修改之后的工资进行对比，然后使用SQL语句更新全员工资，最后再次查看全员的信息，确认工资是否更新成功。本任务的具体实现步骤如下。

实操微课3-4：任务3.2.2 更新全部数据

① 使用SELECT语句查询所有员工的信息，具体SQL语句及执行结果如下。

```
mysql> SELECT * FROM emp;
+-------+-------+-------+------+----------+---------+--------+
| empno | ename | job   | mgr  | sal      | bonus   | deptno |
+-------+-------+-------+------+----------+---------+--------+
|  9839 | 刘一  | 总监  | NULL | 15500.00 |    NULL | 10     |
|  9982 | 陈二  | 经理  | 9839 | 12950.00 |    NULL | 10     |
|  9639 | 张三  | 助理  | 9902 |  1999.00 |    NULL | 20     |
|  9566 | 李四  | 经理  | 9839 | 13495.00 |    NULL | 20     |
|  9988 | 王五  | 分析员 | 9566 |  3500.00 |    NULL | 20     |
|  9902 | 赵六  | 分析员 | 9566 |  3500.00 |    NULL | 20     |
|  9499 | 孙七  | 销售  | 9698 |  4100.00 |  300.00 | 30     |
|  9521 | 周八  | 销售  | 9698 |  3750.00 |  500.00 | 30     |
|  9654 | 吴九  | 销售  | 9698 |  3750.00 | 1400.00 | 30     |
|  9844 | 郑十  | 销售  | 9698 |  4000.00 |    0.00 | 30     |
|  9900 | 萧十一 | 助理  | 9698 |  1850.00 |    NULL | 30     |
|  9903 | 吴红  | 分析员 | 9566 |  3500.00 |    NULL | 20     |
+-------+-------+-------+------+----------+---------+--------+
12 rows in set (0.00 sec)
```

从上述执行结果可以看出，所有员工的信息查询成功。

② 使用UPDATE语句更新所有员工的工资，将sal字段的值在原来的基础上增加500元，具体SQL语句及执行结果如下。

```
mysql> UPDATE emp SET sal=sal+500;
Query OK, 12 rows affected (0.01 sec)
Rows matched: 12  Changed: 12  Warnings: 0
```

从上述执行结果可以看出，UPDATE语句执行成功。

③ 再次使用SELECT语句查询全部员工的数据，确认数据是否根据之前的操作完成更新，具体SQL语句及执行结果如下。

```
mysql> SELECT * FROM emp;
+-------+-------+-------+------+----------+---------+--------+
| empno | ename | job   | mgr  | sal      | bonus   | deptno |
+-------+-------+-------+------+----------+---------+--------+
|  9839 | 刘一  | 总监  | NULL | 16000.00 |    NULL | 10     |
|  9982 | 陈二  | 经理  | 9839 | 13450.00 |    NULL | 10     |
|  9639 | 张三  | 助理  | 9902 |  2499.00 |    NULL | 20     |
```

```
| 9566 | 李四   | 经理   | 9839 | 13995.00 |    NULL | 20     |
| 9988 | 王五   | 分析员 | 9566 |  4000.00 |    NULL | 20     |
| 9902 | 赵六   | 分析员 | 9566 |  4000.00 |    NULL | 20     |
| 9499 | 孙七   | 销售   | 9698 |  4600.00 |  300.00 | 30     |
| 9521 | 周八   | 销售   | 9698 |  4250.00 |  500.00 | 30     |
| 9654 | 吴九   | 销售   | 9698 |  4250.00 | 1400.00 | 30     |
| 9844 | 郑十   | 销售   | 9698 |  4500.00 |    0.00 | 30     |
| 9900 | 萧十一 | 助理   | 9698 |  2350.00 |    NULL | 30     |
| 9903 | 吴红   | 分析员 | 9566 |  4000.00 |    NULL | 20     |
+------+--------+--------+------+----------+---------+--------+
12 rows in set (0.00 sec)
```

上述执行结果显示的是全员更新后的数据，与更新之前的数据相比，所有员工的工资都增加了 500 元。

3.3 删除数据

在 MySQL 中，除了可以对数据表中的数据进行添加、更新操作外，还可以进行删除操作。使用 DELETE 语句可以删除数据表中的部分数据或全部数据。本节将对数据表中数据的删除操作进行讲解。

任务 3.3.1 删除部分数据

任务需求

当员工离职时，需要将员工信息从员工表中删除。现需要小明在“员工管理系统”中开发删除员工信息的功能。

在本任务中，假设员工吴红离职了，小明需要使用删除部分数据的语句，在员工表中删除吴红的信息。

知识储备

删除部分数据的语句

删除部分数据是指对数据表中指定的数据进行删除。使用 DELETE 语句可以删除部分数据，通过 WHERE 子句可以指定删除数据的条件。

理论微课 3-7：删除部分数据的语句

删除部分数据的基本语法如下。

```
DELETE FROM 表名 WHERE 条件表达式 ;
```

在上述语法中，表名是指要删除的数据表的名称，WHERE 子句用于设置删除的条件，满足条件的数据会被删除。

DELETE 语句可以用于删除整条记录，但不能用于只删除某一个字段的值。如果要删除某一个字段的值，可以使用 UPDATE 语句，将要删除的字段设置为空值。

任务实现

根据任务需求，要想将员工吴红的信息删除，需要通过 DELETE 语句结合 WHERE 子句来完成，删除后确认吴红的信息是否删除成功。本任务的具体实现步骤如下。

实操微课 3-5：任务 3.3.1 删除部分数据

① 使用 DELETE 语句删除员工姓名为“吴红”的数据，具体 SQL 语句及执行结果如下。

```
mysql> DELETE FROM emp WHERE ename='吴红';
Query OK, 1 row affected (0.01 sec)
```

从上述执行结果可以看出，DELETE 语句执行成功。

② 使用 SELECT 语句查询员工姓名为“吴红”的数据，确认其是否删除，具体 SQL 语句及执行结果如下。

```
mysql> SELECT * FROM emp WHERE ename='吴红';
Empty set (0.00 sec)
```

从上述执行结果可以看出，查询的数据返回的结果为空，说明姓名为“吴红”的员工已经被删除。

任务 3.3.2 删除全部数据

任务需求

小明在操作自己的员工表中的模拟数据时，不小心删错了数据，导致数据不完整。小明打算将员工表中的数据全部删除后，再重新添加。事后，小明深刻反思了自己的粗心行为，知道在今后的工作和生活中，需要加强对工作和学习的重要性的认识，提高责任心。同时，需要不断充实自己的专业知识，学习新的数据库技术，提升自己的工作水平和职业素养。小明的自我反思和持续改进的精神体现了他对职业成长和发展的积极追求。

在本任务中，小明需要使用删除全部数据的语句将员工表中的数据全部删除，然后为员工表重新添加数据。

知识储备

删除全部数据的语句

理论微课 3-8：删除全部数据的语句

使用 DELETE 语句可以删除数据表中的全部数据，在使用时省略 WHERE 子句即可。由于删除全部数据的风险比较大，实际工作中应谨慎操作。

删除全部数据的基本语法如下。

```
DELETE FROM 表名;
```

在上述语法中，表名是指要删除的数据表的名称。

任务实现

根据任务需求，要想删除员工表中的全部数据，需要通过 DELETE 语句并省略 WHERE 子句来完成。删除后，查看员工表的信息，确认数据是否删除成功，如果删除成功，则重新添加数据。本任务的具体实现步骤如下。

实操微课 3-6：任务 3.3.2 删除全部数据

① 使用 DELETE 语句删除全部员工的数据，具体 SQL 语句及执行结果如下。

```
mysql> DELETE FROM emp;
Query OK, 11 rows affected (0.01 sec)
```

从上述执行结果可以看出，DELETE 语句执行成功。

② 使用 SELECT 语句查询 emp 员工表中的数据，确认是否删除，具体 SQL 语句及执行结果如下。

```
mysql> SELECT * FROM emp;
Empty set (0.00 sec)
```

从上述执行结果可以看出，查询的数据返回的结果为空，说明员工表中的所有数据被删除成功。

③ 使用 INSERT 语句向员工表中添加全部数据，具体 SQL 语句及执行结果如下。

```
mysql> INSERT INTO emp VALUES
    -> (9839,'刘一','总监',NULL,16000,NULL,10),
    -> (9982,'陈二','经理',9839,13450,NULL,10),
    -> (9639,'张三','助理',9902,2499,NULL,20),
    -> (9566,'李四','经理',9839,13995,NULL,20),
    -> (9988,'王五','分析员',9566,4000,NULL,20),
    -> (9902,'赵六','分析员',9566,4000,NULL,20),
    -> (9499,'孙七','销售',9698,4600,300,30),
    -> (9521,'周八','销售',9698,4250,500,30),
    -> (9654,'吴九','销售',9698,4250,1400,30),
    -> (9844,'郑十','销售',9698,4500,0,30),
    -> (9900,'萧十一','助理',9698,2350,NULL,30);
Query OK, 11 rows affected (0.02 sec)
Records: 11  Duplicates: 0  Warnings: 0
```

从上述执行结果可以看出，员工表中成功添加了员工刘一、陈二、张三、李四、王五、赵六、孙七、周八、吴九、郑十、萧十一的数据。

知识拓展

理论微课 3-9：使用 TRUNCATE 语句删除数据表中所有的数据

使用 TRUNCATE 语句删除数据表中所有的数据

在 MySQL 中，除了可以使用 DELETE 语句删除表中的所有数据外，还可以通过 TRUNCATE 关键字删除数据表中所有的数据，其基本语法如下。

```
TRUNCATE [TABLE] 表名 ;
```

TRUNCATE 的语法很简单，语法中的“表名”用来指定要删除数据的表。

使用 TRUNCATE 删除数据后，如果字段值设置了 AUTO_INCREMENT，那么再次添加数据时，该字段的值是从 1 开始自增，而使用 DELETE 语句删除数据，字段值不会从 1 开始自增，而是保持原有的自动增长值。

下面演示如何使用 TRUNCATE 语句删除数据。选择 school 数据库，创建 stu 数据表，具体 SQL 语句如下。

```
mysql> USE school;
Database changed
mysql> CREATE TABLE stu (
    ->   id INT PRIMARY KEY AUTO_INCREMENT COMMENT '学号',
    ->   name VARCHAR(4)COMMENT '姓名'
    -> );
Query OK, 0 rows affected (0.01 sec
```

在上述示例中，stu 数据表的 id 字段值设置了 AUTO_INCREMENT。

接下来向 stu 数据表中添加 4 条数据，且只添加 name 字段的值，具体示例如下。

```
mysql> INSERT INTO stu (name)VALUES ('A'),('B'),('C'),('D');
Query OK, 4 rows affected (0.01 sec)
Records: 4  Duplicates: 0  Warnings: 0
```

从上述示例结果可以看出，INSERT 语句执行成功。

通过 SELECT 语句查询数据是否成功添加，具体示例如下。

```
mysql> SELECT * FROM stu;
+----+------+
| id | name |
+----+------+
|  1 | A    |
|  2 | B    |
|  3 | C    |
|  4 | D    |
+----+------+
4 rows in set (0.00 sec)
```

从上述示例结果可以看出，stu 表中添加了 4 条数据，且每条数据的 id 字段被自动设置了值。

使用 TRUNCATE 语句删除 stu 表中的所有数据，具体示例如下。

```
mysql> TRUNCATE stu;
Query OK, 0 rows affected (0.06 sec)
```

从上述示例结果可以看出，TRUNCATE 语句成功执行。

通过 SELECT 语句查询 stu 表中的数据是否删除成功，具体示例如下。

```
mysql> SELECT * FROM stu;
Empty set (0.00 sec)
```

从上述示例结果可以看出，查询数据为空，说明 stu 表中的数据被全部删除。

为了验证 id 字段值是否从 1 开始自增，向 stu 表中添加 4 条数据，且只添加 name 字段的值，具体示例如下。

```
mysql> INSERT INTO stu (name) VALUES ('H'),('I'),('J'),('K');
Query OK, 4 rows affected (0.01 sec)
Records: 4  Duplicates: 0  Warnings: 0
```

再次通过 SELECT 语句查询数据是否成功添加，具体示例如下。

```
mysql> SELECT * FROM stu;
+----+------+
| id | name |
+----+------+
|  1 | H    |
|  2 | I    |
|  3 | J    |
|  4 | K    |
+----+------+
4 rows in set (0.00 sec)
```

从上述示例结果可以看出，stu 表中添加的 id 字段的值从 1 开始自增。

本章小结

本章主要对数据操作进行了详细讲解，首先讲解如何使用 INSERT 语句添加数据，然后讲解如何使用 UPDATE 语句更新数据，最后讲解如何使用 DELETE 语句删除数据。通过本章的学习，读者能够掌握数据表的基本操作，完成数据的添加、更新和删除。

课后练习

一、填空题

1. 使用________语句为数据表添加数据。
2. 删除数据的语句包括 DELETE 语句和________语句。
3. 使用________语句更新数据表中的数据。
4. 在 INSERT 语句中可以使用________子句为表中指定的字段或者全部字段添加数据。
5. 使用 UPDATE 更新部分数据时，需要使用________子句指定更新数据的条件。

二、判断题

1. 使用 INSERT 语句添加数据时，如果添加值的顺序与表定义的字段的顺序不同，则在向所有字段添加数据时必须指定字段。 (　　)

2. 关键字 TRUNCATE 可以删除数据表中的数据，语法为“TRUNCATE [TABLE] 表名 ;”。 ( )
3. DELETE 语句结合 WHERE 子句，会将数据表中的所有数据都删除。 ( )
4. 使用 INSERT 语句添加数据时，如果添加的数据有多条，多条数据之间使用逗号隔开。 ( )
5. UPDATE 语句可以更新数据表中的部分数据或全部数据。 ( )

三、选择题

1. 在 MySQL 中，添加数据使用的语句是 ( )。
   A. INSERT　B. DROP　C. UPDATE　D. DELETE
2. MySQL 中，删除全部数据使用的语句是 ( )。
   A. UPDATE　B. INSERT　C. TRUNCATE　D. DROP
3. 下列选项中，向 stu 数据表中添加 id 为 5、name 为“小红”的 SQL 语句，正确的是 ( )。
   A. INSERT INTO stu ('id'，'name') VALUES (5，' 小红 ')；
   B. INSERT INTO stu (id，name) VALUES (5，' 小红 ')；
   C. INSERT INTO stu VALUES (5，小红)；
   D. INSERT INTO stu (id，'name') VALUES (5，' 小红 ')；
4. 下列选项中，删除 stu 数据表中 id 为 5 的学生的 SQL 语句，正确的是 ( )。
   A. DELETE stu，WHERE id=5；
   B. DELETE FROM stu WHERE id=5；
   C. DELETE INTO stu WHERE id=5；
   D. DELETE stu WHERE id=5；
5. 下列选项中，关于 UPDATE 语句的描述，正确的是 ( )。
   A. UPDATE 只能更新表中的部分数据
   B. UPDATE 只能更新表中的全部数据
   C. UPDATE 语句更新数据时可以有条件的更新数据
   D. 以上说法都不对

四、简答题

1. 请简述使用 INSERT 语句添加数据时指定字段名与省略字段名的区别。
2. 请简述使用 DELETE 语句删除部分数据和删除全部数据的区别。

五、操作题

假设在 dbms 数据库中已创建学生表 (student) 的表结构信息，见表 3-5。

表 3-5　学生表 (student) 的表结构信息

字段名称	数据类型	NULL 值	键	默认值	说明
studentno	INT	NOT NULL	主键	无	学号
sname	CHAR (8)	NOT NULL		无	姓名
gender	CHAR (2)	NOT NULL		女	性别
birth	DATE	NOT NULL		无	出生年月
tc	TINYINT	NULL		无	总学分

要求如下。

- 通过指定字段名的方式在学生表中添加学号为1001、性别为“女”、姓名为“梁丹”、出生年月为2002-08-12、总学分为96的记录。
- 通过不指定字段名的方式在学生表中添加一条记录（1002，'王小'，'男'，'2001-12-23'，90）。
- 在学生表中添加一条学号为1003、性别为“女”、姓名为“刘玉”、出生年月为2002-05-06、总学分为空值的记录。
- 在学生表中，将所有学生的总学分增加1。
- 在学生表中，将学生“梁丹”的出生年月改为2002-09-12。
- 删除学生表中“梁丹”的数据。

第 4 章

单表操作

PPT：第 4 章　单表操作

教学设计：第 4 章　单表操作

学习目标

知识目标	• 了解别名的设置，能够说出设置字段别名与设置数据表别名的方法 • 熟悉比较运算符的用法，能够说明每个比较运算符的含义 • 熟悉逻辑运算符的用法，能够说明每个逻辑运算符的含义 • 熟悉字符串函数的用法，能够说明每个字符串函数的含义 • 熟悉条件判断函数的用法，能够说明每个条件判断函数的含义
技能目标	• 掌握基本查询操作，能够使用 SELECT 语句查询多个字段和去重数据 • 掌握条件查询操作，能够使用比较运算符和逻辑运算符进行查询 • 掌握聚合函数的使用，能够根据不同场景对查询数据进行统计 • 掌握分组查询操作，能够利用 GROUP BY 对返回的查询结果进行分组 • 掌握排序查询操作，能够利用 ORDER BY 对返回的查询结果进行排序 • 掌握限量查询操作，能够利用 LIMIT 对返回的数据进行限量 • 掌握内置函数的使用，能够利用 CONCAT () 函数和 IF () 函数进行查询

第 3 章使用了一个简单的 SELECT 语句查看数据表中的数据，以确认数据是否添加、更新或删除成功。但在实际开发中，简单的 SELECT 语句有时不能完全满足开发需要，因此，有必要深入学习 SELECT 语句的语法，实现更多的数据查询操作。数据查询操作通常分为单表操作和多表操作，本章从简单的单表操作入手，针对单表的查询操作进行详细讲解。

4.1 基本查询

基本查询是指从数据库的一个表或多个表中获取所需要的数据信息，使用不同的查询方式可以获取不同的数据。SELECT 语句是数据查询语言的主要 SQL 语句，也是使用频率较高的 SQL 语句。使用 SELECT 语句可以查询数据表中的多个字段，也可以查询去重数据。本节将对基本查询进行详细讲解。

任务 4.1.1 查询多个字段

任务需求

公司新来一位总监，他想要了解所有员工的信息，需要小明在“员工管理系统”中增加员工信息查询功能。

为了完成工作任务，小明打算运用单表查询相关知识点，在员工表中完成所有员工信息的查询。小明在自己的计算机中练习员工表的查询，员工表中的模拟数据如下。

empno	ename	job	mgr	sal	bonus	deptno
9839	刘一	总监	NULL	16000.00	NULL	10
9982	陈二	经理	9839	13450.00	NULL	10
9639	张三	助理	9902	2499.00	NULL	20
9566	李四	经理	9839	13995.00	NULL	20
9988	王五	分析员	9566	4000.00	NULL	20
9902	赵六	分析员	9566	4000.00	NULL	20
9499	孙七	销售	9698	4600.00	300.00	30
9521	周八	销售	9698	4250.00	500.00	30
9654	吴九	销售	9698	4250.00	1400.00	30
9844	郑十	销售	9698	4500.00	0.00	30
9900	萧十一	助理	9698	2350.00	NULL	30

知识储备

理论微课 4-1：指定字段查询数据

1. 指定字段查询数据

在 MySQL 中，查询多个字段时，可以在 SELECT 语句的字段列表中指定要查询的字段，指定的字段可以是数据表中的全部字段，也可以是部分字段。执行查询后会返回数据表中指定字段的值。

在 SELECT 语句中，查询多个字段的基本语法如下。

```
SELECT 字段名 [, ...] FROM 表名 ;
```

在上述语法中，字段名表示要查询的字段名称，多个字段名之间使用逗号分隔。如果要查询数据表中的所有字段，则需要列出表中所有字段的名称。此外，字段名还可以写成表达式的形式，如“字段名 +1”表示在查询结果中将指定字段的值加 1。

下面通过案例演示如何在查询数据时指定数据表中全部字段。假设查询教学数据库 teaching 中的教师表（teacher）的所有数据，具体示例如下。

```
mysql> SELECT teacherno,tname,gender,title,birth,sal FROM teacher;
+-----------+--------+--------+-------+------------+---------+
| teacherno | tname  | gender | title | birth      | sal     |
+-----------+--------+--------+-------+------------+---------+
|      1001 | 王小明 | 男     | 教授  | 1976-01-02 | 9000.00 |
|      1002 | 李明   | 男     | 讲师  | 1982-08-22 | 5500.00 |
|      1003 | 王丹   | 女     | 讲师  | 1980-07-12 | 5000.00 |
|      1004 | 王红   | 女     | 助教  | 1993-12-02 | 4800.00 |
|      1005 | 张贺   | 男     | 讲师  | 1978-03-06 | 6400.00 |
|      1006 | 韩芳   | 女     | 教授  | 1971-04-21 | 9200.00 |
|      1007 | 刘阳   | 男     | 讲师  | 1973-09-04 | 5800.00 |
+-----------+--------+--------+-------+------------+---------+
7 rows in set (0.00 sec)
```

上述 SELECT 语句中，指定了教师表中的全部字段，从示例结果可以看出，SELECT 语句成功查询出表中所有字段的数据。

需要说明的是，查询出的字段顺序可以改变，无须按照字段在数据表中定义的顺序进行排列。例如，在 SELECT 语句中将 tname 字段放在查询列表的第一列，具体示例如下。

```
mysql> SELECT tname,title,sal,teacherno,gender,birth FROM teacher;
+-------+-------+---------+-----------+--------+------------+
| tname | title | sal     | teacherno | gender | birth      |
+-------+-------+---------+-----------+--------+------------+
| 王小明 | 教授  | 9000.00 |      1001 | 男     | 1976-01-02 |
| 李明  | 讲师  | 5500.00 |      1002 | 男     | 1982-08-22 |
| 王丹  | 讲师  | 5000.00 |      1003 | 女     | 1980-07-12 |
| 王红  | 助教  | 4800.00 |      1004 | 女     | 1993-12-02 |
| 张贺  | 讲师  | 6400.00 |      1005 | 男     | 1978-03-06 |
| 韩芳  | 教授  | 9200.00 |      1006 | 女     | 1971-04-21 |
| 刘阳  | 讲师  | 5800.00 |      1007 | 男     | 1973-09-04 |
+-------+-------+---------+-----------+--------+------------+
7 rows in set (0.00 sec)
```

从上述示例结果可以看出，当 tname 字段被放在 SELECT 语句中的第一位时，执行结果中 tname 字段就会显示在第一列。

下面通过案例演示如何指定数据表中部分字段查询数据。假设在教师节来临之际，学校给所有教师准备了一份礼品，现需要从教师表中查询出所有教师名单，根据名单发放礼品，具体示例如下。

```
mysql> SELECT tname FROM teacher;
+--------+
| tname  |
+--------+
| 王小明 |
| 李明   |
| 王丹   |
| 王红   |
| 张贺   |
| 韩芳   |
| 刘阳   |
+--------+
7 rows in set (0.00 sec)
```

上述 SELECT 语句中指定了教师表中的 tname 字段，从示例结果可以看出，只显示了 tname 字段的数据。

理论微课 4-2：使用通配符 * 查询数据

2. 使用通配符 * 查询数据

在 SELECT 语句中，使用通配符 * 可以匹配数据表中的所有字段，该方式与在 SELECT 语句的字段列表中指定数据表中的全部字段效果相同，其基本语法如下。

```
SELECT * FROM 表名;
```

在上述语法中，查询结果的字段顺序和数据表中定义的字段顺序一致。

下面通过案例演示如何使用 SELECT 语句通配符 * 的方式，查询教师表中的全部数据，具体示例如下。

```
mysql> SELECT * FROM teacher;
+-----------+--------+--------+-------+------------+---------+
| teacherno | tname  | gender | title | birth      | sal     |
+-----------+--------+--------+-------+------------+---------+
|      1001 | 王小明 | 男     | 教授  | 1976-01-02 | 9000.00 |
|      1002 | 李明   | 男     | 讲师  | 1982-08-22 | 5500.00 |
|      1003 | 王丹   | 女     | 讲师  | 1980-07-12 | 5000.00 |
|      1004 | 王红   | 女     | 助教  | 1993-12-02 | 4800.00 |
|      1005 | 张贺   | 男     | 讲师  | 1978-03-06 | 6400.00 |
|      1006 | 韩芳   | 女     | 教授  | 1971-04-21 | 9200.00 |
|      1007 | 刘阳   | 男     | 讲师  | 1973-09-04 | 5800.00 |
+-----------+--------+--------+-------+------------+---------+
7 rows in set (0.00 sec)
```

从上述查询结果可以看出，使用通配符 * 的查询方式相对简单，但查询结果只能按照字段在表中定义的顺序显示。

理论微课 4-3：为字段设置别名

3. 为字段设置别名

创建数据表时，需要为字段命名，有时为了减少输入量，使用缩写的方式命名，如 salary（工资）在数据表中的字段名使用 sal 表示，这种方式的可读性不强。为了提高可读性，可以为字段设置别名。如果别名中包含特殊字符，或想让别名原样显示，就需要使用英文下的单引号或双引号将别名包括起来。另外，对于 SELECT 语句中使用表达式表示的字段也可以设置别名。

为字段设置别名的方法很简单，只需在字段名后面添加“AS 别名”即可，且“AS ”可以省略。为字段设置别名的基本语法如下。

```
SELECT 字段名 1 [AS] 别名 1, 字段名 2 [AS] 别名 2 ... FROM 表名;
```

在上述语法中，AS 用于指定字段的别名，可以省略。

下面通过案例演示如何为字段设置别名。假设使用 SQL 语句查询教师表中数据，分别给 tname、title 和 sal 字段设置别名为“姓名”“职称”和“* 基本工资”，具体示例如下。

```
mysql> SELECT tname 姓名 ,title 职称 ,sal '*基本工资' FROM teacher;
+-------+------+----------+
| 姓名   | 职称  | *基本工资 |
+-------+------+----------+
| 王小明 | 教授  |  9000.00 |
| 李明   | 讲师  |  5500.00 |
| 王丹   | 讲师  |  5000.00 |
| 王红   | 助教  |  4800.00 |
| 张贺   | 讲师  |  6400.00 |
| 韩芳   | 教授  |  9200.00 |
| 刘阳   | 讲师  |  5800.00 |
+-------+------+----------+
7 rows in set (0.00 sec)
```

在上述 SELECT 语句中，字段“* 基本工资”含有特殊字符 *，所以使用引号将该别名包括起来。从示例结果可以看出，成功给 tname 字段设置了别名“姓名”，给 title 字段设置了别名“职称”，给 sal 字段设置了别名“* 基本工资”。

4. 为数据表设置别名

如果想要在数据表名很长的情况下简化数据表名，或者想要在多表查询时区分不同数据表的同名字段，可以为数据表设置别名。

理论微课 4-4：为数据表设置别名

MySQL 中为数据表设置别名的基本语法如下。

```
SELECT * FROM 表名 [AS] 别名;
```

在上述语法中，AS 用于指定数据表的别名，可以省略。

下面通过案例演示如何为数据表设置别名。假设使用 SQL 语句查询教师表中的数据时，为数据表设置一个别名 t，并通过别名 t 查询性别为“女”的教师信息，具体示例如下。

```
mysql> SELECT * FROM teacher t WHERE t.gender='女';
+-----------+-------+--------+-------+------------+---------+
| teacherno | tname | gender | title | birth      | sal     |
+-----------+-------+--------+-------+------------+---------+
|      1003 | 王丹  | 女     | 讲师  | 1980-07-12 | 5000.00 |
|      1004 | 王红  | 女     | 助教  | 1993-12-02 | 4800.00 |
```

```
|    1006 | 韩芳   | 女      | 教授    | 1971-04-21 | 9200.00 |
+----------+--------+---------+--------+------------+---------+
3 rows in set (0.01 sec)
```

上述 SELECT 语句中，“teacher t”表示为教师表设置别名 t，“t.gender='女'”表示筛选教师表中 gender 字段值为“女”的数据。从示例结果可以看出，SELECT 语句返回的都是性别字段为“女”的数据。

任务实现

实操微课 4-1：任务 4.1.1 查询多个字段

根据任务需求，查询员工表中所有员工的信息，在这里选择使用通配符 * 来完成。本任务的具体实现步骤如下。

① 选择 ems 数据库，具体 SQL 语句及执行结果如下。

```
mysql> USE ems;
Database changed
```

② 使用通配符 * 查询全部数据，具体 SQL 语句及执行结果如下。

```
mysql> SELECT * FROM emp;
+-------+-------+------+------+----------+--------+--------+
| empno | ename | job  | mgr  | sal      | bonus  | deptno |
+-------+-------+------+------+----------+--------+--------+
|  9839 | 刘一  | 总监 | NULL | 16000.00 |   NULL |     10 |
|  9982 | 陈二  | 经理 | 9839 | 13450.00 |   NULL |     10 |
|  9639 | 张三  | 助理 | 9902 |  2499.00 |   NULL |     20 |
|  9566 | 李四  | 经理 | 9839 | 13995.00 |   NULL |     20 |
|  9988 | 王五  | 分析员| 9566 |  4000.00 |   NULL |     20 |
|  9902 | 赵六  | 分析员| 9566 |  4000.00 |   NULL |     20 |
|  9499 | 孙七  | 销售 | 9698 |  4600.00 | 300.00 |     30 |
|  9521 | 周八  | 销售 | 9698 |  4250.00 | 500.00 |     30 |
|  9654 | 吴九  | 销售 | 9698 |  4250.00 |1400.00 |     30 |
|  9844 | 郑十  | 销售 | 9698 |  4500.00 |   0.00 |     30 |
|  9900 | 萧十一| 助理 | 9698 |  2350.00 |   NULL |     30 |
+-------+-------+------+------+----------+--------+--------+
11 rows in set (0.00 sec)
```

从上述执行结果可以看出，SELECT 语句执行成功，从员工表中查询出了 11 条数据。

任务 4.1.2 查询去重数据

任务需求

新总监为了尽快熟悉工作内容，他想要查看部门职位列表，并要求将重复的职位去除。为此，小明需要在“员工管理系统”中开发部门职位查询功能。

在本任务中，小明需要在员工表中完成部门职位的查询并去除重复的部门职位。

知识储备

去除重复数据

数据表的字段如果没有设置唯一约束或主键约束，那么该字段就有可能存储了重复的值。在查询数据时，有时需要将结果中的重复值去除后再进行展示。

理论微课 4-5：去除重复数据

MySQL 中的 SELECT 语句提供了 DISTINCT 关键字，可以在查询时去除重复的值，基本语法如下。

```
SELECT DISTINCT 字段名 FROM 表名 ;
```

在上述语法中，字段名表示要去除重复值的字段名称。

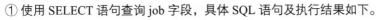

> 注意：
>
> 当 DISTINCT 关键字后指定了多个字段名称时，只有这些字段的值完全相同，才会被看成是重复数据。

任务实现

实操微课 4-2：任务 4.1.2　查询去重数据

根据任务需求，应使用 SELECT 语句查询部门职位，并通过 DISTINCT 关键字将重复的职位去除。本任务的具体实现步骤如下。

① 使用 SELECT 语句查询 job 字段，具体 SQL 语句及执行结果如下。

```
mysql> SELECT job FROM emp;
+--------+
| job    |
+--------+
| 总监   |
| 经理   |
| 助理   |
| 经理   |
| 分析员 |
| 分析员 |
| 销售   |
| 销售   |
| 销售   |
| 销售   |
| 助理   |
+--------+
11 rows in set (0.00 sec)
```

从上述执行结果可以看出，SELECT 语句成功执行，并且在员工表中查询出所有的职位。

② 使用 DISTINCT 关键字去除重复的职位，具体 SQL 语句及执行结果如下。

```
mysql> SELECT DISTINCT job FROM emp;
+---------+
| job     |
+---------+
| 总监    |
| 经理    |
| 助理    |
| 分析员  |
| 销售    |
+---------+
5 rows in set (0.01 sec)
```

从上述执行结果可以看出，重复的职位已被去除，且查询结果相比上一步中的结果可读性更高。

4.2 条件查询

在前面的内容中，所有的查询结果都是整个表中的所有数据。如果要查询的数据表很大，包含数千条甚至数万条数据，那么从这样的查询结果中找到所需的信息，犹如大海捞针。此时，可以通过条件查询，实现按需查询数据，避免一次查询过多的数据。本节将对条件查询进行讲解，内容包括使用比较运算符查询、使用逻辑运算符查询和使用其他关键字查询。

任务 4.2.1 使用比较运算符查询

任务需求

总监想要查询基本工资在 4000 元及以下的员工信息。为此，小明需要在“员工管理系统”中开发根据工资范围筛选员工信息的功能。

为了完成任务，小明打算在查询时使用比较运算符对基本工资进行判断，从而在员工表中查找出基本工资小于或等于 4000 元的员工信息。

知识储备

常见的比较运算符

MySQL 提供了一系列的比较运算符，在使用 SELECT 语句查询数据时，可以在 WHERE 子句中使用比较运算符对数据进行过滤。MySQL 中常见的比较运算符见表 4-1。

理论微课 4-6：常见的比较运算符

表 4-1 MySQL 中常见的比较运算符

比较运算符	说明
=	判断运算符左右两侧的操作数是否相等
<> 或 !=	判断运算符左右两侧的操作数是否不相等

续表

比较运算符	说明
<	判断运算符左侧操作数是否小于右侧操作数
<=	判断运算符左侧操作数是否小于或等于右侧操作数
>	判断运算符左侧操作数是否大于右侧操作数
>=	判断运算符左侧操作数是否大于或等于右侧操作数

使用比较运算符时，应注意以下 3 点。

- 如果操作数的数据类型为字符串、日期和时间类型，则需要使用单引号或双引号包裹。
- 字符串进行比较运算时不区分大小写。
- 当操作数为 NULL 时，如果使用运算符 =、<>、!= 进行比较，比较结果也是 NULL，这是因为 NULL 代表未指定或不可预知的值。

任务实现

实操微课 4-3：任务 4.2.1 使用比较运算符查询

根据任务需求，查询基本工资在 4000 元或以下的员工信息。在这里使用比较运算符“<=”查询 sal 字段小于或等于 4000 的数据，具体 SQL 语句及执行结果如下。

```
mysql> SELECT * FROM emp WHERE sal<=4000;
+-------+-------+------+------+---------+------+--------+
| empno | ename | job  | mgr  | sal     | bonus| deptno |
+-------+-------+------+------+---------+------+--------+
|  9639 | 张三  | 助理  | 9902 | 2499.00 |  NULL|     20 |
|  9988 | 王五  | 分析员| 9566 | 4000.00 |  NULL|     20 |
|  9902 | 赵六  | 分析员| 9566 | 4000.00 |  NULL|     20 |
|  9900 | 萧十一 | 助理  | 9698 | 2350.00 |  NULL|     30 |
+-------+-------+------+------+---------+------+--------+
4 rows in set (0.00 sec)
```

从上述执行结果可以看出，SELECT 语句按要求查询出 4 条基本工资在 4000 元及以下的员工信息。

任务 4.2.2 使用逻辑运算符查询

任务需求

总监想要给业绩排行第一的部门中的全体销售人员发放奖金，感谢他们这段时间付出的努力。为了查询符合条件的人员名单，小明需要在“员工管理系统”中开发根据部门编号和职位查询员工信息的功能。

在本任务中，假设部门编号为 30 的部门业绩排行第一，小明可以使用逻辑运算符来完成条件查询，具体条件为“部门编号为 30 且职位为销售的人员”。

知识储备

1. 逻辑运算符

逻辑运算符又称为布尔运算符，用于判断表达式的真假。MySQL 中常见的逻辑运算符见表 4-2。

理论微课 4-7：逻辑运算符

表 4-2 MySQL 中常见的逻辑运算符

逻辑运算符	说明
NOT 和 !	逻辑“非”，返回和操作数相反的结果
AND 和 &&	逻辑“与”，操作数全部为真，则结果为 1，否则结果为 0
OR 和 ||	逻辑“或”，操作数中只要有一个为真，则结果为 1，否则结果为 0

下面对表 4-2 中常见的逻辑运算符进行说明。

- NOT 和 ! 作用相同，当给定的值为 0 时返回 1，当给定的值为非 0 值时返回 0，当给定的值为 NULL 时返回 NULL。
- AND 和 && 作用相同，当给定的所有值均为非 0 值且都不为 NULL 时返回 1，当给定的一个值或多个值为 0 时则返回 0，当给定的值为 NULL 时返回 NULL。
- OR 和 || 作用相同，当给定的值都不为 NULL 且任何一个值为非 0 值时，返回 1，否则返回 0；当一个值为 NULL，且另一个值为非 0 值时，返回 1，否则返回 NULL；当两个值都为 NULL 时，返回 NULL。

2. NOT 逻辑运算符的使用

NOT 逻辑运算符用于查询不满足条件的数据。NOT 逻辑运算符的查询语法如下。

理论微课 4-8：NOT 逻辑运算符的使用

```
SELECT *|{ 字段名 ,...} FROM 表名
WHERE 字段名 NOT IN( 元素 1, 元素 2 ...);
```

在上述语法中，元素 1、元素 2 表示集合中的元素，IN 表示查询集合元素之内的数据，IN 前面加上了 NOT，表示查询集合元素之外的数据。

下面通过案例演示 NOT 逻辑运算符的使用。假设使用 SQL 语句查询教师表中职称不是“教授”的人员信息，具体示例如下。

```
mysql> SELECT * FROM school.teacher WHERE title NOT IN(' 教授 ');
+-----------+-------+--------+-------+------------+---------+
| teacherno | tname | gender | title | birth      | sal     |
+-----------+-------+--------+-------+------------+---------+
|      1002 | 李明  | 男     | 讲师  | 1982-08-22 | 5500.00 |
|      1003 | 王丹  | 女     | 讲师  | 1980-07-12 | 5000.00 |
|      1004 | 王红  | 女     | 助教  | 1993-12-02 | 4800.00 |
|      1005 | 张贺  | 男     | 讲师  | 1978-03-06 | 6400.00 |
|      1007 | 刘阳  | 男     | 讲师  | 1973-09-04 | 5800.00 |
+-----------+-------+--------+-------+------------+---------+
5 rows in set (0.00 sec)
```

从上述示例结果可以看出，SELECT 语句按要求查询出 5 条职称不是“教授”的人员信息。

3. AND 逻辑运算符的使用

在使用 SELECT 语句查询数据时，为了使查询范围更加精确，可以增加查询的限制条件。在 MySQL 中，可以使用 AND 逻辑运算符连接两个查询条件或组成多个查询条件，只有满足所有查询条件的数据才会被查询出来。AND 逻辑运算符的查询语法如下。

理论微课 4-9：AND 逻辑运算符的使用

```
SELECT *|{字段名,...} FROM 表名
WHERE 条件表达式1 AND 条件表达式2 ... AND 条件表达式n;
```

在上述语法中，WHERE 子句后跟多个条件表达式，条件表达式之间使用 AND 逻辑运算符连接。需要注意的是，使用 AND 逻辑运算符连接多个条件表达式时，查询出的数据需要满足所有条件表达式的结果。

下面通过案例演示 AND 逻辑运算符的使用。假设使用 SQL 语句查询教师表中职称为“讲师”且工资大于 5000 的所有男教师的信息，具体示例如下。

```
mysql> SELECT * FROM school.teacher
    -> WHERE gender='男' AND sal>5000 AND title='讲师';
+-----------+------+--------+-------+------------+---------+
| teacherno | tname | gender | title | birth      | sal     |
+-----------+------+--------+-------+------------+---------+
|      1002 | 李明  | 男     | 讲师  | 1982-08-22 | 5500.00 |
|      1005 | 张贺  | 男     | 讲师  | 1978-03-06 | 6400.00 |
|      1007 | 刘阳  | 男     | 讲师  | 1973-09-04 | 5800.00 |
+-----------+------+--------+-------+------------+---------+
3 rows in set (0.00 sec)
```

从上述示例结果可以看出，通过 SELECT 语句成功查询出 3 条工资高于 5000 的男讲师的信息。

4. OR 逻辑运算符的使用

在使用 SELECT 语句查询数据时，通过 OR 逻辑运算符可以连接多个查询条件。与 AND 逻辑运算符不同，在使用 OR 逻辑运算符查询时，只要满足任意一个查询条件，对应的数据就会被查询出来。OR 逻辑运算符的查询语法如下。

理论微课 4-10：OR 逻辑运算符的使用

```
SELECT *|{字段名,...} FROM 表名
WHERE 条件表达式1 OR 条件表达式2 ... OR 条件表达式n;
```

在上述语法中，WHERE 子句后可以跟多个条件表达式，多个条件表达式之间用 OR 运算符分隔。

下面通过案例演示 OR 逻辑运算符的使用。假设使用 SQL 语句查询教师表中职称为“教授”或者性别为“女”的人员信息，具体示例如下。

```
mysql> SELECT * FROM school.teacher WHERE title='教授' OR gender='女';
+-----------+--------+--------+-------+------------+---------+
| teacherno | tname  | gender | title | birth      | sal     |
+-----------+--------+--------+-------+------------+---------+
|      1001 | 王小明 | 男     | 教授  | 1976-01-02 | 9000.00 |
```

```
|      1003 | 王丹    | 女     | 讲师   | 1980-07-12 | 5000.00 |
|      1004 | 王红    | 女     | 助教   | 1993-12-02 | 4800.00 |
|      1006 | 韩芳    | 女     | 教授   | 1971-04-21 | 9200.00 |
+-----------+-------+--------+-------+------------+---------+
4 rows in set (0.00 sec)
```

在上述 SELECT 语句中，使用 OR 运算符查询 title 字段的值是“教授”或 gender 字段的值是“女”的数据。输出的教师信息中，要么 title 字段的值是“教授”，要么 gender 字段的值是“女”，这就说明，只要数据满足 OR 运算符连接的任意一个条件就会被查询出来，不需要同时满足两个条件表达式。

■ 任务实现

根据任务需求，查询部门编号为 30 且职位为“销售”的人员信息。在查询时使用 AND 运算符对部门编号为 30 和职位为“销售”这两个条件进行连接，具体 SQL 语句及执行结果如下。

实操微课 4-4：任务 4.2.2 使用逻辑运算符查询

```
mysql> SELECT * FROM emp WHERE deptno=30 AND job='销售';
+-------+-------+------+------+---------+---------+--------+
| empno | ename | job  | mgr  | sal     | bonus   | deptno |
+-------+-------+------+------+---------+---------+--------+
|  9499 | 孙七  | 销售 | 9698 | 4600.00 |  300.00 | 30     |
|  9521 | 周八  | 销售 | 9698 | 4250.00 |  500.00 | 30     |
|  9654 | 吴九  | 销售 | 9698 | 4250.00 | 1400.00 | 30     |
|  9844 | 郑十  | 销售 | 9698 | 4500.00 |    0.00 | 30     |
+-------+-------+------+------+---------+---------+--------+
4 rows in set (0.00 sec)
```

从上述执行结果可以看出，SELECT 语句按要求查询出 4 条部门编号为 30 的全体销售人员的信息。

■ 知识拓展

OR 逻辑运算符和 AND 逻辑运算符一起使用的情况

OR 逻辑运算符和 AND 逻辑运算符在一起使用时，AND 逻辑运算符的优先级高于 OR 逻辑运算符，也就是说，先运算 AND 两边的条件表达式，再运算 OR 两边的条件表达式。

理论微课 4-11：OR 逻辑运算符和 AND 逻辑运算符一起使用的情况

下面通过案例演示 OR 逻辑运算符和 AND 逻辑运算符一起使用的情况。假设使用 SQL 语句查询教师表中满足“教师姓名为韩芳”或者“职称为讲师且工资为 5000”条件的教师信息，具体示例如下。

```
mysql> SELECT * FROM school.teacher
    -> WHERE tname='韩芳' OR title='讲师' AND sal=5000;
+-----------+-------+--------+-------+------------+---------+
| teacherno | tname | gender | title | birth      | sal     |
+-----------+-------+--------+-------+------------+---------+
```

```
|      1003 | 王丹   | 女     | 讲师   | 1980-07-12 | 5000.00 |
|      1006 | 韩芳   | 女     | 教授   | 1971-04-21 | 9200.00 |
+-----------+-------+--------+-------+------------+---------+
2 rows in set (0.00 sec)
```

在上述示例中，通过“tname='韩芳'”条件查询出韩芳的信息，通过“title='讲师' AND sal=5000”条件查询出王丹的信息。

任务 4.2.3 使用其他关键字查询

■ 任务需求

小明在开发查询数据功能时，由于对查询数据使用的各种关键字不熟悉，遇到了一些困难。但他没有气馁，耐心地进行调试和修复，最终拿出了令人满意的解决方案。在生活和工作中，我们也要具有不怕困难、善于解决问题、不断提升自己的精神。

在本任务中，假设想要获取工资范围为 4000~6000 的员工信息，显示该范围内员工的姓名和工资。为了完成任务，小明需要学习条件查询中的其他关键字，将符合范围条件的员工信息查询出来。

■ 知识储备

理论微课 4-12：带 IS NULL 关键字的查询

1. 带 IS NULL 关键字的查询

在 SELECT 语句中，若要判断字段是否为 NULL，可以使用 IS NULL 或 IS NOT NULL 关键字，该语法如下。

```
SELECT *|{字段名1,字段名2,...} FROM 表名
WHERE 字段名 IS [NOT] NULL;
```

在上述语法中，NOT 是可选项，IS NULL 关键字用于判断一个字段是否为 NULL，若是则返回 1，否则返回 0；IS NOT NULL 关键字用于判断一个字段是否非 NULL，若不是则返回 1，否则返回 0。

理论微课 4-13：带 BETWEEN…AND…关键字的查询

2. 带 BETWEEN… AND…关键字的查询

在 SELECT 语句中，BETWEEN…AND…关键字用于判断某个字段的值是否在指定范围内，如果在指定范围内，则符合条件的数据会被查询出来，反之则不会被查询出来。在 SELECT 语句中使用 BETWEEN…AND…关键字的语法如下。

```
SELECT *|{字段名1,字段名2,...} FROM 表名
WHERE 字段名 [NOT] BETWEEN 值1 AND 值2;
```

在上述语法中，值 1 表示条件范围的起始值，值 2 表示条件范围的结束值，NOT 是可选项，表示查询指定范围之外的数据。通常情况下，值 1 要小于值 2，否则查询不到任何结果。

下面通过案例演示 BETWEEN …AND…关键字的使用。假设使用 SQL 语句查询教师表中出生日期在 1980 年 1 月 1 日至 1993 年 12 月 30 日之间的教师，具体示例如下。

```
mysql> SELECT tname,birth FROM school.teacher
```

```
    -> WHERE birth BETWEEN '1980-01-01' AND '1993-12-30';
+-------+------------+
| tname | birth      |
+-------+------------+
| 李明  | 1982-08-22 |
| 王丹  | 1980-07-12 |
| 王红  | 1993-12-02 |
+-------+------------+
3 rows in set (0.00 sec)
```

从上述示例结果可以看出，出生日期在1980年1月1日到1993年12月30日之间的教师已经成功查询出来。

理论微课 4-14：带 IN 关键字的查询

3. 带IN关键字的查询

在SELECT语句中，IN关键字用于判断某个值是否在指定集合中，如果值存在于集合中，则满足条件。IN关键字的语法如下。

```
SELECT *|{字段名1,字段名2,... } FROM 表名
WHERE 字段名 [NOT] IN (元素1,元素2,...);
```

在上述语法中，元素1、元素2表示集合中的元素，NOT是可选项，如果在IN前面加上NOT表示查询集合元素之外的数据。

下面通过案例演示IN关键字的使用。假设使用SQL语句查询教师表中职称为“教授”的人员信息，具体示例如下。

```
mysql> SELECT * FROM school.teacher WHERE title IN('教授');
+-----------+-------+--------+-------+------------+---------+
| teacherno | tname | gender | title | birth      | sal     |
+-----------+-------+--------+-------+------------+---------+
|      1001 | 王小明 | 男     | 教授  | 1976-01-02 | 9000.00 |
|      1006 | 韩芳  | 女     | 教授  | 1971-04-21 | 9200.00 |
+-----------+-------+--------+-------+------------+---------+
2 rows in set (0.00 sec)
```

从上述示例结果可以看出，SELECT语句按要求查询出职称为“教授”的人员信息。

理论微课 4-15：带 LIKE 关键字的查询

4. 带LIKE关键字的查询

在查询数据时，如果只记得部分内容，可以对数据进行模糊查询。MySQL提供了LIKE关键字，该关键字用于进行模糊匹配。LIKE关键字的语法如下。

```
SELECT *|{字段名1,字段名2,...} FROM 表名
WHERE 值 [NOT] LIKE 匹配的字符串 ;
```

在上述语法中，NOT是可选项，使用NOT表示查询与指定字符串不匹配的数据，“匹配的字符串”表示用于和值进行匹配的字符串，应使用单引号或双引号进行包裹。

使用LIKE进行字符串的匹配时，“匹配的字符串”可以是确定的，也可以是不确定的。当匹配的字符串不确定时，可以使用通配符代替一个或多个真正的字符。LIKE关键字支持的通配符有

两个，分别是 % 和 _，下面分别讲解这两个通配符的使用。

（1）% 通配符

% 通配符是模糊查询最常用的通配符，它可以匹配任意长度的字符串，包括空字符串。% 通配符可以出现在匹配字符的任意位置。% 通配符的使用示例如下。

- c% 表示匹配所有以字符 c 开始的任意长度的字符串，如 c、cu、cut。
- %t 表示匹配所有以字符 t 结尾的任意长度的字符串，如 t、at、cat。
- c%t 表示匹配所有以字符 c 开始且以字符 t 结尾的任意长度的字符串，如 ct、cat、coat。

（2）_ 通配符

_ 通配符用于匹配单个字符，每个 _ 通配符代表一个字符，如果要匹配多个字符，需要使用多个 _ 通配符。如果使用多个连续的 _ 通配符匹配多个连续的字符，_ 通配符之间不能有空格。_ 通配符的使用示例如下。

- cu_ 表示匹配所有以字符 cu 开始，长度为 3 的字符串，如 cut、cup。
- c__t 表示匹配所有在字符 c 和字符 t 之间包含两个字符的字符串，如 coat、chat。

下面通过案例演示 LIKE 比较运算符的使用。假设查询教师表中姓名为“王”开头的教师信息，具体示例如下。

```
mysql> SELECT * FROM school.teacher WHERE tname LIKE '王%';
+-----------+-------+--------+-------+------------+---------+
| teacherno | tname | gender | title | birth      | sal     |
+-----------+-------+--------+-------+------------+---------+
|      1001 | 王小明 | 男     | 教授   | 1976-01-02 | 9000.00 |
|      1003 | 王丹   | 女     | 讲师   | 1980-07-12 | 5000.00 |
|      1004 | 王红   | 女     | 助教   | 1993-12-02 | 4800.00 |
+-----------+-------+--------+-------+------------+---------+
3 rows in set (0.00 sec)
```

在上述 SELECT 语句中，使用 LIKE 进行了模糊查询，字符“王”之后的 % 通配符表示匹配以字符“王”开头的任意长度的字符串。从示例结果可以看出，SELECT 语句按要求查询出姓名以“王”开头的教师信息。

任务实现

实操微课 4-5：任务 4.2.3 使用其他关键字查询

根据任务需求，查找出工资范围为 4000~6000 的员工的姓名和工资。这里选择使用 BETWEEN…AND…关键字查询，返回 ename 和 sal 字段，具体 SQL 语句及执行结果如下。

```
mysql> SELECT ename, sal FROM emp WHERE sal BETWEEN 4000 AND 6000;
+-------+---------+
| ename | sal     |
+-------+---------+
| 王五   | 4000.00 |
| 赵六   | 4000.00 |
| 孙七   | 4600.00 |
| 周八   | 4250.00 |
| 吴九   | 4250.00 |
```

```
| 郑十    | 4500.00 |
+--------+---------+
6 rows in set (0.00 sec)
```

从上述执行结果可以看出，SELECT 语句查询出符合条件的 6 条信息。

知识拓展

字符 % 和 _ 的转义

理论微课 4-16：字符 % 和 _ 的转义

当使用通配符 % 和 _ 作为条件查询数据时，如果要查询的字符串中也包含了 % 和 _，那么如何处理呢？此时就需要使用反斜线“\”进行转义。例如，使用“\%”匹配字符“%”，使用“_”匹配字符“_”。

下面以查询带有 % 的数据为例进行演示。在教师表中添加一条包含 % 的数据，具体示例如下。

```
mysql> INSERT INTO school.teacher VALUES
    -> (1008,'李%一','男','讲师','1995-03-04',4500);
Query OK, 1 row affected (0.01 sec)
```

在上述 INSERT 语句中，新增数据的 tname 字段的值包含了一个 % 字符。

下面查询教师表中姓名包含 % 的教师信息，具体示例如下。

```
mysql> SELECT * FROM school.teacher WHERE tname LIKE '%\%%';
+-----------+-------+--------+-------+------------+---------+
| teacherno | tname | gender | title | birth      | sal     |
+-----------+-------+--------+-------+------------+---------+
|      1008 | 李%一 | 男     | 讲师  | 1995-03-04 | 4500.00 |
+-----------+-------+--------+-------+------------+---------+
1 row in set (0.00 sec)
```

在上述 SELECT 语句中，使用 LIKE 进行了模糊查询，匹配的字符串为“%\%%”，该字符串的首尾分别使用 2 个通配符 %，“\%”用于匹配字符 %。从结果可以看出，SELECT 语句按要求查询出姓名包含 % 的教师信息。

为了不影响后续操作，完成案例演示后，将数据“李 % 一”删除。

```
mysql> DELETE FROM school.teacher WHERE tname='李%一';
Query OK, 1 row affected (0.00 sec)
```

从上述执行结果可以看出，数据“李 % 一”已经被删除。

4.3 高级查询

MySQL 中的高级查询用于满足复杂的查询需求。高级查询包括聚合函数查询、分组查询、排序查询和限量查询。其中，函数是指一段用于完成特定功能的代码，在使用函数时只需关心函数的参数和返回值，不用关心函数内部的代码。MySQL 提供了聚合函数，用于增强 SQL 的功能，方便用户使用 MySQL。本节将对聚合函数查询、分组查询、排序查询和限量查询进行讲解。

任务 4.3.1 聚合函数查询

任务需求

小明在工作过程中，为了帮助业务部门更好地对数据进行分析和处理，以支持业务决策，他编写了一系列查询语句，通过 MySQL 的聚合函数，对数据进行了深入分析和筛选，得出了有价值的业务结论。这些结论对公司的业务决策起到了积极的推动作用，为后续项目的顺利开展做出了贡献，领导对他在项目中的出色表现给予了高度的评价。在工作中，我们也要具备积极的工作态度和团队奉献精神。

在本任务中，小明需要运用聚合函数来查询数据，在员工表中查找出最高工资和最低工资。

知识储备

常用的聚合函数

在实际开发中，经常需要做一些数据统计操作，如统计某个字段的最大值、最小值和平均值等，此时可以通过聚合函数实现。聚合函数用于完成聚合操作，聚合操作是指对一组值进行运算，获得一个运算结果。

理论微课 4-17：常用的聚合函数

MySQL 中常用的聚合函数见表 4-3。

表 4-3　MySQL 中常用的聚合函数

聚合函数	功能描述
COUNT ()	返回查询的总记录数，参数可以是字段名或者 *
SUM ()	返回总和
AVG ()	返回平均值
MAX ()	返回最大值
MIN ()	返回最小值

表 4-3 中的聚合函数是 MySQL 中内置的函数，用户根据函数的语法格式直接调用即可。

下面针对常用聚合函数的使用方法进行详细讲解。

（1）COUNT () 函数

COUNT () 函数用于统计查询的总记录数，使用 COUNT () 函数查询数据的基本语法如下。

```
SELECT COUNT(*| 字段名 ) FROM 表名 ;
```

在上述语法中，如果参数为 *，表示统计数据表中数据的总条数，不会忽略字段中值为 NULL 的行。如果参数为字段名，表示统计数据中数据的总条数时，会忽略字段值为 NULL 的行。

（2）SUM () 函数

SUM () 函数会对指定字段中的值进行累加，并且在数据累加时忽略字段中的 NULL 值。使用 SUM () 函数查询数据的基本语法如下。

```
SELECT SUM( 字段名 ) FROM 表名 ;
```

在上述语法中，字段名表示要进行累加的字段。

（3）AVG () 函数

AVG () 函数用于计算指定字段中的值的平均值，并且计算时会忽略字段中的 NULL 值，即只对非 NULL 的数值进行累加，然后将累加和除以非 NULL 的行数计算出平均值。使用 AVG () 函数查询数据的基本语法如下。

```
SELECT AVG(字段名) FROM 表名;
```

AVG () 函数在统计平均值时会忽略字段中的 NULL 值。如果想要统计的字段中包含 NULL 值，可以借助 IFNULL () 函数，将 NULL 值转换为 0 再进行计算。例如，sal 字段中含有 NULL 值，查询语句格式如下。

```
SELECT IFNULL(sal,0) FROM 表名;
```

在上述语法中，如果 sal 的值不为 NULL，则返回 sal 的值；如果 sal 的值为 NULL，则返回 0。

（4）MAX () 函数

MAX () 函数用于查询指定字段中的最大值，使用 MAX () 函数查询数据的基本语法如下。

```
SELECT MAX(字段名) FROM 表名;
```

（5）MIN () 函数

MIN () 函数用于查询指定字段中的最小值，使用 MIN () 函数查询数据的基本语法如下。

```
SELECT MIN(字段名) FROM 表名;
```

实操微课 4-6：任务 4.3.1 聚合函数查询

任务实现

根据任务需求，要想统计全体员工最高工资和最低工资，在这里使用 MAX () 函数和 MIN () 函数查询最高工资和最低工资，具体 SQL 语句及执行结果如下。

```
mysql> SELECT MAX(sal) 最高工资, MIN(sal) 最低工资 FROM emp;
+----------+----------+
| 最高工资 | 最低工资 |
+----------+----------+
| 16000.00 |  2350.00 |
+----------+----------+
1 row in set (0.00 sec)
```

从上述执行结果可以看出，最高工资为 16000，最低工资为 2350。

任务 4.3.2 分组查询

任务需求

总监决定给各部门颁发年终奖，他想要知道各部门的平均工资和总工资是多少，然后才能更好地分配年终奖。现在需要小明在“员工管理系统”中开发查询各部门平均工资和总工资的功能。

为了完成任务，小明打算使用 GROUP BY 分组查询语句，在员工表中查询各部门的平均工资和总工资。

知识储备

1. GROUP BY 分组查询的使用

在对数据表中的数据进行统计时，有时需要按照一定的类别进行统计，例如，财务人员在统计每个部门的工资总数时，属于同一个部门的员工就是一个分组。在 MySQL 中，可以使用 GROUP BY 根据指定的字段对返回的数据进行分组，如果某些数据的指定字段具有相同的值，那么分组后会被合并为一条数据。

理论微课 4-18：GROUP BY 分组查询的使用

使用 GROUP BY 分组查询的基本语法如下。

```
SELECT *|{字段名 ,...} FROM 表名
GROUP BY 字段名 ,...;
```

在上述语法中，GROUP BY 后指定的字段名是数据分组依据的字段。

下面通过案例演示 GROUP BY 分组查询的使用。假设使用 SQL 语句查询教师表中有几种职称，具体示例如下。

```
mysql> SELECT title FROM school.teacher GROUP BY title;
+--------+
| title |
+--------+
| 教授    |
| 讲师    |
| 助教    |
+--------+
3 rows in set (0.01 sec)
```

在上述 SELECT 语句中，使用 GROUP BY 根据 title 字段对教师表中的数据进行分组。从示例结果可以看出，教师表中有 3 种职称。

2. GROUP BY 和聚合函数结合使用

如果分组查询时要进行统计汇总，此时需要将 GROUP BY 和聚合函数一起使用。例如，使用 GROUP BY 结合 AVG () 函数统计各部门的平均工资，使用 GROUP BY 结合 SUM () 函数统计各部门的基本工资总和。

理论微课 4-19：GROUP BY 和聚合函数结合使用

GROUP BY 结合聚合函数查询的基本语法如下。

```
SELECT [字段名 1,...] 表达式 FROM 表名
GROUP BY 字段名 ,...;
```

在上述语法中，表达式可以是 SUM ()、AVG () 和 MAX () 等聚合函数，GROUP BY 后指定的字段名是对数据分组的依据。

下面通过案例演示 GROUP BY 和 SUM () 函数的使用。假设使用 SQL 语句查询教师表中各职

称的基本工资总和，具体示例如下。

```
mysql> SELECT title,SUM(sal) FROM school.teacher GROUP BY title;
+-------+----------+
| title | SUM(sal) |
+-------+----------+
| 教授   | 18200.00 |
| 讲师   | 22700.00 |
| 助教   |  4800.00 |
+-------+----------+
3 rows in set (0.00 sec)
```

在上述 SELECT 语句中，使用 GROUP BY 根据 title 字段对教师表的数据进行分组，值相同的为一组。从示例结果可以看出，获取到不同职称的基本工资总和。

理论微课 4-20：GROUP BY 和 HAVING 结合使用

3. GROUP BY 和 HAVING 结合使用

如果需要对分组后的结果进行条件过滤，此时需要将 GROUP BY 和 HAVING 结合使用。GROUP BY 结合 HAVING 查询的基本语法如下。

```
SELECT [字段名 ,...] 表达式 FROM 表名
GROUP BY 字段名 ,...
[HAVING 条件表达式 ] ...;
```

在上述语法中，GROUP BY 后指定的字段名是对数据分组的依据，HAVING 后指定条件表达式对分组后的内容进行过滤。

下面通过案例演示 GROUP BY 和 HAVING 的结合使用。假设使用 SQL 语句查询教师表中平均工资小于 6000 的教师职称及各职称人员的平均工资，具体示例如下。

```
mysql> SELECT title,AVG(sal) FROM school.teacher
    -> GROUP BY title HAVING AVG(sal)<6000;
+-------+-------------+
| title | AVG(sal)    |
+-------+-------------+
| 讲师   | 5675.000000 |
| 助教   | 4800.000000 |
+-------+-------------+
2 rows in set (0.01 sec)
```

在上述 SELECT 语句中，使用 GROUP BY 根据 title 字段对教师表的数据进行分组，并且使用 HAVING 筛选平均工资小于 6000 的数据，最终获得平均工资小于 6000 的教师职称及平均工资。

■ 任务实现

实操微课 4-7：任务 4.3.2 分组查询

根据任务需求，统计各部门的平均工资和总工资。在这里使用 GROUP BY 和聚合函数 AVG ()、SUM () 统计各部门的平均工资和总工资，具体 SQL 语句及执行结果如下。

```
mysql> SELECT deptno,AVG(sal),SUM(sal) FROM emp GROUP BY deptno;
+--------+--------------+----------+
| deptno | AVG(sal)     | SUM(sal) |
+--------+--------------+----------+
|     10 | 14725.000000 | 29450.00 |
|     20 |  6123.500000 | 24494.00 |
|     30 |  3990.000000 | 19950.00 |
+--------+--------------+----------+
3 rows in set (0.00 sec)
```

在上述 SELECT 语句中，使用 GROUP BY 根据 deptno 字段对员工表的数据进行分组，值相同的为一组。从执行结果可以看出，获得不同部门的平均工资和总工资。

任务 4.3.3 排序查询

■ 任务需求

总监想要获取全体员工的工资列表，并要求将工资由高到低排序。为此，小明需要在“员工管理系统”中开发根据工资高低对员工列表进行排序的功能。

为了完成任务，小明需要使用 ORDER BY 查询语句，实现在查找员工表时按照工资字段由高到低排序。

■ 知识储备

1. ORDER BY 排序查询的使用

在查询数据表中的数据时，查询出的数据的排列顺序可能不是用户期望的，此时需要对数据进行排序。例如，在查看商品时，希望商品按价格由低到高进行排列。当需要进行排序查询时，可以通过 ORDER BY 来实现。ORDER BY 排序查询的基本语法如下。

理论微课 4-21：ORDER BY 排序查询的使用

```
SELECT *|{字段名,...} FROM 表名
ORDER BY 字段名 [ASC | DESC],...;
```

在上述语法中，使用 ORDER BY 进行排序时，如果不指定排序方式，默认按照 ASC（ascending，升序）方式进行排序。排序意味着数据与数据发生比较，需要遵循一定的比较规则，具体规则取决于当前使用的校对集。默认情况下，数字和日期的顺序为从小到大，英文字母的顺序按 ASCII 码的次序，即从 A 到 Z。如果想要降序排序，将 ASC 改为 DESC（descending，降序）即可。

ORDER BY 可以对多个字段的值进行排序，首先按照第 1 个字段名进行排序，当第 1 个字段名的值相同时，再按照第 2 个字段名进行排序，以此类推。ORDER BY 后面也可以跟表达式。

说明：

按照指定字段进行排序时，如果指定字段中包含 NULL，NULL 会作为最小值进行排序。

下面通过案例演示 ORDER BY 的使用。假设使用 SQL 语句查询教师表的数据，并将查询结

果按职称 title 升序排序，然后再按基本工资 sal 降序排序，具体示例如下。

```
mysql> SELECT * FROM school.teacher ORDER BY title,sal DESC;
+-----------+--------+--------+-------+------------+---------+
| teacherno | tname  | gender | title | birth      |  sal    |
+-----------+--------+--------+-------+------------+---------+
|      1004 | 王红   |  女    | 助教  | 1993-12-02 | 4800.00 |
|      1006 | 韩芳   |  女    | 教授  | 1971-04-21 | 9200.00 |
|      1001 | 王小明 |  男    | 教授  | 1976-01-02 | 9000.00 |
|      1005 | 张贺   |  男    | 讲师  | 1978-03-06 | 6400.00 |
|      1007 | 刘阳   |  男    | 讲师  | 1973-09-04 | 5800.00 |
|      1002 | 李明   |  男    | 讲师  | 1982-08-22 | 5500.00 |
|      1003 | 王丹   |  女    | 讲师  | 1980-07-12 | 5000.00 |
+-----------+--------+--------+-------+------------+---------+
7 rows in set (0.00 sec)
```

在上述 SELECT 语句中，先按 title 字段进行升序排序，相同 title 值的数据再按照 sal 字段进行降序排序。需要说明的是，通过上述方式对中文字符进行排序时，MySQL 会根据校对集将相同的内容排到一起，无法实现像“助教、讲师、教授”这样的特定顺序排序。

理论微课 4-22：按特定顺序排序

2. 按特定顺序排序

在使用 ORDER BY 排序查询时，如果想要实现特定顺序排序，可以借助 FIELD () 函数来实现。使用 FIELD () 函数排序查询的语法如下。

```
SELECT * FROM 表名 ORDER BY FIELD(value,str1,str2,str3,...);
```

上述语法表示将获取到的 value 字段，按照“str1、str2、str3……”的顺序进行排序。value 参数后面的参数可自定义，不限制参数个数。

下面演示如何使用 FIELD () 函数查询教师表的数据，将职称按照“助教、讲师、教授”排序，然后再按基本工资 sal 降序排序，具体示例如下。

```
mysql> SELECT * FROM school.teacher
    -> ORDER BY FIELD(title,'助教','讲师','教授'),sal DESC;
+-----------+--------+--------+-------+------------+---------+
| teacherno | tname  | gender | title | birth      |  sal    |
+-----------+--------+--------+-------+------------+---------+
|      1004 | 王红   |  女    | 助教  | 1993-12-02 | 4800.00 |
|      1005 | 张贺   |  男    | 讲师  | 1978-03-06 | 6400.00 |
|      1007 | 刘阳   |  男    | 讲师  | 1973-09-04 | 5800.00 |
|      1002 | 李明   |  男    | 讲师  | 1982-08-22 | 5500.00 |
|      1003 | 王丹   |  女    | 讲师  | 1980-07-12 | 5000.00 |
|      1006 | 韩芳   |  女    | 教授  | 1971-04-21 | 9200.00 |
|      1001 | 王小明 |  男    | 教授  | 1976-01-02 | 9000.00 |
+-----------+--------+--------+-------+------------+---------+
7 rows in set (0.00 sec)
```

在上述 SELECT 语句中，将获取到的 title 字段，按照“助教、讲师、教授”进行排序，然后再按照 sal 字段降序排序。

任务实现

根据任务需求，查找出全体员工的工资，并将工资由高到低排序。这里使用 ORDER BY 将基本工资按照从高到低排序，返回的字段为 ename 和 sal，具体 SQL 语句及执行结果如下。

实操微课 4-8：任务 4.3.3 排序查询

```
mysql> SELECT ename,sal FROM emp ORDER BY sal DESC;
+--------+----------+
| ename  | sal      |
+--------+----------+
| 刘一   | 16000.00 |
| 李四   | 13995.00 |
| 陈二   | 13450.00 |
| 孙七   |  4600.00 |
| 郑十   |  4500.00 |
| 周八   |  4250.00 |
| 吴九   |  4250.00 |
| 王五   |  4000.00 |
| 赵六   |  4000.00 |
| 张三   |  2499.00 |
| 萧十一 |  2350.00 |
+--------+----------+
11 rows in set (0.00 sec)
```

从上述执行结果可以看出，成功实现按照基本工资由高到低的排序。

任务 4.3.4 限量查询

任务需求

奖金是对员工工作的激励，总监希望优化奖金制度来鼓励员工努力工作，他想要了解奖金排名第一、第二的两个员工的姓名和奖金，如果因奖金相等导致出现两个以上符合条件的员工，则按照员工编号从高到低排序。

为了完成任务，小明需要在查询语句中使用 IS NOT NULL、ORDER BY 和 LIMIT，实现在员工表中查找符合条件的两个员工。

知识储备

LIMIT 限量查询的使用

查询数据时，SELECT 语句可能会返回很多条数据，而用户需要的数据也许只是其中的一条或者几条。MySQL 中提供了一个关键字 LIMIT，可以指定查询结果从哪一条数据开始以及一共查询多少条数据，在 SELECT 语句中使用 LIMIT 的基本语法如下。

理论微课 4-23：LIMIT 限量查询的使用

```
SELECT 字段名,... FROM 表名 LIMIT [OFFSET,] 条数;
```

在上述语法中，LIMIT 后面可以跟两个参数，第 1 个参数“OFFSET”为可选值，表示偏移量，如果偏移量为 0 则从第 1 条数据开始，偏移量为 1 则从第 2 条数据开始，以此类推。如果不指定 OFFSET 的值，其默认值为 0。第 2 个参数“条数”表示查询结果中的最大条数限制。

任务实现

实操微课 4-9：任务 4.3.4 限量查询

根据任务需求，先使用 IS NOT NULL 关键字查询奖金不为空的值，然后使用 ORDER BY 关键字对奖金和员工编号从高到低排序，最后获取前两条数据，查询结果只显示员工姓名和奖金即可，具体 SQL 语句及执行结果如下。

```
mysql> SELECT ename,bonus FROM emp WHERE bonus IS NOT NULL
    -> ORDER BY bonus DESC,empno DESC LIMIT 2;
+-------+---------+
| ename | bonus   |
+-------+---------+
| 吴九  | 1400.00 |
| 周八  |  500.00 |
+-------+---------+
2 rows in set (0.00 sec)
```

从上述执行结果可以看出，SELECT 语句查询出符合条件的吴九和周八的信息。

4.4 内置函数

MySQL 提供了大量的内置函数，从而提高用户对数据库和数据的管理和操作效率。内置函数也称为系统函数，无须用户定义，直接调用即可。常用的内置函数包括字符串函数和条件判断函数。本节将会讲解如何使用字符串函数和条件判断函数实现数据的查询。

任务 4.4.1 字符串函数

任务需求

销售人员超额完成本月任务，总监要给全体销售人员额外的提成奖励，现需要确定员工姓名、员工编号和职位，要求在查询结果中将各个值之间使用说明文字进行连接，格式为“员工 * 的编号是 *，职位为 *”，示例如下。

```
员工孙七的编号是 9499，职位为销售
员工周八的编号是 9521，职位为销售
员工吴九的编号是 9654，职位为销售
员工郑十的编号是 9844，职位为销售
```

为了完成这个任务，小明需要借助字符串函数，在员工表的查询结果中将员工姓名、员工编号和职位字段按既定格式显示。

知识储备

常用的字符串函数

MySQL 对字符串的操作提供了很多字符串函数，可以实现字符串的拼接、大小写转换、左填充、右填充、去除头部和尾部的空格、获取字符串长度等操作。常用的字符串函数见表 4-4。

理论微课 4-24：常用的字符串函数

表 4-4 常用的字符串函数

字符串函数	描述
CONCAT (s1,s2,... sn)	字符串拼接，将 s1,s2,... sn 拼接成一个字符串
LOWER (str)	将字符串 str 全部转为小写
UPPER (str)	将字符串 str 全部转为大写
LPAD (str,n,pad)	左填充，用字符串 pad 对 str 的左边进行填充，达到 n 个字符串长度
RPAD (str,n,pad)	右填充，用字符串 pad 对 str 的右边进行填充，达到 n 个字符串长度
TRIM (str)	去除字符串头部和尾部的空格
SUBSTRING (str,start,len)	返回字符串 str 从 start 位置起的 len 个长度的字符串

表 4-4 对 MySQL 中一些常用字符串函数的用法进行了介绍，在这些函数中，CONCAT () 函数可以完成任务需求中说明文字与值的连接。

CONCAT () 函数会返回一个或者多个字符串连接产生的新字符串，使用该函数查询数据的基本语法如下。

```
SELECT CONCAT(s1,s2,...sn) FROM 表名;
```

在上述语法中，使用 CONCAT () 函数将 s1, s2, … sn 拼接成一个字符串。例如，CONCAT ('a', '_', 'b') 返回的字符串是 a_b。

下面通过案例演示 CONCAT () 函数的使用。假设使用 SQL 语句查询教师表中数据，并将职位为“讲师”的员工姓名、基本工资和出生年月显示在一列中，各个字段值之间使用下画线“_”进行连接，具体示例如下。

```
mysql> SELECT CONCAT(tname,'_',title,'_',birth) FROM school.teacher
    -> WHERE title='讲师';
+------------------------------------+
| CONCAT(tname,'_',title,'_',birth) |
+------------------------------------+
| 李明_讲师_1982-08-22               |
| 王丹_讲师_1980-07-12               |
| 张贺_讲师_1978-03-06               |
| 刘阳_讲师_1973-09-04               |
+------------------------------------+
4 rows in set (0.00 sec)
```

在上述 SELECT 语句中，使用 WHERE 子句筛选出职称为讲师的数据，再使用 CONCAT () 函数将员工姓名、基本工资和出生年月通过下画线进行连接并返回。

■ 任务实现

根据任务需求，要想将查询结果以“员工 * 的编号是 *，职位为 *”显示，这里使用 CONCAT () 函数按既定格式进行连接，查询出员工姓名、员工编号和职位信息，具体 SQL 语句及执行结果如下。

实操微课 4-10：任务 4.4.1 字符串函数

```
mysql> SELECT CONCAT('员工',ename,'的编号是',empno,',职位为',job)
    -> FROM emp WHERE job='销售';
+-----------------------------------------------------+
| CONCAT('员工',ename,'的编号是',empno,',职位为',job) |
+-----------------------------------------------------+
| 员工孙七的编号是 9499,职位为销售                    |
| 员工周八的编号是 9521,职位为销售                    |
| 员工吴九的编号是 9654,职位为销售                    |
| 员工郑十的编号是 9844,职位为销售                    |
+-----------------------------------------------------+
4 rows in set (0.00 sec)
```

从上述执行结果可以看出，查询出 4 条数据，并且每条数据都按要求将员工姓名、员工编号和职位进行了连接。

任务 4.4.2 条件判断函数

■ 任务需求

公司季度效益翻了一倍，公司领导决定将全体员工的基本工资上涨 10%，现需要确定每个员工的编号、姓名、基本工资、奖金，以及基本工资与奖金的总和。为了方便查看，要求给每个字段设置一个中文别名，员工编号字段设置别名为“工号”，员工姓名字段设置别名为“姓名”，基本工资字段设置别名为“基本工资”，奖金字段设置别名为“奖金”，基本工资与奖金的总和设置别名为“工资总额”。

在本任务中，部分员工的奖金为 NULL，会影响工资总额计算，小明需要使用条件判断函数判断每个员工的奖金是否为 NULL，如果为 NULL，将其按照 0 来计算。

■ 知识储备

条件判断函数

通过条件判断函数可以在 SQL 语句中实现条件筛选，常用的条件判断函数见表 4-5。

理论微课 4-25：条件判断函数

表 4-5 常用的条件判断函数

条件判断函数	描述
IF (value,t,f)	如果 value 为 true，则返回 t，否则返回 f
IFNULL (value1,value2)	如果 value1 不为空，则返回 value1，否则返回 value2
ISNULL (value)	如果 value 为 null，则返回 1，否则返回 0
CASE WHEN [value] THEN [res1] ... ELSE [default] END	如果 value 为 true，则返回 res1，如果都不成立，则返回 default 默认值。在执行过程中，当有一个条件成立，后面的就不再执行
CASE [expr] WHEN [value] THEN [res1]... ELSE [default] END	如果 expr 的值等于 value，返回 res1，如果都不成立，则返回 default 默认值。在执行过程中，当有一个条件成立，后面的就不再执行

表 4-5 对 MySQL 中一些常用的条件判断函数的用法做了介绍。下面以 IF () 函数为例进行讲解。

IF () 函数有 3 个参数，该函数查询数据的基本语法如下。

```
SELECT IF(value,t,f);
```

下面通过案例演示 IF () 函数的使用。假设使用 SQL 语句查询教师表中数据，将返回的结果一列显示。如果职称为“讲师”就返回具体的基本工资，否则返回字符串“保密”。查询时使用 IF () 函数对职称进行判断，具体示例如下。

```
mysql> SELECT tname,title,IF(title='讲师',sal,'保密')
    -> FROM school.teacher;
+--------+-------+-------------------------------+
| tname  | title | IF(title='讲师',sal,'保密')    |
+--------+-------+-------------------------------+
| 王小明  | 教授  | 保密                           |
| 李明    | 讲师  | 5500.00                        |
| 王丹    | 讲师  | 5000.00                        |
| 王红    | 助教  | 保密                           |
| 张贺    | 讲师  | 6400.00                        |
| 韩芳    | 教授  | 保密                           |
| 刘阳    | 讲师  | 5800.00                        |
+--------+-------+-------------------------------+
7 rows in set (0.00 sec)
```

在上述 SELECT 语句中，使用 IF () 函数判断职称的值是否为“讲师”，如果是，返回具体的基本工资，否则返回字符串“保密”。从示例结果可以看出，有 3 个教师的基本工资保密。

实操微课 4-11：任务 4.4.2 条件判断函数

任务实现

根据任务需求，统计每个员工的编号、姓名、基本工资、奖金、基本工资与奖金的总和。在计算时，将奖金值为NULL的数据转换为0，再参与运算；然后设置别名，员工编号empno字段设置别名为“工号”，员工姓名ename字段设置别名为“姓名”，基本工资sal字段设置别名为“基本工资”，奖金bonus字段设置别名为“奖金”，基本工资与奖金的总和字段设置别名为“工资总额”，具体SQL语句及执行结果如下。

```
mysql> SELECT empno AS '工号',ename AS '姓名',sal AS '基本工资',
    -> bonus AS '奖金',sal + IFNULL(bonus,0) AS '工资总额'
    -> FROM emp;
+------+-------+---------+--------+---------+
| 工号 | 姓名   | 基本工资 | 奖金    | 工资总额 |
+------+-------+---------+--------+---------+
| 9839 | 刘一   | 16000.00 |   NULL |   16000 |
| 9982 | 陈二   | 13450.00 |   NULL |   13450 |
| 9639 | 张三   |  2499.00 |   NULL |    2499 |
| 9566 | 李四   | 13995.00 |   NULL |   13995 |
| 9988 | 王五   |  4000.00 |   NULL |    4000 |
| 9902 | 赵六   |  4000.00 |   NULL |    4000 |
| 9499 | 孙七   |  4600.00 | 300.00 |    4900 |
| 9521 | 周八   |  4250.00 | 500.00 |    4750 |
| 9654 | 吴九   |  4250.00 |1400.00 |    5650 |
| 9844 | 郑十   |  4500.00 |   0.00 |    4500 |
| 9900 | 萧十一 |  2350.00 |   NULL |    2350 |
+------+-------+---------+--------+---------+
11 rows in set (0.00 sec)
```

在上述SELECT语句中，在计算基本工资与奖金的总和时，首先调用IFNULL ()函数对bonus字段的值进行判断，如果bonus的值为NULL，则返回0，否则返回bonus的值，最后将得到的bonus的值与sal相加，即可得出基本工资与奖金的总和。从执行结果可以看出，成功计算出工资总额。

本章小结

本章主要对单表操作进行了详细讲解。首先讲解基本查询，包括多个字段的查询和去重数据的查询；然后讲解条件查询，包括带比较运算符的查询和带逻辑运算符的查询；接着讲解高级查询，包括聚合函数、分组查询、排序查询和限量查询；最后讲解内置函数，包括字符串函数和条件判断函数。通过本章的学习，希望读者能够掌握单表操作，为后续的学习打下坚实的基础。

课后练习

一、填空题

1. MySQL中提供了________关键字，可以在查询时去除重复的值。
2. 使用ORDER BY对查询结果进行排序时，默认的排列方式是________。

3. SELECT 语句中，用于对分组查询结果再进行条件过滤的关键字是________。

4. 聚合函数中，用于求出某个字段平均值的函数是________。

5. 聚合函数中，用于对指定字段中的值进行累加，并且在数据累加时忽略字段中的 NULL 值的函数是________。

二、判断题

1. 当 DISTINCT 关键字后指定了多个字段名称时，只有这些字段的值完全相同时，才会被认作是重复数据。 (   )

2. 使用 LIKE 运算符对字符串进行模糊查询时，一个下画线通配符可匹配多个字符。 (   )

3. 比较运算符 < 用于判断右侧操作数是否小于左侧的操作数。 (   )

4. 在 SELECT 语句中可以使用 AS 关键字指定表名的别名或字段的别名，AS 关键字也可以省略不写。 (   )

5. COUNT (*) 不统计字段值为 NULL 的数据。 (   )

三、选择题

1. 下列选项中，若要查询 test 数据表中 id 值不在 2~5 范围内的数据，正确的 SQL 语句是 (   )。

A. SELECT * FROM test WHERE id!=2,3,4,5;

B. SELECT * FROM test WHERE id NOT BETWEEN 5 AND 2;

C. SELECT * FROM test WHERE id NOT BETWEEN 2 AND 5;

D. SELECT * FROM test WHERE id NOT IN 2,3,4,5;

2. 在 MySQL 中，用于匹配任意长度字符串的通配符是 (   )。

A. %　　B. *　　C. _　　D. ?

3. 在 MySQL 中，用于计算指定字段中的最大值的聚合函数是 (   )。

A. SUM ()　　B. MAX ()　　C. MIN ()　　D. COUNT ()

4. 下列选项中，若要查询 test 数据表中 id 字段值小于 5 并且 gender 字段值为“女”的学生姓名，正确的 SQL 语句是 (   )。

A. SELECT name FROM test WHERE id<5 OR gender='女';

B. SELECT name FROM test WHERE id<5 AND gender='女';

C. SELECT name FROM test WHERE id<5,gender='女';

D. SELECT name FROM test WHERE id<5 AND WHERE gender='女';

5. 下列关于 MySQL 逻辑运算符的说法中，错误的是 (   )。

A. 运算符 NOT 表示逻辑“非”，返回和操作数相反的结果

B. AND 运算符用于连接两个或多个查询条件，只要满足其中一个条件，对应的数据就会被返回

C. OR 运算符用于连接多个查询条件，只要满足任意一个查询条件，对应的数据就会被查询出来

D. AND 和 OR 一起使用时，先运算 AND 两边的条件表达式，再运算 OR 两边的条件表达式

四、简答题

1. 请简述 MySQL 中 COUNT (*) 和 COUNT (字段) 的区别。

2. 请简述 MySQL 中如何使用 SQL 语句将 test 数据表的别名设置为 t。

第 5 章

多表操作

PPT：第 5 章　多表操作

PPT

教学设计：第 5 章　多表操作

学习目标

知识目标	• 熟悉连接查询的语法，能够区分每种连接查询的作用 • 熟悉子查询的语法，能够区分每种子查询的作用 • 熟悉外键约束的概念，能够说明外键约束的作用
技能目标	• 掌握连接查询操作，能够根据不同场景使用交叉连接查询、内连接查询和外连接查询 • 掌握子查询操作，能够根据不同的需求使用标量子查询、列子查询、行子查询、表子查询和 EXISTS 子查询 • 掌握数据表中外键约束的使用方法，能够在数据表中设置外键约束，并操作具有外键约束的关联表中的数据

第4章的数据操作都是基于一张数据表完成的，即单表操作。而在实际开发中，表与表之间可能存在联系，有时需要基于两张或多张数据表进行操作，即多表操作。本章将讲解多表操作的相关知识，包括连接查询、子查询和外键约束。

5.1 连接查询

在关系数据库中，如果想要同时获得多张数据表中的数据，可以将多张数据表中相关联的字段进行连接，并对连接后的数据表进行查询，这样的查询方式称为连接查询。在MySQL中，连接查询包括交叉连接查询、内连接查询和外连接查询。本节将对不同的连接查询进行讲解。

任务5.1.1 交叉连接查询

任务需求

公司新来的总监想要了解员工和部门的信息，需要小明在“员工管理系统”中增加查询员工和部门的功能，要求将员工信息与员工所属的部门信息显示在同一个结果中。考虑到员工信息涉及员工表（emp），部门信息涉及部门表（dept），如果要同时显示这两张表中的数据，需要将这两张表进行连接。小明回想起之前学过的笛卡儿积，可以将两张数据表连接在一起，而在MySQL中，若想要得到一个笛卡儿积的查询结果，则需要通过交叉连接查询来实现。

由于小明对交叉连接查询还不熟悉，他打算先在自己计算机中的ems数据库中创建一个部门表用于练习。创建部门表的SQL语句如下。

```
CREATE TABLE dept (
    deptno INT PRIMARY KEY AUTO_INCREMENT COMMENT '部门编号',
    dname varchar(14) NOT NULL COMMENT '部门名称'
) COMMENT '部门表';
```

创建成功后，向部门表中添加4条模拟数据，添加数据的SQL语句如下。

```
INSERT INTO dept (deptno,dname) VALUES
(10,'总裁办'),
(20,'研究院'),
(30,'销售部'),
(40,'运营部');
```

知识储备

交叉连接查询语法

交叉连接（CROSS JOIN）查询是笛卡儿积在SQL中的实现，查询结果由第一张表的每一行与第二张表的每一行连接组成。例如，数据表A有4条数据，数据表B有10条数据，如果对这两张数据表进行交叉连接查询，那么交叉连接查询后的笛卡儿积就有40（4×10）条数据。

理论微课5-1：交叉连接查询语法

交叉连接查询的基本语法如下。

```
SELECT *|{字段名 [,...]} FROM 表1 CROSS JOIN 表2;
```

在上述语法中，字段名是指需要查询的字段名称，CROSS JOIN 关键字用于连接两个要查询的数据表。

上述语法也可以简写成如下形式。

```
SELECT *|{字段名 [,...]} FROM 表1, 表2;
```

说明：

交叉连接查询没有实际数据价值，只是丰富了连接查询的完整性，在实际应用中应避免使用交叉连接查询，而是使用具体的条件对数据进行有目的的查询。

任务实现

实操微课 5-1：任务 5.1.1 交叉连接查询

根据任务需求，获取每一个员工和相关联部门的信息，需要使用 CROSS JOIN 关键字对员工表和部门表进行交叉连接查询。本任务的具体实现步骤如下。

① 选择 ems 数据库，具体 SQL 语句及执行结果如下。

```
mysql> USE ems;
Database changed
```

② 使用交叉连接查询员工表和部门表的所有数据，具体 SQL 语句及执行结果如下。

```
mysql> SELECT * FROM emp CROSS JOIN dept;
+-------+-------+-----+------+----------+-------+--------+--------+-------+
| empno | ename | job | mgr  | sal      | bonus | deptno | deptno | dname |
+-------+-------+-----+------+----------+-------+--------+--------+-------+
|  9839 | 刘一  | 总监 | NULL | 16000.00 |  NULL |     10 |     40 | 运营部 |
|  9839 | 刘一  | 总监 | NULL | 16000.00 |  NULL |     10 |     30 | 销售部 |
|  9839 | 刘一  | 总监 | NULL | 16000.00 |  NULL |     10 |     20 | 研究院 |
|  9839 | 刘一  | 总监 | NULL | 16000.00 |  NULL |     10 |     10 | 总裁办 |
|  9982 | 陈二  | 经理 | 9839 | 13450.00 |  NULL |     10 |     40 | 运营部 |
|  9982 | 陈二  | 经理 | 9839 | 13450.00 |  NULL |     10 |     30 | 销售部 |
|  9982 | 陈二  | 经理 | 9839 | 13450.00 |  NULL |     10 |     20 | 研究院 |
|  9982 | 陈二  | 经理 | 9839 | 13450.00 |  NULL |     10 |     10 | 总裁办 |
|  9639 | 张三  | 助理 | 9902 |  2499.00 |  NULL |     20 |     40 | 运营部 |
|  9639 | 张三  | 助理 | 9902 |  2499.00 |  NULL |     20 |     30 | 销售部 |
|  9639 | 张三  | 助理 | 9902 |  2499.00 |  NULL |     20 |     20 | 研究院 |
|  9639 | 张三  | 助理 | 9902 |  2499.00 |  NULL |     20 |     10 | 总裁办 |
|  9566 | 李四  | 经理 | 9839 | 13995.00 |  NULL |     20 |     40 | 运营部 |
|  9566 | 李四  | 经理 | 9839 | 13995.00 |  NULL |     20 |     30 | 销售部 |
...因篇幅有限，此处省略了其他的数据
+-------+-------+-----+------+----------+-------+--------+--------+-------+
44 rows in set (0.02 sec)
```

在上述执行结果中，员工表中的 11 条数据与部门表中的 4 条数据进行了交叉连接，共查询出 44（11×4）条数据。查询出的字段数为 9，即员工表的 7 个字段加上部门表的 2 个字段，进行交叉连接后共查询出 9 个字段。在查询结果中，存在很多无效数据，例如，员工刘一在员工表中 deptno 字段的值为 10，那么在部门表中应该只查询出 deptno 为 10 的数据即可，其他数据则为无效数据。在后面的任务中将会去掉这些无效数据。

任务 5.1.2 内连接查询

任务需求

小明看到任务 5.1.1 的查询结果后，发现有很多无效数据，他对这个结果不满意，想要去掉这些无效数据。小明回想起之前学过的关系运算中，等值连接运算可以去除笛卡儿积中没有意义的记录，他推测 SQL 中应该提供了相关语法。

在查阅了相关文档后，小明了解到通过内连接查询可以满足自己的需求。为此，他学习了内连接查询相关知识，并通过实际操作掌握了内连接查询的使用。虽然遇到了一些困难，但是他通过自己的努力解决了问题，战胜了困难。在日常生活和工作中，当我们遇到挫折时也不要气馁，通过乐观积极的人生态度与持续学习的精神来克服困难。

在本任务中，小明需要使用内连接查询，查询出每一个员工和相关联部门的信息。

知识储备

内连接查询语法

理论微课 5-2：内连接查询语法

内连接（INNER JOIN）查询是将一张表中的每一条数据按照指定条件到另一张表中进行匹配，如果匹配成功，则保留数据，如果匹配失败，则不保留数据。内连接查询返回的结果是参与连接的两张数据表中的交集部分。

MySQL 中内连接查询分为隐式内连接查询和显式内连接查询两种，隐式内连接查询语法相对简单，基本语法如下。

```
SELECT *|{字段名[,...]} FROM 表1, 表2 WHERE 连接条件;
```

在上述语法中，使用 WHERE 子句完成条件的限定，根据连接条件返回所有匹配成功的数据，不会保留匹配失败的数据。

显式内连接查询在查询多张表时执行速度比隐式内连接查询快，显式内连接查询的基本语法如下。

```
SELECT *|{字段名[,...]} FROM 表1 [INNER] JOIN 表2 ON 连接条件;
```

实操微课 5-2：任务 5.1.2 内连接查询

在上述语法中，INNER JOIN 用于连接两张数据表，其中 INNER 可以省略，ON 用来设置内连接的连接条件，在不设置 ON 时，效果与交叉连接等价。由于内连接查询是对两张数据表进行操作，所以需要在连接条件中指定所操作的字段来源于哪一张数据表，如果给数据表设置了别名，则通过别名指定数据表。

任务实现

根据任务需求，要想去除任务 5.1.1 查询结果中无效的数据，应在查询时将员工表和部门表通过 deptno 字段进行内连接，具体 SQL 语句及执行结果如下。

```
mysql> SELECT * FROM emp JOIN dept ON emp.deptno=dept.deptno;
+-------+--------+--------+------+----------+---------+--------+--------+--------+
| empno | ename  | job    | mgr  | sal      | bonus   | deptno | deptno | dname  |
+-------+--------+--------+------+----------+---------+--------+--------+--------+
|  9839 | 刘一   | 总监   | NULL | 16000.00 |    NULL |     10 |     10 | 总裁办 |
|  9982 | 陈二   | 经理   | 9839 | 13450.00 |    NULL |     10 |     10 | 总裁办 |
|  9639 | 张三   | 助理   | 9902 |  2499.00 |    NULL |     20 |     20 | 研究院 |
|  9566 | 李四   | 经理   | 9839 | 13995.00 |    NULL |     20 |     20 | 研究院 |
|  9988 | 王五   | 分析员 | 9566 |  4000.00 |    NULL |     20 |     20 | 研究院 |
|  9902 | 赵六   | 分析员 | 9566 |  4000.00 |    NULL |     20 |     20 | 研究院 |
|  9499 | 孙七   | 销售   | 9698 |  4600.00 |  300.00 |     30 |     30 | 销售部 |
|  9521 | 周八   | 销售   | 9698 |  4250.00 |  500.00 |     30 |     30 | 销售部 |
|  9654 | 吴九   | 销售   | 9698 |  4250.00 | 1400.00 |     30 |     30 | 销售部 |
|  9844 | 郑十   | 销售   | 9698 |  4500.00 |    0.00 |     30 |     30 | 销售部 |
|  9900 | 萧十一 | 助理   | 9698 |  2350.00 |    NULL |     30 |     30 | 销售部 |
+-------+--------+--------+------+----------+---------+--------+--------+--------+
11 rows in set (0.00 sec)
```

在上述 SELECT 语句中，使用内连接查询匹配部门的员工信息，如果满足 emp.deptno = dept.deptno 则保留匹配结果，否则不保留。从执行结果可以看出，查询出每一个员工和对应部门的所有数据。

知识拓展

1. 自连接查询语法

在连接查询中，将一张数据表与它自身连接，这种查询方式称为自连接查询。自连接相互连接的数据表在物理上为同一张数据表，但逻辑上分为两张数据表。

理论微课 5-3：自连接查询语法

自连接查询的基本语法如下。

```
SELECT *|{字段名 [,...]} FROM 表 1 别名 1 JOIN 表 1 别名 2 ON 连接条件 ;
```

在上述语法中，表 1 指定了别名 1 和别名 2，连接条件中对所有查询字段的引用必须使用表的别名，如“别名 1. 字段”“别名 2. 字段”。

注意：

在自连接查询中，必须为表设置别名，因为自连接查询是将一张数据表当成两张数据表来对待，需要通过别名对两张数据表进行区分。

2. 联合查询语法

联合查询是多表查询的一种方式，它是将多个查询结果合并成一个结果显示。联合查询的基本语法如下。

理论微课 5-4：联合查询语法

```
SELECT *|{字段名 [,...]} FROM 表 1 ...
UNION [ALL|DISTINCT]
SELECT *|{字段名 [,...]} FROM 表 2 ...;
```

在上述语法中，UNION 是实现联合查询的关键字，ALL 关键字和 DISTINCT 关键字是联合查询的可选项。ALL 关键字表示保留所有查询结果，DISTINCT 关键字表示去除查询结果中完全重复的数据，为默认选项。需要注意的是，多个联合查询的字段数量必须一致，联合查询的字段来源于第一条查询语句的字段。

任务 5.1.3 外连接查询

任务需求

总监想要统计每个部门的人数，即使部门人数为 0，也要包含在统计结果中。小明尝试使用内连接结合 GROUP BY 进行统计，发现结果不能满足总监的要求，这是因为内连接只能查找到两张数据表中交集部分的数据，不保留匹配失败的数据。在查阅了相关文档后，小明了解到使用外连接可以查找出符合条件的数据，同时也会保留未匹配成功的数据。为此，他打算使用外连接查询，实现统计各部门的人数。

知识储备

外连接查询语法

前面讲的内连接查询，返回结果是符合连接条件的数据，然而有时除了要查询出符合条件的数据外，还需要查询出其中一张数据表中符合条件之外的其他数据，此时就需要使用外连接查询。

理论微课 5-5：外连接查询语法

MySQL 中外连接查询分为左外连接（LEFT JOIN）查询和右外连接（RIGHT JOIN）查询。下面分别进行讲解。

左外连接查询是用左表的记录匹配右表的记录，查询结果中包括左表中的所有记录，以及右表中满足连接条件的记录。如果左表的某条记录在右表中不存在，则右表中对应字段的值显示为 NULL。左外连接查询的基本语法如下。

```
SELECT 表名.字段名 [,...] FROM 左表 LEFT [OUTER] JOIN 右表 ON 连接条件;
```

在上述语法中，由于涉及两张数据表，所以字段名前需要指定要查询数据表的名称，可以使用别名。左外连接查询的结果包含 LEFT JOIN 子句中左表的所有数据，以及右表中满足连接条件的数据。

右外连接查询是用右表的记录匹配左表的记录，查询结果中包括右表中的所有记录，以及左表中满足连接条件的记录。如果右表的某条记录在左表中不存在，则左表中对应字段的值显示为 NULL。右外连接查询的基本语法如下。

```
SELECT 表名.字段名 [,...] FROM 左表 RIGHT [OUTER] JOIN 右表 ON 连接条件;
```

在上述语法中，字段名前需要指定要查询数据表的名称，可以使用别名。右外连接查询的结果包含 RIGHT JOIN 子句中右表的所有数据，以及左表中满足连接条件的数据。

说明：

左外连接查询和右外连接查询是可以相互替换的。当 LEFT JOIN 和 RIGHT JOIN 相互替换时，将左、右表的位置也相互替换，即可得到相同的结果。

任务实现

实操微课 5-3：任务 5.1.3 外连接查询

根据任务需求，要想统计每个部门的人数，可以使用外连接结合 GROUP BY 来完成，查询结果包含部门名称和部门人数即可，具体 SQL 语句及执行结果如下。

```
mysql> SELECT d.dname,COUNT(e.empno) FROM emp e RIGHT JOIN dept d
    -> ON e.deptno=d.deptno GROUP BY d.dname;
+-------+----------------+
| dname | COUNT(e.empno) |
+-------+----------------+
| 总裁办 |              2 |
| 研究院 |              4 |
| 销售部 |              5 |
| 运营部 |              0 |
+-------+----------------+
4 rows in set (0.01 sec)
```

在上述 SELECT 语句中，使用左外连接查询将员工表 emp 和部门表 dept 通过 deptno 字段进行连接。查询涉及两张表，所以给两张表都设置了别名。在查询结果中，显示了各部门的员工人数，运营部没有员工，也出现在查询结果中，符合任务需求。

5.2 子查询

子查询是指在一个 INSERT、UPDATA、DELETE 或 SELECT 语句中嵌套一条 SELECT 语句，并将被嵌套的 SELECT 语句的查询结果作为是否执行的条件或查询的数据源。其中，被嵌套的 SELECT 语句称为子查询语句。子查询语句是一条完整的 SELECT 语句，能够独立执行，并且需要使用小括号包括。子查询有多种方式，包括标量子查询、列子查询、行子查询、表子查询和 EXISTS 子查询，本节将对这些子查询方式分别进行讲解。

任务 5.2.1 标量子查询

任务需求

为了方便管理各个部门，总监想要在“员工管理系统”中以部门名称作为条件查询该部门的所有员工，现在需要小明开发相应的功能。

员工信息可以从员工表中获取，但是部门名称无法从员工表中找到。要想根据部门名称查找员工信息，需要先到部门表中查询部门名称对应的部门编号，然后再使用部门编号在员工表中查找员工信息。虽然分两次查询可以实现需求，但是考虑到比较麻烦，小明想使用更简便的查询方式，他做了许多尝试，最终打算以标量子查询的方式实现只用一条 SQL 语句完成查询需求。小明的这种做法展现了创新思维、坚持不懈努力的品质和较强的学习能力。我们遇事也要多动脑，激发自己的潜能，提升自己的创造力。

在本任务中，小明以查询“销售部”的所有员工为例，利用标量子查询完成“销售部”所有员工信息的查询。

知识储备

标量子查询语法

标量子查询是一种返回结果为一行一列数据的子查询。标量子查询位于 WHERE 之后，通常与运算符 =、<>、>、>=、<、<= 结合使用。

理论微课 5-6：标量子查询语法

在 SELECT 语句中使用标量子查询的基本语法如下。

```
SELECT *|{字段名[,...]} FROM 表名 WHERE 字段名{=|<>|>|>=|<|<=}
(SELECT 字段名 FROM 表名 [WHERE] [GROUP BY] [HAVING] [ORDER BY] [LIMIT]);
```

在上述语法中，利用运算符判断标量子查询语句返回的数据是否与指定的条件相匹配，然后根据判断结果完成数据的查询。

实操微课 5-4：任务 5.2.1 标量子查询

任务实现

根据任务需求，先从部门表中查找出部门名称为“销售部”的部门编号 deptno，然后在员工表中查找所有符合该部门编号的员工，具体 SQL 语句及执行结果如下。

```
mysql> SELECT * FROM emp WHERE deptno=
    -> (SELECT deptno FROM dept WHERE dname='销售部');
+-------+--------+------+------+---------+---------+--------+
| empno | ename  | job  | mgr  | sal     | bonus   | deptno |
+-------+--------+------+------+---------+---------+--------+
|  9499 | 孙七   | 销售 | 9698 | 4600.00 |  300.00 |     30 |
|  9521 | 周八   | 销售 | 9698 | 4250.00 |  500.00 |     30 |
|  9654 | 吴九   | 销售 | 9698 | 4250.00 | 1400.00 |     30 |
|  9844 | 郑十   | 销售 | 9698 | 4500.00 |    0.00 |     30 |
|  9900 | 萧十一 | 助理 | 9698 | 2350.00 |    NULL |     30 |
+-------+--------+------+------+---------+---------+--------+
5 rows in set (0.00 sec)
```

在上述 SELECT 语句中，使用运算符“=”将子查询语句返回的部门编号 deptno 与员工表中的数据相匹配，当员工表中 deptno 的值等于子查询返回的 deptno 的值时，返回员工信息。由执行结果可知，销售部有 5 位员工，分别为孙七、周八、吴九、郑十和萧十一。

任务 5.2.2 列子查询

任务需求

总监想要了解公司中哪些部门拥有助理，为此需要“员工管理系统”中增加相应的查询功能。为了完成这个需求，小明需要先在员工表中查询所有助理所属的部门 id，然后根据部门 id 到部门表中查询部门信息。

在本任务中，小明打算使用列子查询的方式查询出部门表中拥有助理的部门。

知识储备

列子查询语法

理论微课 5-7：列子查询语法

列子查询是一种返回结果为一列多行数据的子查询。列子查询位于 WHERE 之后，通常与运算符 IN、NOT IN、ANY、SOME 和 ALL 结合使用。列子查询常用的运算符见表 5-1。

表 5-1 列子查询常用的运算符

运算符	说明
IN	在指定集合范围之内，多选一
NOT IN	不在指定集合范围之内
ANY	子查询返回列表中，有任意一个满足条件即可
SOME	与 ANY 作用相同
ALL	子查询返回的所有值都必须满足

表 5-1 中，ANY 和 ALL 运算符需要和 =、<>、>、>=、<、<= 结合使用。ANY 表示与子查询返回的任意值进行比较，如果结果为 TRUE，则返回 TRUE。ALL 表示与子查询返回的所有值进行比较，如果结果为 TRUE，则返回 TRUE。

在 SELECT 语句中使用列子查询的基本语法如下。

```
SELECT *|字段 FROM 表名 WHERE 字段名 {IN|NOT IN|ANY|SOME|ALL}
(SELECT 字段名 FROM 表名 [WHERE] [GROUP BY] [HAVING] [ORDER BY] [LIMIT]);
```

在上述语法中，列子查询利用运算符判断子查询语句返回的数据是否与指定的条件相匹配。例如，利用 IN 或 NOT IN 运算符判断指定的条件是否在子查询语句返回的结果集中，然后根据比较结果完成数据查询。

任务实现

实操微课 5-5：任务 5.2.2 列子查询

根据任务需求，要想查询拥有助理的部门信息，可以使用列子查询来完成。先从员工表中查找出员工职位为助理的员工的部门编号 deptno，然后在部门表中查找部门编号 deptno 对应的部门，具体 SQL 语句及执行结果如下。

```
mysql> SELECT * FROM dept WHERE deptno IN
    -> (SELECT deptno FROM emp WHERE job='助理');
+--------+--------+
| deptno | dname  |
+--------+--------+
|     20 | 研究院 |
|     30 | 销售部 |
+--------+--------+
2 rows in set (0.00 sec)
```

从上述执行结果可知，研究院和销售部这两个部门拥有职位为助理的员工。

任务 5.2.3 行子查询

任务需求

公司中的部分员工为公司做出了巨大贡献，总监想要调整这部分员工的薪资，出于调薪的合理性，他需要了解与这些员工薪资相同并且属于同一个直属领导的员工信息。

假设员工吴九为公司做出了巨大贡献，该员工的薪资和直属上级编号可以从员工表中获取，但还要根据吴九的薪资和直属上级编号查找其他员工的信息，这就需要使用两个标量子查询来完成，如下所示。

```
SELECT * FROM emp WHERE sal=(SELECT sal FROM emp WHERE ename='吴九')
AND mgr=(SELECT mgr FROM emp WHERE ename='吴九') AND ename<>'吴九';
```

虽然使用两个标量子查询可以完成查询需求，但这种查询方式效率较低。小明查阅了相关资料，发现使用行子查询可以更快速地完成这个需求。在本任务中，小明将使用行子查询来完成查询需求。

知识储备

行子查询语法

行子查询是一种返回结果为一行多列数据的子查询。行子查询位于WHERE之后，通常与运算符=、<>、IN和NOT IN结合使用。

理论微课 5-8：行子查询语法

在SELECT语句中使用行子查询的基本语法如下。

```
SELECT *|{字段名[,...]} FROM 表名 WHERE {指定字段名1,指定字段名2,...}
{=|<>|IN|NOT IN} (SELECT 字段名[,...] FROM 表名[WHERE] [GROUP BY] [HAVING]
[ORDER BY] [LIMIT]);
```

在上述语法中，行子查询利用运算符将子查询语句返回的数据与指定的条件进行比较，然后根据比较结果完成数据查询。例如，通过“=”运算符实现行子查询的结果必须全部与指定字段相等时才满足条件。

任务实现

根据任务需求，要想使用行子查询获取员工表中薪资和直属领导都与吴九相同的员工信息，首先需要从员工表中查询出吴九的基本工资sal及直属领导mgr的数据，然后根据查询返回的结果，在员工表中找到与吴九的基本工资和直属领导都相同的员工信息，具体SQL语句及执行结果如下。

实操微课 5-6：任务 5.2.3 行子查询

```
mysql> SELECT * FROM emp WHERE (sal,mgr)=
    -> (SELECT sal,mgr FROM emp WHERE ename='吴九') AND ename<>'吴九';
+-------+-------+------+------+---------+--------+--------+
| empno | ename | job  | mgr  | sal     | bonus  | deptno |
```

```
+-------+-------+-----+-----+---------+--------+--------+
|  9521 | 周八   | 销售 | 9698 | 4250.00 | 500.00 |     30 |
+-------+-------+-----+-----+---------+--------+--------+
1 rows in set (0.00 sec)
```

在上述 SELECT 语句中，使用运算符“=”将子查询语句返回的 sal 和 mgr 的值与员工表中的数据进行匹配。从执行结果可以看出，查询到员工周八的信息。

任务 5.2.4 表子查询

任务需求

总监想要查询基本工资在 3000 元以下的员工信息和这些员工所在部门的信息。小明接到任务后，想到的步骤是：首先查询基本工资在 3000 元以下的员工信息，然后根据员工所在部门的 id 在部门表中查询部门信息。但是这需要多次查询才能完成，比较麻烦。经过查阅资料，小明认为通过表子查询可以更快速地完成这个需求。

在本任务中，小明打算使用表子查询的方式查询基本工资在 3000 元以下的员工信息和员工所在部门的信息。

知识储备

表子查询语法

表子查询是一种返回结果为多行多列数据的子查询。表子查询多位于 FROM 关键字之后，通常与运算符 IN 结合使用。

理论微课 5-9：表子查询语法

在 SELECT 语句中使用表子查询的基本语法如下。

```
SELECT *|字段名[,...] FROM (表子查询) [AS] 别名 [WHERE] [GROUP BY] [HAVING]
[ORDER BY] [LIMIT];
```

在上述语法中，FROM 关键字后跟的表子查询用来提供数据源，并且必须为表子查询设置别名。

任务实现

实操微课 5-7：任务 5.2.4 表子查询

根据任务需求，要想查询基本工资在 3000 元以下的员工信息和员工所在部门的信息，先从员工表中查询基本工资 sal 低于 3000 元的员工信息，以此为数据源，再查询对应的部门信息，具体 SQL 语句及执行结果如下。

```
mysql> SELECT e.*,d.dname FROM (SELECT * FROM emp WHERE sal<3000) e,
    -> dept d WHERE e.deptno=d.deptno;
+-------+--------+------+------+---------+------+--------+--------+
| empno | ename  | job  | mgr  | sal     | bonus| deptno | dname  |
+-------+--------+------+------+---------+------+--------+--------+
|  9639 | 张三    | 助理  | 9902 | 2499.00 | NULL |     20 | 研究院  |
|  9900 | 萧十一  | 助理  | 9698 | 2350.00 | NULL |     30 | 销售部  |
+-------+--------+------+------+---------+------+--------+--------+
2 rows in set (0.00 sec)
```

在上述语句中，表子查询用于获取员工表中基本工资低于3000元的员工信息，然后将子查询结果作为数据源，并为数据源设置别名 e。因为需要查询部门信息，所以在外层的 SELECT 语句中使用内连接将数据表 e 和部门表 dept 通过 deptno 字段进行连接。从执行结果可以看出，查询出张三和萧十一的员工信息和部门信息。

任务 5.2.5 EXISTS 子查询

任务需求

总监想要查询每个部门中是否存在工资在指定范围内的员工，如果存在，就显示这些员工所在的部门信息。针对这样的需求，小明打算通过 EXISTS 子查询实现。假设要查询的工资范围为3000~6000，首先在员工表中查询工资范围为3000~6000的员工信息，如果有符合条件的员工，就显示这些员工所在的部门信息。

在本任务中，小明需要使用 EXISTS 子查询查找工资范围为3000~6000的员工的部门信息。

知识储备

理论微课 5-10：EXISTS 子查询语法

EXISTS 子查询语法

EXISTS 子查询用于判断满足给定条件的记录是否存在。EXISTS 子查询位于 WHERE 之后。在 SELECT 语句中使用 EXISTS 子查询的基本语法如下。

```
SELECT *|字段名 [,...] FROM 表名 WHERE EXISTS (SELECT * FROM 表名 [WHERE]
[GROUP BY] [HAVING] [ORDER BY] [LIMIT]);
```

在上述语法中，使用 EXISTS 子查询时，会根据 EXISTS 子查询返回的结果来决定是否保留外层语句查询出的行，如果子查询的条件满足，保留对应的行，否则舍弃对应的行。由于 EXISTS 子查询的结果取决于子查询是否查到了行，而不取决于行的内容，因此子查询的字段列表无关紧要，可以使用 * 代替。

任务实现

实操微课 5-8：任务 5.2.5 EXISTS 子查询

根据任务需求，要想查询工资范围为3000~6000的员工的部门信息，首先确定获取的部门信息来源于部门表，然后使用 EXISTS 子查询设置查询条件，查找部门中是否存在工资范围为3000~6000的员工，将符合条件的部门信息返回，具体 SQL 语句及执行结果如下。

```
mysql> SELECT * FROM dept d WHERE EXISTS (SELECT * FROM emp e WHERE
    -> e.deptno=d.deptno AND e.sal>=3000 AND e.sal<=6000);
+--------+-------+
| deptno | dname |
+--------+-------+
|     20 | 研究院 |
|     30 | 销售部 |
+--------+-------+
2 rows in set (0.00 sec)
```

在上述语法中，外层 SELECT 语句会将查询到的 d.deptno 依次传递给子查询，在子查询中判断 d.deptno 对应的部门是否存在工资范围为 3000~6000 的员工。从执行结果可以看出，研究院和销售部这两个部门存在工资范围为 3000~6000 的员工。

5.3 外键约束

在设计数据库时，为了保证多个相关联的数据表中数据的完整性，可以为数据表设置外键约束。发生关联的两张表称为关联表。本节将会讲解如何设置外键约束，以及如何操作具有外键约束的关联表中的数据。

任务 5.3.1 设置外键约束

任务需求

小明在维护“产品管理系统”中的产品表（product）和产品分类表（category）时，发现产品分类表中有一些分类被删除，但是产品表中仍然有一些产品正在使用被删除的分类编号。考虑到产品表中的分类编号字段和产品分类表中的分类编号字段是有联系的，为了保证数据的完整性，可以为这两个数据表建立外键约束。

为了练习外键约束的使用，小明打算在自己计算机的 pms 数据库中为产品表设置外键约束，具体要求如下。

① 创建产品分类表。产品分类表的表结构见表 5-2。

表 5-2 产品分类表的表结构

字段名称	数据类型	主键	备注说明
categoryno	INT	√	分类编号
cname	VARCHAR (20)		分类名称

② 分别给产品表和产品分类表中添加模拟数据。

③ 给产品表中的分类编号字段设置外键约束，关联产品分类表中的主键，即 categoryno 分类编号字段。

说明：

本任务需要用到 2.4 节创建的产品表，如果读者的 pms 数据库中不存在产品表，可以按照 2.4 节的相关内容进行创建。

知识储备

1. 外键约束概述

外键约束可以使两张数据表通过外键紧密结合起来，形成关联表。对于添加了外键约束的关联表，数据的添加、更新和删除操作会受到一定的约束。

理论微课 5-11：外键约束概述

在 MySQL 中，通过 FOREIGN KEY 关键字可以设置外键约束。对于设置了外键约束的两个关联表，主键所在的表称为主表，外键所在的表称为从表。

下面演示产品表和产品分类表数据之间的关联。假设为产品表的 categoryno 字段设置外键约束，使其关联产品分类表中的主键字段 categoryno，如图 5-1 所示。

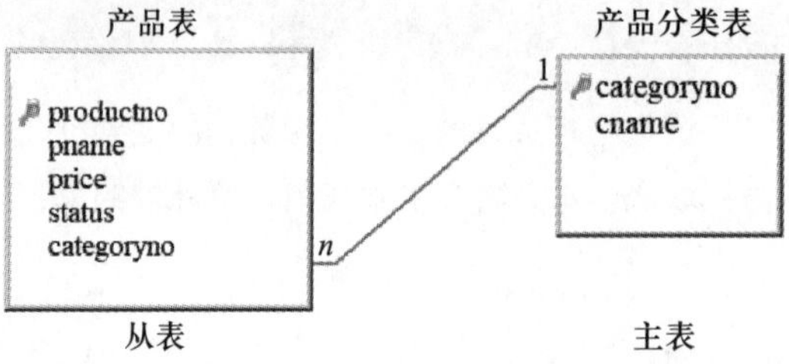

图 5-1 产品表和产品分类表数据之间的关联

图 5-1 中左侧为产品表，保存产品的基本信息，包括 productno（产品编号）、pname（产品名称）、price（产品价格）、status（产品状态）和 categoryno（分类编号）。其中 categoryno 关联了右侧产品分类表的主键 categoryno，那么产品表中的 categoryno 就是外键。产品分类表和产品表是一对多的联系，即一个产品分类下可以有 n 个产品。

2. 为字段设置外键约束

在 MySQL 中，外键约束可以在创建数据表时设置，也可以在修改数据表时设置，下面分别进行讲解。

理论微课 5-12：为字段设置外键约束

（1）在创建数据表时设置外键约束

在创建数据表时设置外键约束，具体语法如下。

```
CREATE TABLE 表名 (
字段名 数据类型,
...
[CONSTRAINT] [外键名称] FOREIGN KEY(外键字段名) REFERENCES 主表(主键字段名)
[ON DELETE {CASCADE | SET NULL | NO ACTION | RESTRICT}]
[ON UPDATE {CASCADE | SET NULL | NO ACTION | RESTRICT}]
);
```

在上述语法中，可选关键字 CONSTRAINT 用于定义外键名称，如果省略，MySQL 将会自动生成一个名称。需要注意的是，定义的外键名称不能加单引号或双引号，如 CONSTRAINT 'FK_ID' 或 CONSTRAINT "FK_ID" 都是错误的，如果需要可以加反引号。FOREIGN KEY 表示外键约束，REFERENCES 用于指定外键引用哪个表的主键。

ON DELETE 与 ON UPDATE 用于设置主表中的数据被删除或修改时，从表对应数据的处理办法，各参数的具体说明见表 5-3。

表 5-3 各参数的具体说明

参数	说明
CASCADE	主表中删除或更新数据时，自动删除或更新从表中对应的数据
SET NULL	主表中删除或更新数据时，使用 NULL 值替换从表中对应的数据（不适用于设置了非空约束的字段）

续表

参数	说明
NO ACTION	拒绝主表删除或修改外键关联的字段
RESTRICT	默认值，拒绝主表删除或修改外键关联的字段

表 5-3 中，在未定义 ON DELETE 和 ON UPDATE 子句时，参数 RESTRICT 是默认设置，也是最安全的设置。NO ACTION 和 RESTRICT 的作用在 MySQL 中是相同的，而在其他数据库产品中可能有区别。

（2）在修改数据表时设置外键约束

在 MySQL 中，可以使用 ALTER TABLE 语句的 ADD 子句设置外键约束，语法如下。

```
ALTER TABLE 表名
ADD [CONSTRAINT] [外键名称] FOREIGN KEY(外键字段名) REFERENCES 主表(主键字段名)
[ON DELETE {CASCADE|SET NULL|NO ACTION|RESTRICT}]
[ON UPDATE {CASCADE|SET NULL|NO ACTION|RESTRICT}];
```

在上述语法中，ADD CONSTRAINT 表示添加约束；外键名称是可选参数，用来指定添加的外键约束的名称；ON DELETE 与 ON UPDATE 与前面讲过的含义相同。

理论微课 5-13：查看外键约束

3. 查看外键约束

利用 DESC 语句可以查看数据表中添加了外键约束的字段信息，语法如下。

```
DESC 表名 字段名;
```

在上述语法中，字段名为添加外键约束的字段名称。如果在执行结果中看到添加了外键约束的字段的 Key 值为 MUL，说明 MySQL 自动为没有索引的外键字段创建了索引。

另外，也可以使用 SHOW CREATE TABLE 查看数据表的详细结构，语法如下。

```
SHOW CREATE TABLE 表名;
```

4. 删除外键约束

如果想要解除两张表之间的关联，可以使用 ALTER TABLE 语句的 DROP 子句删除外键约束。删除外键约束的语法如下。

理论微课 5-14：删除外键约束

```
ALTER TABLE 表名 DROP FOREIGN KEY 外键名称;
```

删除字段的外键约束后，在查看外键约束时，字段的 Key 值依然为 MUL，这是因为删除外键约束时，并不会自动删除索引。

若要在删除外键约束的同时删除索引，则需要通过手动删除索引的方式完成，具体 SQL 语句如下。

```
ALTER TABLE 表名 DROP KEY 外键索引名称;
```

■ 任务实现

根据任务需求，想要给产品表中的分类编号字段设置外键约束，需要先按照表 5-2 的表结构创建产品分类表，考虑到产品表和产品分类表之间需要通过分类编号字段 categoryno 建立外键约束，这里选择使用 ALTER TABLE 语句的 ADD 子句为产品表中的 deptno 字段设置外键约束。设置完成后，查看产品表中的外键约束。本任务的具体实现步骤如下。

实操微课 5-9：任务 5.3.1 设置外键约束

① 选择 pms 数据库，具体 SQL 语句及执行结果如下。

```
mysql> USE pms;
Database changed
```

② 根据表 5-2 完成产品分类表的创建，具体 SQL 语句及执行结果如下。

```
mysql> CREATE TABLE category (
    ->   categoryno INT PRIMARY KEY COMMENT '分类编号',
    ->   cname VARCHAR(20) COMMENT '分类名称'
    -> ) COMMENT '产品分类表';
Query OK, 0 rows affected (0.05 sec)
```

③ 向产品分类表中添加 3 条模拟数据，具体 SQL 语句及执行结果如下。

```
mysql> INSERT INTO category (categoryno,cname) VALUES
    -> (1,'家电'),
    -> (2,'服饰'),
    -> (3,'化妆品');
Query OK, 3 rows affected (0.00 sec)
Records: 3  Duplicates: 0  Warnings: 0
```

④ 向产品表中添加 9 条模拟数据，具体 SQL 语句及执行结果如下。

```
mysql> INSERT INTO product (pname,price,categoryno)VALUES
    -> ('电视',4500.00,1),
    -> ('空调',5000.00,1),
    -> ('洗衣机',3000.00,1),
    -> ('衬衫',800.00,2),
    -> ('西服',400.00,2),
    -> ('羽绒服',1000.00,2),
    -> ('口红',2900.00,3),
    -> ('爽肤水',500.00,3),
    -> ('粉底液',300.00,3);
Query OK, 9 rows affected (0.00 sec)
Records: 9  Duplicates: 0  Warnings: 0
```

⑤ 使用 ALTER TABLE 语句的 ADD 子句为产品表中的分类编号字段设置外键约束，关联产品分类表中的主键字段 categoryno，具体 SQL 语句及执行结果如下。

```
mysql> ALTER TABLE product ADD CONSTRAINT fk_product_categoryno
    -> FOREIGN KEY(categoryno) REFERENCES category(categoryno);
Query OK, 9 rows affected (0.11 sec)
Records: 9  Duplicates: 0  Warnings: 0
```

在上述语句中，定义外键约束名称为 fk_product_categoryno。

⑥ 使用 SHOW CREATE TABLE 语句查看产品表的创建语句，验证字段 categoryno 是否成功添加外键，具体 SQL 语句及执行结果如下。

```
mysql> SHOW CREATE TABLE product\G
*************************** 1. row ***************************
       Table: product
Create Table: CREATE TABLE `product` (
  `productno` int NOT NULL AUTO_INCREMENT COMMENT '产品编号',
  `pname` varchar(20) NOT NULL COMMENT '产品名称',
  `price` decimal(7,2) DEFAULT NULL COMMENT '产品价格',
  `status` int DEFAULT '1' COMMENT '产品状态',
  `categoryno` int DEFAULT NULL COMMENT '分类编号',
  PRIMARY KEY (`productno`),
  KEY `fk_product_categoryno` (`categoryno`),
  CONSTRAINT `fk_product_categoryno` FOREIGN KEY (`categoryno`)
REFERENCES `category` (`categoryno`)
  ) ENGINE=InnoDB AUTO_INCREMENT=10 DEFAULT CHARSET=utf8mb4
COLLATE=utf8mb4_0900_ai_ci COMMENT='产品表'
  1 row in set (0.00 sec)
```

从上述结果中可以看出，产品表的 categoryno 字段上创建了名称为 fk_product_categoryno 的外键，该外键引用了产品分类表中的 categoryno 字段。

任务 5.3.2 操作具有外键约束的关联表中的数据

■ 任务需求

公司对产品进行了调整，取消了分类名称为“化妆品”的产品，现需要删除产品表和产品分类表中所有与化妆品相关的数据。

考虑在任务 5.3.1 中为产品表和产品分类表建立了外键约束，小明打算操作具有外键约束的数据表，删除产品表和产品分类表中与化妆品相关的数据。

■ 知识储备

关联表的添加数据、更新数据和删除数据

理论微课 5-15：关联表的添加数据、更新数据和删除数据

在没有设置外键约束的情况下，关联表的添加数据、更新数据和删除数据操作互不影响。但是，对于添加了外键约束的关联表，添加数据、更新数据和删除数据操作将会受到一定的约束。下面分别讲解关联表的添加数据、更新数

据和删除数据。

（1）关联表添加数据

对于添加了外键约束的关联表而言，数据的添加会受到约束。一个具有外键约束的从表在添加数据时，外键字段的值会受到主表数据的约束。

若要为两张数据表添加数据，需要先为主表添加数据，再为从表添加数据。

（2）关联表更新数据

对于建立外键约束的关联数据表而言，如果对主表执行更新操作，从表将按照其设置外键约束时设置的 ON UPDATE 参数自动执行相应操作。例如，当外键约束的参数设置为 CASCADE 时，如果主表数据发生更新，则从表也会对相应的数据进行更新。

（3）关联表删除数据

对于建立外键约束的关联数据表而言，如果对主表执行删除操作，从表将按照其设置外键约束时设置的 ON DELETE 参数自动执行相应操作。例如，当外键约束的参数设置为 RESTRICT 时，如果主表数据进行删除操作，同时从表中的外键字段有关联数据，就会阻止主表的删除操作。

若要删除具有 RESTRICT 参数的主表数据时，需要先删除从表中的相关数据，再删除主表中的数据，如果直接删除主表中的数据，会删除失败。

■ 任务实现

实操微课 5-10：任务 5.3.2 操作具有外键约束的关联表中的数据

根据任务需求，要想删除产品表和产品分类表中与化妆品相关的数据，需要先删除产品表中所有属于“化妆品”分类的产品，再删除产品分类表中的“化妆品”分类。本任务的具体实现步骤如下。

① 删除产品表中所有属于“化妆品”分类的产品，具体 SQL 语句及执行结果如下。

```
mysql> DELETE FROM product WHERE categoryno=
    -> (SELECT categoryno FROM category WHERE cname='化妆品');
Query OK, 3 rows affected (0.01 sec)
```

从上述执行结果可以看出，删除语句执行成功。

② 验证产品表中是否还有“化妆品”分类的产品，具体 SQL 语句及执行结果如下。

```
mysql> SELECT * FROM product WHERE categoryno=
    -> (SELECT categoryno FROM category WHERE cname='化妆品');
Empty set (0.00 sec)
```

从上述执行结果可以看出，产品表中不存在“化妆品”分类的产品。

③ 删除产品分类表中的“化妆品”分类，具体 SQL 语句及执行结果如下。

```
mysql> DELETE FROM category WHERE cname='化妆品';
Query OK, 1 row affected (0.01 sec)
```

从上述执行结果可以看出，删除语句执行成功。

④ 为了验证产品分类表中分类名称为“化妆品”的数据是否删除成功，在产品分类表中查询是否存在“化妆品”的信息，具体 SQL 语句及执行结果如下。

```
mysql> SELECT * FROM category WHERE cname='化妆品';
Empty set (0.00 sec)
```

从上述执行结果中可以看出，产品分类表中不存在分类名称为“化妆品”的信息，说明产品分类表中分类名称为“化妆品”的数据删除成功。

本章小结

本章主要对多表操作进行详细讲解。首先讲解连接查询的使用，包括交叉连接查询、内连接查询和外连接查询；然后讲解子查询的使用，包括标量子查询、列子查询、行子查询、表子查询和 EXISTS 子查询；最后讲解外键约束，包括设置外键约束、操作具有外键约束的关联表中的数据。通过本章的学习，希望读者能够掌握多表操作，为后续的学习打下坚实的基础。

课后练习

一、填空题

1. 联合查询中，________关键字表示保留所有查询结果。

2. 第 1 张数据表中有 3 条数据，第 2 张数据表中有 4 条数据，对这两张数据表进行交叉连接查询，则查询的结果中有________条数据。

3. 显式内连接查询的语法中，________关键字用来设置内连接的连接条件。

4. MySQL 中通过________关键字设置外键约束。

5. 在 MySQL 中，对于设置了外键约束的两个关联表，________键所在的表称为从表。

二、判断题

1. 子查询语句是一条完整的 SELECT 语句，能够独立执行，并且需要使用小括号进行包裹。（ ）

2. 联合查询中，DISTINCT 关键字表示去除查询结果中完全重复的数据。（ ）

3. 使用左外连接查询时，如果左表的数据无法在右表中匹配，则在结果中保留左表的数据，且右表的数据显示为 NULL。（ ）

4. 在联合查询中，UNION ALL 关键字可以保留所有查询结果。（ ）

5. 行子查询是指返回结果是一列多行的子查询。（ ）

三、选择题

1. 若表 A 有 5 条数据，表 B 有 3 条数据，两表进行交叉连接查询后的数据是（ ）。

A. 8 条　B. 15 条　C. 1 条　D. 53 条

2. 下列关于子查询的说法中，正确的是（ ）。

A. 子查询需要使用中括号进行包裹

B. 表子查询是一种返回结果为一行一列的子查询

C. 列子查询是一种返回结果为一行多列数据的子查询

D. 子查询可以分为标量子查询、列子查询、行子查询、表子查询和 EXISTS 子查询

3. 阅读如下 SQL 语句。

SELECT * FROM dept d WHERE EXISTS (SELECT * FROM emp e WHERE e.deptno = d.deptno AND e.sal >= 4000);

其中 emp 为员工表，dept 为部门表。下列选项中对该语句的功能描述正确的是（　　）。

A. 查询存在基本工资大于或等于 4000 的员工信息

B. 查询存在基本工资大于或等于 4000 的员工所对应的部门信息

C. 查询基本工资大于或等于 4000 的员工信息

D. 查询存在基本工资大于或等于 4000 的员工所对应的员工信息

4. 下列选项中，用于实现交叉连接的关键字是（　　）。

A. LEFT JOIN　　B. INNER JOIN　　C. RIGHT JOIN　　D. CROSS JOIN

5. 下列选项中，表示满足其中任意一个条件就成立的关键字是（　　）。

A. IN　　B. ON　　C. ANY　　D. ALL

四、简答题

1. 请简述子查询的概念。

2. 请简述内连接查询和外连接查询的区别。

第 6 章

索引、视图和事务

PPT：第 6 章　索引、视图和事务

教学设计：第 6 章　索引、视图和事务

学习目标

知识目标	• 熟悉索引的基本概念，能够列举 MySQL 中都有哪些索引 • 熟悉视图的基本概念，能够说明视图的优点 • 熟悉事务的概念，能够归纳事务的特性
技能目标	• 掌握索引的使用，能够创建、修改、查看和删除索引 • 掌握视图的使用，能够创建、查看、修改和删除视图 • 掌握通过视图操作数据的方法，能够通过视图对基本表的数据进行添加、修改和删除 • 掌握事务的使用，能够使用事务完成特定的功能

在 MySQL 中，索引类似书籍的目录，如果想要快速查询数据表中的数据，可以为数据表建立索引以加快数据的查询效率。使用数据库时，不仅需要提高数据的查询效率，也需要考虑数据的安全问题，MySQL 中可以创建一种虚拟表，这种虚拟表被称为视图，使用视图可以限制用户只能访问指定的结果集，从而提高数据的安全性。MySQL 中，有时还会为了完成某一功能而编写一组 SQL 语句，为了确保一组 SQL 语句操作数据的完整性，需要进行事务处理。本章将针对 MySQL 中的索引、视图和事务进行详细讲解。

6.1 索引的使用

使用 MySQL 查询数据时，若没有创建索引，默认方式是对全表进行扫描，查询出符合条件的数据。当数据表的数据量非常大、执行的 SQL 语句涉及多表连接或多个查询条件时，需要扫描很多行数据，花费很长时间。要想提高 SQL 语句的查询效率，可以给数据表创建索引。本节将对索引的使用进行讲解。

任务 6.1.1 创建索引

■ 任务需求

公司的数据库使用一段时间之后，查询速度越来越慢，现需要小明检查数据库变慢的原因，并对其进行优化。小明分析了数据库中各个数据表的情况后，发现部分数据表的数据量非常大，造成查询速度缓慢。为了解决这个问题，小明查询了相关资料，了解到给经常查询的字段创建索引可以提高查询速度。

为了练习索引的使用，小明打算给自己计算机中的员工表（emp）的员工姓名字段创建索引，并在创建索引后查看索引。

■ 知识储备

1. 索引

在关系型数据库中，索引是一种单独的、物理的存储结构，用于对数据表中一列或多列的值进行排序，为数据表创建索引可以快速找到目标数据。MySQL 中常见的索引有 5 种，具体介绍如下。

理论微课 6-1：索引

（1）普通索引

普通索引是 MySQL 中的基本索引类型，使用 KEY 或 INDEX 关键字定义，不需要添加任何限制条件。

（2）唯一性索引

当字段不能出现重复值时，可以使用唯一性索引。例如，在 emp 员工表的 ename 字段上建立唯一性索引，那么 ename 字段的值必须是唯一的。在创建唯一约束时，唯一性索引会被自动创建。需要说明的是，创建唯一性索引的字段允许有 NULL 值，且 NULL 值不会被视为重复值。

（3）主键索引

主键索引用于根据主键自身的唯一性标识每一条记录。在创建主键约束时，主键索引会被自动创建。主键索引的字段不允许有 NULL 值。

（4）全文索引

全文索引主要用于提高在数据量较大的字段中的查询效率。全文索引和 SQL 中的 LIKE 模糊查询类似，不同的是，LIKE 模糊查询适合用于在内容较少的文本中进行模糊匹配，全文索引更擅长在大量的文本中进行数据检索。全文索引只能创建在 CHAR、VARCHAR 或 TEXT 类型的字段上。

（5）空间索引

空间索引只能创建在空间数据类型的字段上，其中空间数据类型存储的空间数据是指含有位置、大小、形状以及自身分布特征等多方面信息的数据。需要注意的是，创建空间索引的字段，必须将其声明为 NOT NULL。

以上 5 种类型的索引可以在一列或多列字段上进行创建，根据创建索引的字段个数，可以将索引分为单列索引和复合索引，具体介绍如下。

（1）单列索引

单列索引是指在表中单个字段上创建索引，它可以是普通索引、唯一索引或者全文索引，只要保证该索引只对应表中一个字段即可。

（2）复合索引

复合索引是指在表中多个字段上创建索引，复合索引中字段的设置顺序遵循“最左前缀”原则，也就是在创建索引时，把使用频率最高的字段放在索引字段列表的最左边。当查询条件中使用了这些字段中的第一个字段时，该索引就会被使用。例如，在 emp 员工表的 ename 和 deptno 字段上创建复合索引，当查询条件中使用 ename 字段时，该索引才会被使用。

注意：

虽然索引可以提高数据的查询速度，但索引也会占用一定的磁盘空间，并且在创建和维护索引时，其消耗的时间是随着数据量的增加而增加的。因此，使用索引时需要综合考虑索引的优点和缺点。

使用索引的利与弊并存，读者可以通过深入了解不同索引类型的差异来衡量其使用的优缺点。这需要读者能够深入思考和分析问题，以更好地应对复杂情境，并做出正确的决策。在日常生活中，我们也应不断提升自身的认知能力，提高思考和判断能力，并通过实践不断成长，从而更好地适应不断变化的环境。

2. 在创建数据表的同时创建索引

创建数据表的同时创建索引的具体语法如下。

```
CREATE TABLE 表名 (
  字段名 数据类型 [ 字段属性 ],
   ...
  {INDEX|KEY} [ 索引名 ] [ 索引类型 ] ( 字段列表 )
  | UNIQUE [INDEX|KEY] [ 索引名 ] [ 索引类型 ] ( 字段列表 )
  | PRIMARY KEY [ 索引类型 ] ( 字段列表 )
  | {FULLTEXT|SPATIAL} [INDEX|KEY] [ 索引名 ] ( 字段列表 )
);
```

上述语法中与索引相关的选项的含义如下。

- { INDEX|KEY }：INDEX 和 KEY 为同义词，表示索引，二者选一即可。
- 索引名：可选项，表示为创建的索引定义的名称，不使用该选项时，单列索引默认使用建立索引的字段表示，复合索引默认使用第一个字段的名称作为索引名称。

- 索引类型：可选项，某些存储引擎允许在创建索引时指定索引类型，使用语法是 USING{ BTREE | HASH }，不同的存储引擎支持的索引类型也不同，例如，存储引擎 InnoDB 和 MyISAM 支持 BTREE，MEMORY 支持 BTREE 和 HASH。

理论微课 6-2：在创建数据表的同时创建索引

- UNIQUE：可选项，表示唯一性索引。
- FULLTEXT：可选项，表示全文索引。
- SPATIAL：可选项，表示空间索引。

下面分别演示在创建数据表的同时创建单列索引和复合索引，具体如下。

(1) 创建单列索引

在 ems 数据库中创建 dept_index01 数据表，在该数据表中创建单列的主键索引、唯一性索引、普通索引和全文索引，具体示例如下。

```
mysql> CREATE TABLE dept_index01 (
    ->   id INT,
    ->   deptno INT,
    ->   dname VARCHAR(20),
    ->   introduction VARCHAR(200),
    ->   PRIMARY KEY (id),        -- 创建主键索引
    ->   UNIQUE INDEX (deptno), -- 创建唯一性索引
    ->   INDEX (dname),         -- 创建普通索引
    ->   FULLTEXT (introduction)-- 创建全文索引
    -> );
Query OK, 0 rows affected (0.01 sec)
```

使用 SHOW CREATE TABLE 语句查看 dept_index01 数据表的创建信息，具体示例如下。

```
mysql> SHOW CREATE TABLE dept_index01\G
*************************** 1. row ***************************
       Table: dept_index01
Create Table: CREATE TABLE `dept_index01` (
  `id` int NOT NULL,
  `deptno` int DEFAULT NULL,
  `dname` varchar(20) DEFAULT NULL,
  `introduction` varchar(200) DEFAULT NULL,
  PRIMARY KEY (`id`),
  UNIQUE KEY `deptno` (`deptno`),
  KEY `dname` (`dname`),
  FULLTEXT KEY `introduction` (`introduction`)
) ENGINE=InnoDB DEFAULT CHARSET=utf8mb4 COLLATE=utf8mb4_0900_ai_ci
1 row in set (0.00 sec)
```

在上述执行结果中，id 字段添加了主键索引，deptno 字段添加了唯一性索引，dname 字段添加了普通索引，introduction 字段添加了全文索引。

说明：

上述示例代码只是为了演示如何在创建数据表的同时创建单列索引，而在实际开发中，一般不会添加这么多索引，因为索引本身会带来一定的性能开销，过多的索引会降低数据库写入数据和修改数据表的速度。

（2）创建复合索引

下面演示在 ems 数据库中创建 dept_multi 数据表时，在数据表的 id 和 name 字段上建立索引名为 multi 的复合索引，具体示例如下。

```
mysql> CREATE TABLE dept_multi (
    ->   id INT NOT NULL,
    ->   name VARCHAR(20) NOT NULL,
    ->   score FLOAT,
    ->   INDEX multi (id,name)
    -> );
Query OK, 0 rows affected (0.01 sec)
```

使用 SHOW CREATE TABLE 语句查看 dept_multi 数据表的创建信息，具体示例如下。

```
mysql> SHOW CREATE TABLE dept_multi\G
*************************** 1. row ***************************
       Table: dept_multi
Create Table: CREATE TABLE `dept_multi` (
  `id` int NOT NULL,
  `name` varchar(20) NOT NULL,
  `score` float DEFAULT NULL,
  KEY `multi` (`id`,`name`)
)ENGINE=InnoDB DEFAULT CHARSET=utf8mb4 COLLATE=utf8mb4_0900_ai_ci
1 row in set (0.00 sec)
```

从上述结果可以看出，id 和 name 字段上共同创建了一个名称为 multi 的普通索引。

理论微课 6-3：为已有的数据表创建索引

3. 为已有的数据表创建索引

为已有的数据表创建索引可以使用 CREATE INDEX 语句，其具体语法如下。

```
CREATE [UNIQUE|FULLTEXT|SPATIAL] INDEX 索引名
[索引类型] ON 表名 (字段列表);
```

在上述语法中，UNIQUE、FULLTEXT 和 SPATIAL 都是可选参数，分别表示唯一性索引、全文索引和空间索引。

下面演示在 ems 数据库中创建一个 dept_index02 表，具体示例如下。

```
mysql> CREATE TABLE dept_index02 (
    ->   id INT,
    ->   deptno INT,
    ->   dname VARCHAR(20),
    ->   introduction VARCHAR(200)
    -> );
Query OK, 0 rows affected (0.01 sec)
```

使用 CREATE INDEX 语句在 dept_index02 数据表的 id 字段上，建立一个名称为 unique_id 的唯一性索引，具体示例如下。

```
mysql> CREATE UNIQUE INDEX unique_id ON dept_index02 (id);
```

```
Query OK, 0 rows affected (0.01 sec)
Records: 0  Duplicates: 0  Warnings: 0
```

通过 SHOW CREATE TABLE 语句查看 dept_index02 数据表的创建信息，具体示例如下。

```
mysql> SHOW CREATE TABLE dept_index02\G
*************************** 1. row ***************************
       Table: dept_index02
Create Table: CREATE TABLE `dept_index02` (
  `id` int DEFAULT NULL,
  `deptno` int DEFAULT NULL,
  `dname` varchar(20) DEFAULT NULL,
  `introduction` varchar(200) DEFAULT NULL,
  UNIQUE KEY `unique_id` (`id`)
) ENGINE=InnoDB DEFAULT CHARSET=utf8mb4 COLLATE=utf8mb4_0900_ai_ci
1 row in set (0.00 sec)
```

从上述结果可以看出，id 字段上新增了一个名称为 unique_id 的唯一性索引。

理论微课 6-4：修改数据表的同时创建索引

4. 修改数据表的同时创建索引

使用 ALTER TABLE 语句可以在修改数据表的同时创建索引，其具体语法如下。

```
ALTER TABLE 表名
ADD {INDEX|KEY} [索引名] [索引类型] (字段列表)
| ADD UNIQUE [INDEX|KEY] [索引名] [索引类型] (字段列表)
| ADD PRIMARY KEY [索引类型] (字段列表)
| ADD {FULLTEXT|SPATIAL} [INDEX|KEY] [索引名] (字段列表);
```

下面使用 ALTER TABLE 语句在 dept_index02 数据表的 dname 字段上创建一个普通索引，具体示例如下。

```
mysql> ALTER TABLE dept_index02 ADD INDEX dname (dname);
Query OK, 0 rows affected (0.01 sec)
Records: 0  Duplicates: 0  Warnings: 0
```

使用 SHOW CREATE TABLE 语句查看 dept_index02 数据表的创建信息，具体示例如下。

```
mysql> SHOW CREATE TABLE dept_index02\G
*************************** 1. row ***************************
       Table: dept_index02
Create Table: CREATE TABLE `dept_index02` (
  `id` int DEFAULT NULL,
  `deptno` int DEFAULT NULL,
  `dname` varchar(20) DEFAULT NULL,
  `introduction` varchar(200) DEFAULT NULL,
  UNIQUE KEY `unique_id` (`id`),
  KEY `dname` (`dname`)
) ENGINE=InnoDB DEFAULT CHARSET=utf8mb4 COLLATE=utf8mb4_0900_ai_ci
1 row in set (0.00 sec)
```

从上述结果可以看出，dname 字段上新增了一个普通索引。

5. 查看索引

查看数据表中已经创建的索引信息，除了使用 SHOW CREATE TABLE 语句在数据表的创建语句中查看，还可以通过如下语法进行查看。

理论微课 6-5：查看索引

```
SHOW {INDEXES|INDEX|KEYS} FROM 表名;
```

在上述语法中，使用 INDEXES、INDEX、KEYS 含义都一样，都可以查询出数据表中所有的索引信息。

下面查看 dept_index01 数据表中的索引，具体示例如下。

```
mysql> SHOW INDEX FROM dept_index01\G
*************************** 1. row ***************************
        Table: dept_index01
   Non_unique: 0
     Key_name: PRIMARY
 Seq_in_index: 1
  Column_name: id
    Collation: A
  Cardinality: 0
     Sub_part: NULL
       Packed: NULL
         Null:
   Index_type: BTREE
      Comment:
Index_comment:
      Visible: YES
   Expression: NULL
…… 此处省略了 2 条记录
*************************** 4. row ***************************
        Table: dept_index01
   Non_unique: 1
     Key_name: introduction
 Seq_in_index: 1
  Column_name: introduction
    Collation: NULL
  Cardinality: 0
     Sub_part: NULL
       Packed: NULL
         Null: YES
   Index_type: FULLTEXT
      Comment:
Index_comment:
      Visible: YES
   Expression: NULL
4 rows in set (0.01 sec)
```

在上述执行结果中，共查询出 4 条索引信息，说明 dept_index01 数据表中创建了 4 个索引，索引信息字段的含义见表 6-1。

表 6-1 索引信息字段的含义

字段名	含义
Table	索引所在的数据表的名称
Non_unique	索引是否可以重复，0 表示不可以，1 表示可以
Key_name	索引的名称，如果索引是主键索引，则其名称为 PRIMARY
Seq_in_index	建立索引的字段序号值，默认从 1 开始
Column_name	建立索引的字段
Collation	索引字段是否有排序，A 表示有排序，NULL 表示没有排序
Cardinality	MySQL 连接时使用索引的可能性（精确度不高），值越大可能性越高
Sub_part	前缀索引的长度，如字段值都被索引，则 Sub_part 为 NULL
Packed	关键词如何被压缩，如果没有被压缩，则为 NULL
Null	索引字段是否含有 NULL 值，YES 表示含有，NO 表示不含有
Index_type	索引方式，可选值有 FULLTEXT、HASH、BTREE、RTREE
Comment	索引字段的注释信息
Index_comment	创建索引时添加的注释信息
Visible	索引对查询优化器是否可见，YES 表示可见，NO 表示不可见
Expression	使用什么表达式作为建立索引的字段，NULL 表示没有

结合表 6-1 字段的含义可知，dept_index01 数据表在 id 字段上创建了一个索引名称为 PRIMARY 的索引。

任务实现

根据任务需求，完成索引的创建和查看。由于员工表已经存在，可以通过修改数据表的方式在员工表中创建索引，具体步骤如下。

实操微课 6-1：任务 6.1.1 创建索引

① 选择 ems 数据库，具体 SQL 语句及执行结果如下。

```
mysql> USE ems;
Database changed
```

② 给员工表中的 ename 字段创建名称为 index_ename 的普通索引，具体 SQL 语句及执行结果如下。

```
mysql> ALTER TABLE emp ADD INDEX index_ename (ename);
Query OK, 0 rows affected (0.02 sec)
Records: 0  Duplicates: 0  Warnings: 0
```

③ 通过 SHOW CREATE TABLE 语句查看 emp 数据表的创建信息，验证 ename 字段是否成功创建索引，具体 SQL 语句及执行结果如下。

```
mysql> SHOW CREATE TABLE emp\G
*************************** 1. row ***************************
       Table: emp
Create Table: CREATE TABLE `emp` (
  `empno` int DEFAULT NULL COMMENT '员工编号',
  `ename` varchar(20) DEFAULT NULL COMMENT '员工姓名',
  `job` varchar(20) DEFAULT NULL COMMENT '员工职位',
  `mgr` int DEFAULT NULL COMMENT '直属上级编号',
  `sal` decimal(7,2) DEFAULT NULL COMMENT '基本工资',
  `bonus` decimal(7,2) DEFAULT NULL COMMENT '奖金',
  `deptno` int DEFAULT NULL COMMENT '所属部门的编号',
  KEY `index_ename` (`ename`)
) ENGINE=InnoDB DEFAULT CHARSET=utf8mb4 COLLATE=utf8mb4_0900_ai_ci
1 row in set (0.00 sec)
```

从上述结果可以看出，ename 字段上新增了一个名称为 index_ename 的索引。

知识拓展

分析 SQL 语句是否使用索引

在 MySQL 中除了查看数据表中的索引信息，还可以通过 EXPLAIN 命令分析执行的 SQL 语句是否使用了索引。

理论微课 6-6：分析 SQL 语句是否使用索引

下面以查询 emp 数据表中 ename 字段为“张三”的员工信息为例，分析 SQL 语句的执行情况，具体示例如下。

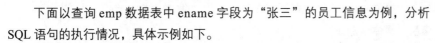

```
mysql> EXPLAIN SELECT * FROM emp WHERE ename='张三'\G
*************************** 1. row ***************************
           id: 1
  select_type: SIMPLE
        table: emp
   partitions: NULL
         type: ref
possible_keys: index_ename
          key: index_ename
      key_len: 83
          ref: const
         rows: 1
     filtered: 100.00
        Extra: NULL
```

在上述执行结果中，需要重点关注 possible_keys 和 key，possible_keys 表示查询可能用到的索引，key 表示实际查询用到的索引。关于 EXPLAIN 命令分析执行 SQL 语句的其他字段说明会在后面的章节中进行学习，此处读者了解即可。

任务 6.1.2 删除索引

任务需求

有一天，小明发现公司的某个项目遇到了性能瓶颈，该项目的数据库查询速度变得非常慢。通过深入排查，小明发现问题可能出在数据表的索引上，有些数据表的索引数量多达十几个。通过对索引的深入了解后，小明认为索引并不是越多越好，过多的索引可能会导致查询数据变慢。对于数据表中不必要的索引，可以考虑将其删除。

小明认真梳理出现问题的原因及提出解决方案，并汇报给了部门负责人，负责人认同了小明的观点，赞赏他认真研究和深入思考的能力。我们在工作中也需要认真研究并勇于表达自己的观点，展现追求技术深度的品质。

为了练习删除索引，小明想要删除员工表中给员工编号创建的索引，并在删除索引后查看索引是否删除成功。

知识储备

1. 使用 ALTER TABLE 语句删除索引

理论微课 6-7：使用 ALTER TABLE 语句删除索引

ALTER TABLE 语句删除索引的基本语法如下。

```
ALTER TABLE 表名 DROP INDEX 索引名；
```

下面演示使用 ALTER TABLE 语句删除 dept_index01 数据表中名称为 introduction 的全文索引，具体示例如下。

```
mysql> ALTER TABLE dept_index01 DROP INDEX introduction;
Query OK, 0 rows affected (0.03 sec)
Records: 0  Duplicates: 0  Warnings: 0
```

删除索引后，可以通过 SHOW CREATE TABLE 查看 dept_index01 数据表的创建语句，验证 introduction 索引是否成功删除，示例 SQL 语句及执行结果如下。

```
mysql> SHOW CREATE TABLE dept_index01\G
*************************** 1. row ***************************
       Table: dept_index01
Create Table: CREATE TABLE `dept_index01` (
  `id` int NOT NULL,
  `deptno` int DEFAULT NULL,
  `dname` varchar(20) DEFAULT NULL,
  `introduction` varchar(200) DEFAULT NULL,
  PRIMARY KEY (`id`),
  UNIQUE KEY `deptno` (`deptno`),
  KEY `dname` (`dname`)
)ENGINE=InnoDB DEFAULT CHARSET=utf8mb4 COLLATE=utf8mb4_0900_ai_ci
1 row in set (0.00 sec)
```

从上述代码可以看出，introduction 索引已经删除成功。

需要注意的是，删除主键索引时，主键索引的索引名应使用 PRIMARY，具体语法如下。

```
# 语法 1
ALTER TABLE 表名 DROP INDEX `PRIMARY`;
# 语法 2
DROP INDEX `PRIMARY` ON 表名 ;
```

在上述语法中，主键索引的索引名“PRIMARY”是 MySQL 中的关键字，必须使用反引号“`”进行包括。

2. 使用 DROP INDEX 语句删除索引

DROP INDEX 语句删除索引的基本语法如下。

```
DROP INDEX 索引名 ON 表名 ;
```

理论微课 6-8：使用 DROP INDEX 语句删除索引

下面使用 DROP INDEX 语句删除 dept_index01 数据表中名称为 dname 的索引，示例 SQL 语句及执行结果如下。

```
mysql> DROP INDEX dname ON dept_index01;
Query OK, 0 rows affected (0.01 sec)
Records: 0  Duplicates: 0  Warnings: 0
```

下面通过 SHOW CREATE TABLE 查看 dept_index01 数据表的创建语句，验证 dname 索引是否成功删除，示例 SQL 语句及执行结果如下。

```
mysql> SHOW CREATE TABLE dept_index01\G
*************************** 1. row ***************************
       Table: dept_index01
Create Table: CREATE TABLE `dept_index01` (
  `id` int NOT NULL,
  `deptno` int DEFAULT NULL,
  `dname` varchar(20) DEFAULT NULL,
  `introduction` varchar(200) DEFAULT NULL,
  PRIMARY KEY (`id`),
  UNIQUE KEY `deptno` (`deptno`)
) ENGINE=InnoDB DEFAULT CHARSET=utf8mb4 COLLATE=utf8mb4_0900_ai_ci
1 row in set (0.00 sec)
```

从上述代码可以看出，dname 索引已经删除成功。

任务实现

实操微课 6-2：任务 6.1.2 删除索引

根据任务需求，完成索引的删除，具体步骤如下。

① 使用 ALTER TABLE 语句删除 emp 数据表中名称为 index_ename 的索引，具体 SQL 语句及执行结果如下。

```
mysql> ALTER TABLE emp DROP INDEX index_ename;
Query OK, 0 rows affected (0.01 sec)
Records: 0  Duplicates: 0  Warnings: 0
```

从上述执行结果可以看出，ALTER TABLE 语句执行成功。

② 通过 SHOW CREATE TABLE 语句查看 emp 数据表的创建信息，验证 index_ename 索引是否删除成功，具体 SQL 语句及执行结果如下。

```
mysql> SHOW CREATE TABLE emp\G
*************************** 1. row ***************************
       Table: emp
Create Table: CREATE TABLE `emp` (
  `empno` int DEFAULT NULL COMMENT '员工编号',
  `ename` varchar(20) DEFAULT NULL COMMENT '员工姓名',
  `job` varchar(20) DEFAULT NULL COMMENT '员工职位',
  `mgr` int DEFAULT NULL COMMENT '直属上级编号',
  `sal` decimal(7,2) DEFAULT NULL COMMENT '基本工资',
  `bonus` decimal(7,2) DEFAULT NULL COMMENT '奖金',
  `deptno` int DEFAULT NULL COMMENT '所属部门的编号'
)ENGINE=InnoDB DEFAULT CHARSET=utf8mb4 COLLATE=utf8mb4_0900_ai_ci
1 row in set (0.00 sec)
```

从上述结果可以看出，index_ename 索引已经删除成功。

6.2 视图的使用

在前面的章节中，操作的数据表都是真实存在的表，其实，数据库中还有一种虚拟表，其结构和真实表一样，都是二维表，但是视图不保存数据，而是从真实表中获取数据。本节将对视图的创建、查看、修改、删除以及通过视图操作数据等内容进行讲解。

任务 6.2.1 创建基于单表的视图

任务需求

公司成立了一个新项目组来开发“资源管理系统”，该系统供各个部门上传资源，需要根据员工的职位授予不同的查看资源的权限。

由于员工表中保存了工资和奖金数据，为了防止开发人员在查询员工信息时，将员工的工资和奖金数据泄露，需要给员工表创建视图来解决这个问题。为了练习视图的创建，小明决定给员工表和部门表创建视图，具体要求如下。

① 给员工表创建视图，视图中包含员工编号、员工姓名、员工职位和部门编号。

② 查看创建的员工表视图。

③ 给部门表创建视图，视图中包含部门编号和部门名称。

④ 查看创建的部门表视图。

知识储备

理论微课 6-9：视图

1. 视图

视图是一种虚拟存在的表，视图的数据来源于数据库中的数据表。从概念上讲，这些数据表被称为基本表。通过视图不仅可以看到基本表中的数据，还可以对基本表中的数据进行添加、修改和删除。

视图和基本表不同，数据库中只存放视图的定义，即 SQL 语句，而不存放视图对应的数据，视图数据存放在基本表中。当基本表中的数据发生变化时，视图中查询出的数据也会随之改变。若通过视图修改数据，基本表中的数据也会发生变化。

2. 视图的优点

理论微课 6-10：视图的优点

与直接操作基本表相比，视图具有以下优点。

（1）简化查询语句

视图不仅可以简化用户对数据的理解，还可以简化对数据的操作。例如，在日常开发中经常使用一个比较复杂的语句进行查询，此时就可以将该查询语句定义为视图，从而避免大量重复且复杂的查询操作。

（2）安全性

通过视图可以很方便地进行权限控制，指定某个用户只能查询和修改指定数据。例如，对于不负责处理工资单的员工，没有权限查看员工的工资信息。

（3）数据独立性

视图可以帮助用户屏蔽数据表结构变化带来的影响。例如，数据表增加字段，不会影响基于该数据表创建的视图。

理论微课 6-11：创建视图

3. 创建视图

使用 CREATE VIEW 语句创建视图的基本语法如下。

```
CREATE [OR REPLACE]
[ALGORITHM = {MERGE | TEMPTABLE | UNDEFINED}]
[DEFINER = user]
[SQL SECURITY { DEFINER | INVOKER }]
VIEW 视图名 [(字段列表)] AS select_statement
[WITH [CASCADED | LOCAL] CHECK OPTION];
```

关于上述语法的具体介绍如下。

- OR REPLACE：可选，表示若数据库中已经存在这个名称的视图就替换原有的视图，若不存在则创建视图。
- ALGORITHM 子句：用于声明 MySQL 处理视图的方式，MERGE 表示将引用视图的语句和定义视图的语句合并，TEMPTABLE 表示将视图的结果保存到临时表，UNDEFINED 表示未指定处理方式（默认使用 MERGE）。
- DEFINER 子句和 SQL SECURITY 子句：用于声明执行视图时的访问权限，DEFINER 子句中的 user 值通常为“'用户名'@'主机地址'”、CURRENT_USER 或 CURRENT_USER ()，如果省略 DEFINER 子句，默认执行者为创建视图的用户。
- 视图名：表示要创建的视图名称，该名称在数据库中必须是唯一的，不能与其他数据表或视图同名。
- select_statement：指一个完整的 SELECT 语句，表示从某个数据表或视图中查询出满足条件的记录，并将这些记录导入视图中。

下面演示通过 CREATE VIEW 语句创建视图，具体示例如下。

```
mysql> CREATE VIEW view_temp AS SELECT * FROM emp;
Query OK, 0 rows affected (0.01 sec)
```

上述示例创建了名称为 view_temp 的视图，视图的数据来源于 emp 数据表。

实操微课 6-3：任务 6.2.1 创建基于单表的视图

■ 任务实现

根据任务需求，给员工表和部门表创建视图，具体步骤如下。

① 给员工表创建视图，具体 SQL 语句及执行结果如下。

```
mysql> CREATE VIEW view_emp AS SELECT empno,ename,job,deptno FROM emp;
Query OK, 0 rows affected (0.00 sec)
```

从上述执行结果可以看出，CREATE VIEW 语句执行成功，创建的 view_emp 视图中包含了 empno、ename、job、deptno 这 4 个字段。

② 使用 SELECT 语句查看 view_emp 视图，具体 SQL 语句及执行结果如下。

```
mysql> SELECT * FROM view_emp;
+-------+-------+------+--------+
| empno | ename | job  | deptno |
+-------+-------+------+--------+
|  9839 | 刘一  | 总监 | 10     |
|  9982 | 陈二  | 经理 | 10     |
|  9639 | 张三  | 助理 | 20     |
|  9566 | 李四  | 经理 | 20     |
|  9988 | 王五  | 分析员| 20     |
|  9902 | 赵六  | 分析员| 20     |
|  9499 | 孙七  | 销售 | 30     |
|  9521 | 周八  | 销售 | 30     |
|  9654 | 吴九  | 销售 | 30     |
|  9844 | 郑十  | 销售 | 30     |
|  9900 | 萧十一 | 助理 | 30     |
+-------+-------+------+--------+
11 rows in set (0.00 sec)
```

从上述执行结果可以看出，view_emp 视图查询成功。

③ 给部门表创建视图，具体 SQL 语句及执行结果如下。

```
mysql> CREATE VIEW view_dept AS SELECT * FROM dept;
Query OK, 0 rows affected (0.01 sec)
```

从执行结果可以看出，CREATE VIEW 语句执行成功。

④ 使用 SELECT 语句查看 view_dept 视图，具体 SQL 语句及执行结果如下。

```
mysql> SELECT * FROM view_dept;
+--------+--------+
| deptno | dname  |
+--------+--------+
|     10 | 总裁办 |
|     20 | 研究院 |
|     30 | 销售部 |
```

```
|       40 | 运营部   |
+--------+--------+
4 rows in set (0.00 sec)
```

从上述执行结果可以看出，view_dept 视图查询成功。

任务 6.2.2 创建基于多表的视图

任务需求

在开发“资源管理系统”的过程中，开发人员除了使用员工表中的员工编号、员工姓名、员工职位、部门编号等数据外，还需要使用部门表中的部门名称。任务 6.2.1 中创建的视图是基于单表的视图，无法满足这个需求。

小明查阅相关资料，发现在 MySQL 中还可以基于两张或者两张以上的数据表创建视图，这种视图被称为基于多表的视图。创建基于多表的视图时，只需要将 CREATE VIEW 语句中的 SELECT 语句指定为多表查询的 SQL 语句即可。

为了练习创建基于多张数据表的视图，小明决定基于员工表和部门表创建视图，具体要求如下。

① 给员工表和部门表创建视图，视图中包含员工编号、员工姓名、员工职位、部门编号和部门名称。

② 使用 SELECT 语句查看视图信息。

任务实现

实操微课 6-4：任务 6.2.2 创建基于多表的视图

根据任务需求，创建基于员工表和部门表的视图，具体步骤如下。

① 给员工表和部门表创建视图，具体 SQL 语句及执行结果如下。

```
mysql> CREATE VIEW view_emp_dept
    -> (e_no,e_name,e_job,e_deptno,e_deptname)AS
    -> SELECT e.empno,e.ename,e.job,e.deptno,d.dname
    -> FROM emp e LEFT JOIN dept d ON e.deptno=d.deptno;
Query OK, 0 rows affected (0.01 sec)
```

在上述 SQL 语句中，AS 关键字后面的查询语句使用了左连接查询，获取来自员工表的员工编号、员工姓名、员工职位、部门编号和来自部门表的部门名称。由上述执行结果可以看出，view_emp_dept 视图创建成功。

② 使用 SELECT 语句查看 view_emp_dept 视图，具体 SQL 语句及执行结果如下。

```
mysql> SELECT * FROM view_emp_dept;
+------+--------+-------+----------+------------+
| e_no | e_name | e_job | e_deptno | e_deptname |
+------+--------+-------+----------+------------+
| 9839 | 刘一    | 总监   | 10       | 总裁办      |
| 9982 | 陈二    | 经理   | 10       | 总裁办      |
```

```
| 9639 | 张三     | 助理    | 20         | 研究院      |
| 9566 | 李四     | 经理    | 20         | 研究院      |
| 9988 | 王五     | 分析员  | 20         | 研究院      |
| 9902 | 赵六     | 分析员  | 20         | 研究院      |
| 9499 | 孙七     | 销售    | 30         | 销售部      |
| 9521 | 周八     | 销售    | 30         | 销售部      |
| 9654 | 吴九     | 销售    | 30         | 销售部      |
| 9844 | 郑十     | 销售    | 30         | 销售部      |
| 9900 | 萧十一   | 助理    | 30         | 销售部      |
+------+--------+-------+----------+------------+
11 rows in set (0.01 sec)
```

在上述执行结果中，由于创建视图时在字段列表指定了名称，所以 view_emp_dept 视图中的字段名称和员工表及部门表中的字段名称不一致，但是字段值和部门表中的数据是一致的。

任务 6.2.3 查看视图

任务需求

随着“资源管理系统”功能的不断完善，创建的视图越来越多，如果只通过视图的名称将无法看出这个视图是为了解决什么问题而创建的。

为了充分了解某个视图的信息，小明打算使用查看视图的语法，查看数据库中已经创建好的视图。本任务的具体要求如下。

① 查看 view_emp_dept 视图的字段信息。

② 查看 view_emp_dept 视图的状态信息。

③ 查看 view_emp_dept 视图的创建语句。

知识储备

理论微课 6-12：查看视图的字段信息

1. 查看视图的字段信息

在 MySQL 中，使用 DESCRIBE 语句可以查看视图的字段名、字段类型等信息。DESCRIBE 语句的基本语法如下。

```
DESCRIBE 视图名;
```

上述语法还可以简写为如下语法。

```
DESC 视图名;
```

使用 DESC 语句查看 view_emp 视图的字段信息，具体示例如下。

```
mysql> DESC view_emp;
+--------+-------------+------+-----+---------+-------+
| Field  | Type        | Null | Key | Default | Extra |
+--------+-------------+------+-----+---------+-------+
| empno  | int         | YES  |     | NULL    |       |
```

```
| ename  | varchar(20)  | YES  |     | NULL    |       |
| job    | varchar(20)  | YES  |     | NULL    |       |
| deptno | int          | YES  |     | NULL    |       |
+--------+--------------+------+-----+---------+-------+
4 rows in set (0.00 sec)
```

上述结果显示了 view_emp 视图的字段信息，这些信息与查看数据表时显示的信息含义相同。

理论微课 6-13：查看视图的状态信息

2. 查看视图的状态信息

在 MySQL 中，使用 SHOW TABLE STATUS 语句可以查看视图的状态信息。SHOW TABLE STATUS 语句的基本语法如下。

```
SHOW TABLE STATUS LIKE '视图名';
```

在上述语法中，LIKE 表示匹配视图名，视图名表示要查看的视图名称，视图名称需要使用单引号包括起来。

使用 SHOW TABLE STATUS 语句查看 view_emp 视图的状态信息，具体示例如下。

```
mysql> SHOW TABLE STATUS LIKE 'view_emp'\G
*************************** 1. row ***************************
           Name: view_emp
         Engine: NULL
        Version: NULL
     Row_format: NULL
           Rows: NULL
 Avg_row_length: NULL
    Data_length: NULL
Max_data_length: NULL
   Index_length: NULL
      Data_free: NULL
 Auto_increment: NULL
    Create_time: 2022-05-09 13:18:07
    Update_time: NULL
     Check_time: NULL
      Collation: NULL
       Checksum: NULL
 Create_options: NULL
        Comment: VIEW
1 row in set (0.00 sec)
```

上述结果中显示了 view_emp 视图的信息，其中最后一行的 Comment 表示备注，其值为 VIEW，说明所查询的 view_emp 是一个视图。

理论微课 6-14：查看视图的创建语句

3. 查看视图的创建语句

在 MySQL 中，使用 SHOW CREATE VIEW 语句可以查看创建视图时的定义语句，该语句的基本语法如下。

```
SHOW CREATE VIEW 视图名 ;
```

在上述语法中，视图名指的是要查看的视图名称。

使用 SHOW CREATE VIEW 语句查看 view_emp 视图的创建语句，具体示例如下。

```
mysql> SHOW CREATE VIEW view_emp\G
*************************** 1. row ***************************
       View: view_emp
Create View: CREATE ALGORITHM=UNDEFINED DEFINER=`root`@`localhost` SQL
SECURITY DEFINER VIEW `view_emp` AS select `emp`.`empno` AS
`empno`,`emp`.`ename` AS `ename`,`emp`.`job` AS `job`,`emp`.`deptno` AS
`deptno` from `emp`
character_set_client: gbk
collation_connection: gbk_chinese_ci
1 row in set (0.00 sec)
```

从上述结果可以看出，使用 SHOW CREATE VIEW 语句查询到了视图的名称、创建语句、字符编码等信息。

■ 任务实现

实操微课 6-5：任务 6.2.3 查看视图

根据任务需求，完成 view_emp_dept 视图的查看，具体步骤如下。

① 查看 view_emp_dept 视图的字段信息，具体 SQL 语句及执行结果如下。

```
mysql> DESC view_emp_dept;
+------------+-------------+------+-----+---------+-------+
| Field      | Type        | Null | Key | Default | Extra |
+------------+-------------+------+-----+---------+-------+
| e_no       | int         | YES  |     | NULL    |       |
| e_name     | varchar(20) | YES  |     | NULL    |       |
| e_job      | varchar(20) | YES  |     | NULL    |       |
| e_deptno   | int         | YES  |     | NULL    |       |
| e_deptname | varchar(14) | YES  |     | NULL    |       |
+------------+-------------+------+-----+---------+-------+
5 rows in set (0.01 sec)
```

② 查看 view_emp_dept 视图的状态信息，具体 SQL 语句及执行结果如下。

```
mysql> SHOW TABLE STATUS LIKE 'view_emp_dept'\G
*************************** 1. row ***************************
           Name: view_emp_dept
         Engine: NULL
        Version: NULL
     Row_format: NULL
           Rows: NULL
 Avg_row_length: NULL
    Data_length: NULL
Max_data_length: NULL
   Index_length: NULL
      Data_free: NULL
 Auto_increment: NULL
```

```
    Create_time: 2022-05-09 13:27:09
    Update_time: NULL
     Check_time: NULL
      Collation: NULL
       Checksum: NULL
 Create_options: NULL
        Comment: VIEW
1 row in set (0.00 sec)
```

③ 查看 view_emp_dept 视图的创建语句，具体 SQL 语句及执行结果如下。

```
mysql> SHOW CREATE VIEW view_emp_dept\G
*************************** 1. row ***************************
               View: view_emp_dept
        Create View: CREATE ALGORITHM=UNDEFINED DEFINER=`root`@`localhost`
SQL SECURITY DEFINER VIEW `view_emp_dept` AS select `e`.`empno` AS
`e_no`,`e`.`ename` AS `e_name`,`e`.`job` AS `e_job`,`e`.`deptno` AS
`e_deptno`,`d`.`dname` AS `e_deptname` from (`emp` `e` left join `dept` `d`
on((`e`.`deptno` = `d`.`deptno`)))
character_set_client: gbk
collation_connection: gbk_chinese_ci
1 row in set (0.00 sec)
```

任务 6.2.4 修改视图

任务需求

在开发“资源管理系统”的过程中，开发人员希望可以在 view_emp_dept 视图中获取员工的直属上级编号。

在本任务中，小明需要修改已经创建的 view_emp_dept 视图，给该视图添加员工的直属上级编号字段。添加字段后，查看修改后的 view_emp_dept 视图。

理论微课 6-15：使用 CREATE OR REPLACE VIEW 语句修改视图

知识储备

1. 使用 CREATE OR REPLACE VIEW 语句修改视图

使用 CREATE OR REPLACE VIEW 语句修改视图的基本语法如下。

```
CREATE OR REPLACE VIEW 视图名 AS SELECT 语句;
```

使用 CREATE OR REPLACE VIEW 语句修改视图时，要求被修改的视图在数据库中已经存在，如果视图不存在，那么将创建一个新视图。

下面演示使用 CREATE OR REPLACE VIEW 语句修改视图，在 view_emp 视图中新增一个直属上级编号的字段，在修改视图前先查看视图的信息，具体示例如下。

```
mysql> DESC view_emp;
+--------+-------------+------+-----+---------+-------+
| Field  | Type        | Null | Key | Default | Extra |
+--------+-------------+------+-----+---------+-------+
| empno  | int         | YES  |     | NULL    |       |
| ename  | varchar(20) | YES  |     | NULL    |       |
| job    | varchar(20) | YES  |     | NULL    |       |
| deptno | int         | YES  |     | NULL    |       |
+--------+-------------+------+-----+---------+-------+
4 rows in set (0.00 sec)
```

从上述执行结果可以看出，view_emp 视图中包含了 4 个字段。

在原有视图中新增一个员工表的 mgr 字段，具体示例如下。

```
mysql> CREATE OR REPLACE VIEW view_emp (empno,ename,job,mgr,deptno)
    -> AS
    -> SELECT empno,ename,job,mgr,deptno FROM emp;
Query OK, 0 rows affected (0.01 sec)
```

视图修改完成后，再使用 DESC 语句查看修改后的结果，具体示例如下。

```
mysql> DESC view_emp;
+--------+-------------+------+-----+---------+-------+
| Field  | Type        | Null | Key | Default | Extra |
+--------+-------------+------+-----+---------+-------+
| empno  | int         | YES  |     | NULL    |       |
| ename  | varchar(20) | YES  |     | NULL    |       |
| job    | varchar(20) | YES  |     | NULL    |       |
| mgr    | int         | YES  |     | NULL    |       |
| deptno | int         | YES  |     | NULL    |       |
+--------+-------------+------+-----+---------+-------+
5 rows in set (0.00 sec)
```

从结果可以看出，view_emp 视图中包含 5 个字段，新增了 mgr 字段，说明视图修改成功。

理论微课 6-16：使用 ALTER 语句修改视图

2. 使用 ALTER 语句修改视图

使用 ALTER 语句修改视图的基本语法如下。

```
ALTER VIEW 视图名 AS SELECT 语句;
```

使用 ALTER 语句修改视图，将 view_emp 视图中的 mgr 字段删除，具体示例如下。

```
mysql> ALTER VIEW view_emp (empno,ename,job,deptno)
    -> AS
    -> SELECT empno,ename,job,deptno FROM emp;
Query OK, 0 rows affected (0.01 sec)
```

视图修改完成后，使用 DESC 语句查看修改之后 view_emp 视图的信息，具体示例如下。

```
mysql> DESC view_emp;
+--------+-------------+------+-----+---------+-------+
| Field  | Type        | Null | Key | Default | Extra |
+--------+-------------+------+-----+---------+-------+
| empno  | int         | YES  |     | NULL    |       |
| ename  | varchar(20) | YES  |     | NULL    |       |
| job    | varchar(20) | YES  |     | NULL    |       |
| deptno | int         | YES  |     | NULL    |       |
+--------+-------------+------+-----+---------+-------+
4 rows in set (0.00 sec)
```

从结果可以看出，view_emp 视图中的 mgr 字段删除成功。

■ 任务实现

实操微课 6-6：任务 6.2.4 修改视图

根据任务需求，完成视图的修改，具体步骤如下。

① 在 view_emp_dept 视图中新增 e_mgr 字段，具体 SQL 语句及执行结果如下。

```
mysql> CREATE OR REPLACE VIEW view_emp_dept
    -> (e_no,e_name,e_job,e_mgr,e_deptno,e_deptname)AS
    -> SELECT e.empno,e.ename,e.job,e.mgr,e.deptno,d.dname
    -> FROM emp e LEFT JOIN dept d ON e.deptno=d.deptno;
Query OK, 0 rows affected (0.01 sec)
```

从上述执行结果可以看出，修改视图的语句执行成功。

② 使用 DESC 语句查看修改之后 view_emp_dept 视图的信息，具体 SQL 语句及执行结果如下。

```
mysql> DESC view_emp_dept;
+------------+-------------+------+-----+---------+-------+
| Field      | Type        | Null | Key | Default | Extra |
+------------+-------------+------+-----+---------+-------+
| e_no       | int         | YES  |     | NULL    |       |
| e_name     | varchar(20) | YES  |     | NULL    |       |
| e_job      | varchar(20) | YES  |     | NULL    |       |
| e_mgr      | int         | YES  |     | NULL    |       |
| e_deptno   | int         | YES  |     | NULL    |       |
| e_deptname | varchar(14) | YES  |     | NULL    |       |
+------------+-------------+------+-----+---------+-------+
6 rows in set (0.00 sec)
```

从上述执行结果可以看出，view_emp_dept 视图中已经新增了 e_mgr 字段。

任务 6.2.5 通过视图操作数据

任务需求

开发人员在使用部门表的视图时，有时需要添加部门和修改部门。小明了解到可以直接通过视图操作数据表中的数据，打算先在自己的计算机中练习。

本任务的具体要求如下。

① 通过 view_dept 视图添加一条新的部门数据：部门编号为 50、部门名称为“人力资源部”，添加完成后查看结果。

② 通过 view_dept 视图修改部门数据，将部门名称“人力资源部”修改为“人力资源中心”，修改完成后查看结果。

③ 通过 view_dept 视图删除部门数据，将“人力资源中心”的部门数据删除，删除完成后查看结果。

知识储备

1. 添加数据

视图操作数据是指通过视图来操作基本表中的数据，主要包括添加、修改和删除等操作。视图创建完成后，除了可以通过视图获取到想要的数据外，还可以通过视图操作基本表的数据。

理论微课 6-17：添加数据

通过视图向基本表添加数据的方式与直接向数据表添加数据的方式一样，使用 INSERT 语句添加数据，具体示例如下。

```
mysql> INSERT INTO view_dept VALUES(50,'财务部');
Query OK, 1 row affected (0.00 sec)
```

上述示例中的 SQL 语句表示向 view_dept 视图中添加一条数据。

理论微课 6-18：修改数据

2. 修改数据

通过视图修改基本表的数据可以使用 UPDATE 语句，具体示例如下。

```
mysql> UPDATE view_dept SET dname='财务中心' WHERE dname='财务部';
Query OK, 1 row affected (0.00 sec)
Rows matched: 1  Changed: 1  Warnings: 0
```

上述示例中的 SQL 语句表示通过 view_dept 视图将基本表中部门名称为“财务部”的数据修改为“财务中心”。

理论微课 6-19：删除数据

3. 删除数据

通过视图删除基本表的数据可以使用 DELETE 语句，具体示例如下。

```
mysql> DELETE FROM view_dept WHERE dname='财务中心';
Query OK, 1 row affected (0.01 sec)
```

上述示例中的 SQL 语句表示通过 view_dept 视图将基本表中部门名称为“财务中心”的数据

删除。

任务实现

实操微课 6-7：任务 6.2.5 通过视图操作数据

根据任务需求，通过视图完成数据的添加、修改和删除，具体步骤如下。

① 通过 view_dept 视图添加数据，具体 SQL 语句及执行结果如下。

```
mysql> INSERT INTO view_dept VALUES(50,'人力资源部');
Query OK, 1 row affected (0.01 sec)
```

② 使用 SELECT 语句查询 dept 数据表中的数据，具体 SQL 语句及执行结果如下。

```
mysql> SELECT * FROM dept;
+--------+------------+
| deptno | dname      |
+--------+------------+
|     10 | 总裁办     |
|     20 | 研究院     |
|     30 | 销售部     |
|     40 | 运营部     |
|     50 | 人力资源部 |
+--------+------------+
5 rows in set (0.00 sec)
```

从上述执行结果可以看出，dept 数据表中添加了一行新数据，说明通过视图成功向基本表添加了数据。

③ 通过 view_dept 视图修改数据，具体 SQL 语句及执行结果如下。

```
mysql> UPDATE view_dept SET dname='人力资源中心' WHERE dname='人力资源部';
Query OK, 1 row affected (0.01 sec)
Rows matched: 1  Changed: 1  Warnings: 0
```

④ 使用 SELECT 语句查询 dept 数据表中的数据，具体 SQL 语句及执行结果如下。

```
mysql> SELECT * FROM dept;
+--------+------------+
| deptno | dname      |
+--------+------------+
|     10 | 总裁办     |
|     20 | 研究院     |
|     30 | 销售部     |
|     40 | 运营部     |
|     50 | 人力资源中心 |
+--------+------------+
5 rows in set (0.00 sec)
```

从上述执行结果可以看出，dept 数据表的部门名称中没有“人力资源部”，只有“人力资源中心”，说明通过视图成功修改了基本表的数据。

⑤ 通过 view_dept 视图删除数据，具体 SQL 语句及执行结果如下。

```
mysql> DELETE FROM view_dept WHERE dname='人力资源中心';
Query OK, 1 row affected (0.01 sec)
```

⑥ 使用 SELECT 语句查询 dept 数据表中的数据，具体 SQL 语句及执行结果如下。

```
mysql> SELECT * FROM dept;
+--------+------------+
| deptno | dname      |
+--------+------------+
|     10 | 总裁办     |
|     20 | 研究院     |
|     30 | 销售部     |
|     40 | 运营部     |
+--------+------------+
4 rows in set (0.00 sec)
```

从上述执行结果可以看出，dept 数据表中部门名称为“人力资源中心”的记录不存在，说明使用 DELETE 语句通过视图成功删除了基本表的数据。

任务 6.2.6 删除视图

任务需求

当数据库中的视图不再使用时，需要将这些视图删除。小明在学习视图的过程中创建了一些视图，现在这些视图已经不再使用，他决定将这些视图删除。

本任务的具体要求如下。

① 删除 view_emp 视图、view_dept 视图和 view_emp_dept 视图。

② 查看视图删除的结果。

知识储备

删除视图

删除视图时只会删除所创建的视图，不会删除基本表中的数据。删除一个或多个视图可以使用 DROP VIEW 语句，其基本语法如下。

理论微课 6-20：删除视图

```
DROP VIEW 视图名1 [,视图名2,…];
```

在上述语法中，view_name 是要删除的视图名称，视图名称可以是多个，多个视图之间使用逗号隔开。

使用 DROP VIEW 语句删除名称为 view_temp 的视图，具体示例如下。

```
mysql> DROP VIEW view_temp;
Query OK, 0 rows affected (0.01 sec)
```

删除视图后，可以使用 SELECT 语句检查视图是否被删除，具体示例如下。

```
mysql> SELECT * FROM view_temp;
ERROR 1146 (42S02): Table 'ems.view_temp' doesn't exist
```

上述提示信息表示 ems 数据库中不存在 view_temp 视图，说明 view_temp 视图已经被删除。

任务实现

实操微课 6-8：任务 6.2.6 删除视图

根据任务需求，完成视图的删除，具体步骤如下。

① 删除 view_emp 视图、view_dept 视图和 view_emp_dept 视图，具体 SQL 语句及执行结果如下。

```
mysql> DROP VIEW view_emp,view_dept,view_emp_dept;
Query OK, 0 rows affected (0.02 sec)
```

② 查看 view_emp 视图是否删除成功，具体 SQL 语句及执行结果如下。

```
mysql> SELECT * FROM view_emp;
ERROR 1146 (42S02): Table 'ems.view_emp' doesn't exist
```

从上述结果可以看出，view_emp 视图已经被删除。

③ 查看 view_dept 视图是否删除成功，具体 SQL 语句及执行结果如下。

```
mysql> SELECT * FROM view_dept;
ERROR 1146 (42S02): Table 'ems.view_dept' doesn't exist
```

从上述结果可以看出，view_dept 视图已经被删除。

④ 查看 view_emp_dept 视图是否删除成功，具体 SQL 语句及执行结果如下。

```
mysql> SELECT * FROM view_emp_dept;
ERROR 1146 (42S02): Table 'ems.view_emp_dept' doesn't exist
```

从上述结果可以看出，view_emp_dept 视图已经被删除。

6.3 事务的使用

生活中，人们经常会进行转账操作，转账分为转入和转出两部分，只有这两部分都完成才认为转账成功。在数据库中，转账操作使用转入和转出两条 SQL 语句来实现，如果其中任意一条 SQL 语句没有执行成功，则两个账户的金额不正确。为了防止上述情况的发生，就需要使用 MySQL 中的事务。本节将对事务的基本使用和事务的保存点进行讲解。

任务 6.3.1 事务的基本使用

任务需求

为了提高销售人员的积极性，销售部门根据员工的业绩发放奖金，每人每月的固定奖金是

1000 元，如果员工当月的业绩不达标则扣除一部分奖金，并将扣除的奖金奖励给业绩优秀的员工。人力资源部经理给销售部的员工设置奖金时，需要完成扣除奖金和发放奖金两个操作，这两个操作要么都成功，要么都失败，如果其中任何一个操作失败，都会产生错误的结果。然而，数据库管理系统在工作过程中，可能会遇到断电、系统重启等突发情况，当出现突发情况时，如果某个操作只进行到一半，则会造成数据出错。

小明查阅相关资料，了解到 MySQL 提供了事务功能，通过使用事务完成奖金的设置，即可保证奖金不会出错。为了练习事务的使用，小明需要完成以下任务。

① 打开两个命令行窗口并在这两个窗口中登录 MySQL，这两个窗口以下简称为窗口 A 和窗口 B。

② 在窗口 A 中设置孙七和周八的固定奖金为 1000 元。

③ 假设孙七的业绩不达标，周八的业绩优秀，在窗口 A 中开启事务，扣除孙七的奖金 150 元，先不要给周八设置奖励。

④ 在窗口 B 中查看孙七的奖金是否被修改。

⑤ 在窗口 A 中给周八奖励 150 元并提交事务。

⑥ 在窗口 B 中查看孙七和周八的奖金。

知识储备

1. 事务

理论微课 6-21：事务

在 MySQL 中，事务就是针对数据库的一组操作，它可以由一条或多条 SQL 语句组成，且 SQL 语句之间是相互依赖的。执行事务过程中，只要有一条 SQL 语句执行失败或发生错误，其他语句都不会执行。也就是说，事务的执行要么成功，要么就返回事务开始前的状态，这就保证了同一事务操作的同步性和数据的完整性。

MySQL 中的事务必须满足 4 个特性，分别是原子性（Atomicity）、一致性（Consistency）、隔离性（Isolation）和持久性（Durability）。下面针对这 4 个特性进行讲解。

（1）原子性

原子性是指一个事务必须被视为一个不可分割的最小工作单元，只有事务中所有的数据库操作都执行成功，整个事务才算执行成功。事务中如果有任何一条 SQL 语句执行失败，已经执行成功的 SQL 语句也必须撤销，数据库的状态返回执行事务前的状态。

（2）一致性

一致性是指在事务处理时，无论执行成功还是失败，都要保证数据库系统处于一致的状态，保证数据库系统不会返回一个未处理的事务中。MySQL 中的一致性主要由日志机制实现，通过日志记录数据库的所有变化，为事务恢复提供跟踪记录。

（3）隔离性

隔离性是指当一个事务在执行时，不会受到其他事务的影响。隔离性保证了未完成事务的所有操作与数据库系统的隔离，直到事务完成为止，才能看到事务的执行结果。当多个用户并发访问数据库时，数据库为每个用户开启的事务，不能被其他事务的操作数据所干扰，多个并发事务之间要相互隔离。

（4）持久性

持久性是指事务一旦提交，其对数据库中数据的修改就是永久性的。需要注意的是，事务的持久性不能做到百分之百持久，只能从事务本身的角度来保证持久性，如果遇到一些外部原因（如硬盘损坏）导致数据库发生故障，那么所有提交的数据可能都会丢失。

2. 事务的基本操作

理论微课 6-22：事务的基本操作

默认情况下，用户执行的每一条 SQL 语句都会被当成单独的事务自动提交。如果想要将一组 SQL 语句作为一个事务，则需要先执行以下语句显式开启事务。开启事务的语句如下。

```
START TRANSACTION;
```

上述语句执行后，每一条 SQL 语句不再自动提交，用户需要手动提交，只有提交后其中的操作才会生效，手动提交事务的语句具体如下。

```
COMMIT;
```

如果不想提交当前事务，可以将事务取消（即回滚），具体语句如下。

```
ROLLBACK;
```

在使用事务时应注意以下几点。

- ROLLBACK 语句只能针对未提交的事务回滚，已提交的事务不能回滚。
- 当执行 COMMIT 语句或 ROLLBACK 语句后，当前事务就会自动结束。如果开启事务后直到 MySQL 会话结束时都没有提交事务，事务会自动回滚。
- 事务不允许嵌套，如果执行 START TRANSACTION 语句之前，上一个事务还没有提交，此时执行 START TRANSACTION 语句会隐式执行上一个事务的提交操作。
- 事务主要是针对数据表中数据，不包括创建或删除数据库、数据表，修改表结构等操作，而且执行这类操作时会隐式提交事务。
- InnoDB 存储引擎支持事务，而另一个常见的存储引擎 MyISAM 不支持事务。对于 MyISAM 存储引擎的数据表，无论事务是否提交，对数据的操作都会立即生效，不能回滚。
- 还可以使用 START TRANSACTION 的别名 BEGIN 或 BEGIN WORK 显式开启一个事务。由于 BEGIN 与存储过程中的 BEGIN...END 冲突，因此不推荐使用 BEGIN。

下面使用事务演示转账操作，将用户 A 的账户金额减少 100 元，将用户 B 的账户金额增加 100 元，具体示例如下。

```
mysql> CREATE TABLE user (name VARCHAR(255),money INT);
mysql> INSERT INTO user VALUES ('用户A',200),('用户B',200);
# 开启事务
mysql> START TRANSACTION;
# 用户A的账户金额减少100元
mysql> UPDATE user SET money=money-100 WHERE name='用户A';
# 用户B的账户金额增加100元
mysql> UPDATE user SET money=money+100 WHERE name='用户B';
# 提交事务
mysql> COMMIT;
```

在上述示例中，设置好用户 A 和用户 B 的账户金额后，提交事务，用户 A 的账户金额减少 100，用户 B 的账户金额增加 100，最终完成转账。

任务实现

根据任务需求，完成事务的基本使用，具体步骤如下。

① 打开两个命令行窗口并在这两个窗口中登录 MySQL，这两个窗口以下简称为窗口 A 和窗口 B。

实操微课 6-9：任务 6.3.1 事务的基本使用

② 在窗口 A 中设置孙七和周八的固定奖金为 1000 元，具体 SQL 语句及执行结果如下。

```
# 设置孙七的固定奖金为 1000 元
mysql> UPDATE emp SET bonus=1000 WHERE ename='孙七';
Query OK, 1 row affected (0.00 sec)
Rows matched: 1  Changed: 1  Warnings: 0
# 设置周八的固定奖金为 1000 元
mysql> UPDATE emp SET bonus=1000 WHERE ename='周八';
Query OK, 1 row affected (0.00 sec)
Rows matched: 1  Changed: 1  Warnings: 0
```

③ 在窗口 A 中开启事务，并扣除孙七的奖金 150 元，具体 SQL 语句及执行结果如下。

```
mysql> START TRANSACTION;
Query OK, 0 rows affected (0.00 sec)
mysql> UPDATE emp SET bonus=bonus-150 WHERE ename='孙七';
Query OK, 0 rows affected (0.00 sec)
```

④ 在窗口 B 中查看孙七和周八的奖金是否被修改，具体 SQL 语句及执行结果如下。

```
mysql> USE ems;
Database changed
mysql> SELECT * FROM emp WHERE ename='孙七' OR ename='周八';
+-------+-------+------+------+---------+---------+--------+
| empno | ename | job  | mgr  | sal     | bonus   | deptno |
+-------+-------+------+------+---------+---------+--------+
|  9499 | 孙七  | 销售 | 9698 | 4600.00 | 1000.00 |     30 |
|  9521 | 周八  | 销售 | 9698 | 4250.00 | 1000.00 |     30 |
+-------+-------+------+------+---------+---------+--------+
2 rows in set (0.00 sec)
```

从上述结果可以看出，孙七和周八的奖金未发生修改。

⑤ 在窗口 A 中给周八奖励 150 元并提交事务，具体 SQL 语句及执行结果如下。

```
# 给周八的奖金增加 150 元
mysql> UPDATE emp SET bonus=bonus+150 WHERE ename='周八';
Query OK, 1 row affected (0.00 sec)
Rows matched: 1  Changed: 1  Warnings: 0
# 提交事务
mysql> COMMIT;
Query OK, 0 rows affected (0.00 sec)
```

⑥ 在窗口 B 中查看孙七和周八的奖金，具体 SQL 语句及执行结果如下。

```
mysql> SELECT * FROM emp WHERE ename='孙七' OR ename='周八';
+-------+-------+-----+------+---------+---------+--------+
| empno | ename | job |  mgr | sal     | bonus   | deptno |
+-------+-------+-----+------+---------+---------+--------+
|  9499 | 孙七  | 销售 | 9698 | 4600.00 |  850.00 |     30 |
|  9521 | 周八  | 销售 | 9698 | 4250.00 | 1150.00 |     30 |
+-------+-------+-----+------+---------+---------+--------+
2 rows in set (0.00 sec)
```

从查询结果可以看出，通过事务成功设置了孙七和周八的奖金。

知识拓展

事务的自动提交

事务的自动提交是指用户执行的每一条 SQL 语句都会被当成单独的事务自动提交。如果关闭事务的自动提交，则事务只能手动提交。

理论微课 6-23：事务的自动提交

如果想要设置事务的提交方式，可以通过更改 AUTOCOMMIT 的值来实现。AUTOCOMMIT 的值设置为 1 表示开启事务自动提交，设置为 0 表示关闭事务自动提交。

如果想要查看当前会话的 AUTOCOMMIT 值，可以使用如下语句。

```
SELECT @@AUTOCOMMIT;
```

执行上述语句后，查询结果如下。

```
+--------------+
| @@AUTOCOMMIT |
+--------------+
|            1 |
+--------------+
1 row in set (0.00 sec)
```

从查询结果可以看出，当前会话开启了事务的自动提交。

如果想要关闭当前会话的事务自动提交，可以使用如下语句。

```
SET AUTOCOMMIT=0;
```

上述语句执行后，用户需要执行“COMMIT”手动提交事务。如果在关闭事务自动提交的状态下直接终止 MySQL 会话，MySQL 会自动进行回滚。

为了避免影响后续的操作，这里将 AUTOCOMMIT 值改回 1，代码如下。

```
SET AUTOCOMMIT=1;
```

任务 6.3.2 事务的保存点

任务需求

在使用事务设置奖金时，小明发现使用事务能在计算出现错误时回滚，但是回滚会将数据全部恢复到开启事务前的状态，如果只有部分员工的奖金计算错误，执行回滚事务的操作后，没有计算错误的员工奖金也被恢复到最初状态，这就需要再重新设置员工的奖金。通过查阅资料，小明了解到可以通过创建事务的保存点实现只回滚部分操作。

为了练习事务保存点的使用，小明需要完成以下任务。

① 设置孙七、周八和吴九的固定奖金为 1000 元，查看设置结果。

② 开启事务，设置孙七的奖金为 900 元，创建保存点 S1。

③ 设置周八的奖金为 900 元，创建保存点 S2。

④ 设置吴九的奖金为 1200 元，创建保存点 S3。

⑤ 查询孙七、周八和吴九当前的奖金信息。

⑥ 假设周八和吴九的奖金有误，需要回滚至保存点 S1，查看回滚后的数据。

⑦ 重新设置周八的奖金为 800 元，吴九的奖金为 1300 元。

⑧ 查询孙七、周八和吴九当前的奖金信息。

知识储备

理论微课 6-24：事务的保存点

事务的保存点

回滚事务后，事务内的所有操作将都被撤销，如果只希望撤销事务内的一部分操作，可以在事务中设置一个保存点。在事务中设置保存点的语句如下。

```
SAVEPOINT 保存点名 ;
```

在事务中设置保存点后，可以将事务回滚到指定的保存点。将事务回滚至保存点的语句如下。

```
ROLLBACK TO SAVEPOINT 保存点名 ;
```

如果事务中不再需要保存点，可以将保存点删除。删除保存点的语句如下。

```
RELEASE SAVEPOINT 保存点名 ;
```

说明：

一个事务中可以创建多个保存点，在提交事务后，事务中的保存点就会被删除。另外，当回滚到某个保存点后，在该保存点之后创建过的保存点也会被删除。

任务实现

实操微课 6-10：任务 6.3.2 事务的保存点

根据任务需求，通过设置事务保存点完成员工奖金的设置，具体步骤如下。

① 设置孙七、周八和吴九的固定奖金为 1000 元，具体 SQL 语句及执行结果如下。

```
mysql> UPDATE emp SET bonus=1000 WHERE ename='孙七' OR ename='周八'
    -> OR ename='吴九';
Query OK, 3 row affected (0.01 sec)
Rows matched: 3  Changed: 3  Warnings: 0
```

② 查看孙七、周八和吴九的奖金信息，具体 SQL 语句及执行结果如下。

```
mysql> SELECT ename,bonus FROM emp WHERE ename='孙七' OR ename='周八'
    -> OR ename='吴九';
+-------+---------+
| ename | bonus   |
+-------+---------+
| 孙七  | 1000.00 |
| 周八  | 1000.00 |
| 吴九  | 1000.00 |
+-------+---------+
3 rows in set (0.00 sec)
```

③ 开启事务，设置孙七的奖金为 900 元，创建保存点 S1，具体 SQL 语句及执行结果如下。

```
# 开启事务
mysql> START TRANSACTION;
Query OK, 0 rows affected (0.00 sec)
# 将孙七的奖金扣除 100 元，得到 900 元
mysql> UPDATE emp SET bonus=bonus-100 WHERE ename='孙七';
Query OK, 1 row affected (0.00 sec)
Rows matched: 1  Changed: 1  Warnings: 0
# 创建保存点 S1
mysql> SAVEPOINT S1;
Query OK, 0 rows affected (0.00 sec)
```

④ 设置周八的奖金为 900，创建保存点 S2，具体 SQL 语句及执行结果如下。

```
# 将周八的奖金扣除 100 元，得到 900 元
mysql> UPDATE emp SET bonus=bonus-100 WHERE ename='周八';
Query OK, 1 row affected (0.00 sec)
Rows matched: 1  Changed: 1  Warnings: 0
# 创建保存点 S2
mysql> SAVEPOINT S2;
Query OK, 0 rows affected (0.00 sec)
```

⑤ 设置吴九的奖金为 1200 元，创建保存点 S3，具体 SQL 语句及执行结果如下。

```
# 将吴九的奖金增加 200 元，得到 1200 元
mysql> UPDATE emp SET bonus=bonus+200 WHERE ename='吴九';
Query OK, 1 row affected (0.00 sec)
Rows matched: 1  Changed: 1  Warnings: 0
# 创建保存点 S3
```

```
mysql> SAVEPOINT S3;
Query OK, 0 rows affected (0.00 sec)
```

⑥ 查询孙七、周八和吴九当前的奖金信息，具体 SQL 语句及执行结果如下。

```
mysql> SELECT ename,bonus FROM emp WHERE ename='孙七' OR ename='周八'
    -> OR ename='吴九';
+-------+---------+
| ename | bonus   |
+-------+---------+
| 孙七   |  900.00 |
| 周八   |  900.00 |
| 吴九   | 1200.00 |
+-------+---------+
3 rows in set (0.00 sec)
```

⑦ 假设周八的奖金计算出现错误，将事务回滚到保存点 S1，查看回滚后的数据，具体 SQL 语句及执行结果如下。

```
# 回滚到保存点 S1
mysql> ROLLBACK TO SAVEPOINT S1;
Query OK, 0 rows affected (0.00 sec)
# 查看回滚后的数据
mysql> SELECT ename,bonus FROM emp WHERE ename='孙七' OR ename='周八'
    -> OR ename='吴九';
+-------+---------+
| ename | bonus   |
+-------+---------+
| 孙七   |  900.00 |
| 周八   | 1000.00 |
| 吴九   | 1000.00 |
+-------+---------+
3 rows in set (0.00 sec)
```

从上述执行结果可以看出，当前事务已经回滚到保存点 S1 的状态。

⑧ 重新设置周八的奖金为 800、吴九的奖金为 1300，具体 SQL 语句及执行结果如下。

```
# 将周八的奖金扣除 200 元，得到 800 元
mysql> UPDATE emp SET bonus=bonus-200 WHERE ename='周八';
Query OK, 1 row affected (0.00 sec)
Rows matched: 1  Changed: 1  Warnings: 0
# 将吴九的奖金增加 300 元，得到 1300 元
mysql> UPDATE emp SET bonus=bonus+300 WHERE ename='吴九';
Query OK, 1 row affected (0.00 sec)
Rows matched: 1  Changed: 1  Warnings: 0
# 提交事务
mysql> COMMIT;
Query OK, 0 rows affected (0.00 sec)
```

⑨ 查询孙七、周八和吴九当前的奖金信息，具体 SQL 语句及执行结果如下。

```
mysql> SELECT ename,bonus FROM emp WHERE ename='孙七 ' OR ename='周八 '
    -> OR ename='吴九 ';
+-------+---------+
| ename | bonus   |
+-------+---------+
| 孙七   |  900.00 |
| 周八   |  800.00 |
| 吴九   | 1300.00 |
+-------+---------+
3 rows in set (0.00 sec)
```

从上述执行结果可以看出，孙七、周八和吴九的奖金已经设置成功。

本章小结

本章主要对索引、视图和事务的相关内容进行了详细讲解。首先讲解索引的概念和相关操作，然后讲解视图的概念和相关操作，最后讲解事务的概念和相关操作。通过本章的学习，希望读者能够掌握索引、视图和事务的相关知识，能够灵活运用这些知识解决实际问题。

课后练习

一、填空题

1. 在 MySQL 中，可以使用________语句在已经存在的表上创建索引。
2. 在 MySQL 中，将表中多个字段组合在一起创建的索引称为________。
3. MySQL 中使用________语句来开启一个事务。
4. MySQL 中用于实现事务提交的语句是________。
5. MySQL 中使用________语句来删除视图。

二、判断题

1. MySQL 的数据表中只能有一个唯一性索引。 (   )
2. 索引不会占用一定的磁盘空间，数据表中索引越多查询效率越高。 (   )
3. 视图的结构和数据都依赖于数据库中真实存在的表。 (   )
4. 在 MySQL 中只能基于单表创建视图。 (   )
5. 视图是一张或多张表中导出来的虚拟表。 (   )

三、选择题

1. 下列选项中，使用 UNIQUE 关键字定义的索引是 (   )。

   A. 唯一性索引　　B. 单列索引　　C. 全文索引　　D. 空间索引

2. 下列选项中，要使事务中的相关操作取消，可通过的事务操作是 (   )。

   A. 提交　　B. 回滚　　C. 撤销　　D. 恢复

3. 下列关于事务的说法，错误的是 (   )。

A. 事务就是针对数据库的一组操作

B. 事务中的语句要么都执行，要么都不执行

C. 事务提交后其中的操作才会生效

D. 提交事务时，可以只提交事务中的部分语句

4. 下面关于视图的说法，错误的是（ ）。

A. 视图是一个可视化的图表

B. 视图是一个虚拟的表

C. 视图的表结构和基本表的结构一致

D. 在视图中可以进行数据的操作

5. 下列选项中，用于定义全文索引的关键字是（ ）。

A. Key　　B. FULLTEXT　　C. Unique　　D. Index

四、操作题

1. 假设有 user 数据表，两个主要字段为 name 和 money，表中的数据有 Alex 和 Bill，他们都有 1000 元，请利用事务完成 Alex 向 Bill 转账 100 元的操作。

2. 创建 student 数据库，在该数据库中创建 class 数据表，表中包含学生姓名、性别、入学时间字段，为 class 数据表创建视图，视图中包含姓名、性别、入学时间字段。

第 7 章 数据库编程

PPT:第 7 章　数据库编程

教学设计:第 7 章　数据库编程

学习目标

知识目标	• 了解存储过程的基本概念，能够说出存储过程的优点 • 了解系统变量的基本概念，能够说出系统变量的分类
技能目标	• 掌握存储过程的基本操作，能够创建、查看、调用、修改和删除存储过程 • 掌握存储函数的基本操作，能够创建、查看、调用和删除存储函数 • 掌握查看和修改系统变量的基本语句，能够使用这些语句查看和修改系统变量 • 掌握给用户变量定义的 3 种方式，能够正确使用这些方式定义用户变量 • 掌握局部变量的定义方法，能够正确使用局部变量 • 掌握流程控制语句的使用，能够在程序中灵活使用判断语句、循环语句和跳转语句控制程序的执行流程 • 掌握错误触发条件和错误处理，能够正确定义错误触发条件和错误处理程序 • 掌握游标的使用，能够利用游标检索数据 • 掌握触发器的基本使用，能够创建、查看、执行和删除触发器

数据库编程是指通过数据库本身提供的一些语法来编写程序，通过这些程序可以对数据库进行操作。例如，编写程序实现定期维护数据、查找问题数据并更新或删除数据库等。在 MySQL 中，为了提高 SQL 语句的重用性，可以将频繁使用的一组用于实现特定业务逻辑的 SQL 语句封装成程序，程序类型包括存储过程、存储函数和触发器等。为了方便编写程序，MySQL 还在 SQL 标准的基础上扩展了一些语法，包括变量、流程控制、错误处理、游标等。本章将针对数据库编程的相关内容进行讲解。

7.1 存储过程

在开发过程中，经常会遇到重复使用某一功能的情况，为了减少数据库开发人员的工作量，MySQL 引入了存储过程。存储过程可以将常用或复杂的操作封装起来存储在数据库服务器中，以便重复使用。本节将对存储过程的创建、查看、调用、修改和删除进行详细讲解。

任务 7.1.1 创建、查看和调用存储过程

任务需求

临近年底，人力资源部门需要做年报，人力资源部的主管想要统计公司员工的工资水平，查看每个工资区间的员工信息。

小明分析需求后，考虑到查询员工工资区间这个功能可能会重复使用，他准备为这个功能创建一个存储过程，以后使用时直接调用即可。

为了练习存储过程的使用，小明决定给员工表创建存储过程，并进行查看和调用，具体要求如下。

① 创建查询员工工资的存储过程，命名为 emp_sal。

② 查看创建的 emp_sal 存储过程。

③ 调用 emp_sal 存储过程，查询工资范围为 3000~5000 的员工。

知识储备

1. 存储过程概述

存储过程（Stored Procedure）是数据库中一个重要的对象，它是一组为了完成特定功能的 SQL 语句集合。用户通过存储过程可以将经常使用的 SQL 语句封装起来，这样可以避免编写相同的 SQL 语句。

理论微课 7-1：存储过程概述

使用存储过程的优点如下。

（1）效率高

普通的 SQL 语句每次调用时都要先编译再执行，存储过程只需要编译一次，以后再调用时不会再重复编译，相对而言存储过程的执行效率更高。

（2）降低网络流量

当一个功能需要多条 SQL 语句完成时，如果单独执行每条 SQL 语句，服务器需要将每条

SQL 语句的执行结果返回给客户端。而如果将多条 SQL 语句封装成存储过程，则只需调用一次存储过程就能获得最终结果，减少了不必要的数据传输，从而降低网络流量。

（3）复用性高

存储过程往往是针对一个特定的功能编写的一组 SQL 语句，当再需要完成这个特定功能时，直接调用相应的存储过程即可。

（4）可维护性高

当功能需求发生一些小的变化时，可以在已创建的存储过程的基础上进行修改，花费的时间相对较少。

（5）安全性高

一般情况下，完成特定功能的存储过程只能由特定用户使用，具有身份限制，避免未被授权的用户访问存储过程，确保数据库的安全。

理论微课 7-2：创建存储过程的语句

2. 创建存储过程的语句

使用 CREATE PROCEDURE 语句可以创建存储过程，基本语法如下。

```
CREATE PROCEDURE 存储过程名称 ([[IN | OUT | INOUT] 参数名称 参数类型 ])
BEGIN
   过程体
END
```

在上述语法中，存储过程的参数是可选的，如果参数有多个，各个参数之间使用逗号分隔。参数名称前有 IN、OUT、INOUT 这 3 个选项，用来指定参数的来源和用途，各选项的具体含义如下。

- IN：表示输入参数，该参数需要在调用存储过程时传入。
- OUT：表示输出参数，初始值为 NULL，用于将存储过程中的值保存到 OUT 指定的参数中，返回给调用者。
- INOUT：表示输入 / 输出参数，既可以作为输入参数也可以作为输出参数。

存储过程中的过程体是一组 SQL 语句块，使用 BEGIN 关键字表示过程体的开始，使用 END 关键字表示过程体的结束。如果存储过程中的过程体只有一条 SQL 语句，则可以省略 BEGIN 和 END 关键字。

下面演示存储过程的创建，具体示例如下。

```
mysql> DELIMITER //
mysql> CREATE PROCEDURE temp (IN temp_id INT)
    -> BEGIN
    -> SELECT * FROM emp WHERE empno = temp_id;
    -> END //
Query OK, 0 rows affected (0.01 sec)
mysql> DELIMITER ;
```

在上述示例中，创建了一个名称为 temp 的存储过程，该存储过程的输入参数名为 temp_id，参数类型为 INT，过程体中使用 SELECT 语句查询 emp 数据表中 id 等于 temp_id 的数据。

说明：

在上述示例中，“DELIMITER //”语句的作用是将 MySQL 的语句结束符设置为“//”，由于 MySQL 默认的语句结束符号为分号“;”，在创建存储过程时，存储过程体可能会包含多条 SQL 语句，为了避免 MySQL 默认的语句结束符号与存储过程体中 SQL 语句的结束符号冲突，因此使用 DELIMITER 语句改变存储过程的结束符。

存储过程定义完毕后，应使用“DELIMITER;”语句恢复默认结束符，且 DELIMITER 与要设定的结束符之间有一个空格，否则无效。

另外，使用 DELIMITER 还可以指定其他符号作为结束符，如“##”和“$$”，但应避免使用反斜杠“\”作为结束符，因为反斜杠“\”是 MySQL 的转义字符。

理论微课 7-3：查看存储过程的语句

3. 查看存储过程的语句

存储过程创建后，可以使用 MySQL 提供的语句查看存储过程的状态信息，查看存储过程的创建信息，以及通过数据表查询存储过程。

（1）查看存储过程的状态信息

使用 SHOW PROCEDURE STATUS 语句查看存储过程的状态信息，如存储过程名称、类型、创建者及修改日期。查看存储过程状态信息的基本语法如下。

```
SHOW PROCEDURE STATUS [LIKE 存储过程名称的模式字符 ]
```

在上述语法中，PROCEDURE 表示存储过程，“LIKE 存储过程名称的模式字符”用于匹配存储过程的名称。例如，“temp%”表示查看所有名称以 temp 开头的存储过程。

下面使用 SHOW PROCEDURE STATUS 语句查看 ems 数据库中名称为 temp 存储过程的状态信息，具体示例如下。

```
mysql> SHOW PROCEDURE STATUS LIKE 'temp'\G
*************************** 1. row ***************************
                  Db: ems
                Name: temp
                Type: PROCEDURE
             Definer: root@localhost
            Modified: 2022-02-28 14:36:58
             Created: 2022-02-28 14:36:58
       Security_type: DEFINER
             Comment:
character_set_client: gbk
collation_connection: gbk_chinese_ci
  Database Collation: utf8mb4_0900_ai_ci
1 row in set (0.00 sec)
```

从查询结果可以看出，SHOW PROCEDURE STATUS 语句显示了存储过程的状态信息，其中 Name 字段是存储过程的名称，Modified 字段是存储过程的修改时间，Created 字段是存储过程的创建时间。

（2）查看存储过程的创建信息

使用 SHOW CREATE PROCEDURE 语句查看存储过程的创建信息的基本语法如下。

```
SHOW CREATE PROCEDURE 存储过程名称 ;
```

在上述语法中，PROCEDURE表示存储过程，存储过程名称为要显示创建信息的存储过程名称。

下面使用SHOW CREATE PROCEDURE语句查看ems数据库中名称为temp存储过程的创建信息，具体示例如下。

```
mysql> SHOW CREATE PROCEDURE temp\G
*************************** 1. row ***************************
       Procedure: temp
        sql_mode: ONLY_FULL_GROUP_BY,STRICT_TRANS_TABLES,
NO_ZERO_IN_DATE,NO_ZERO_DATE,ERROR_FOR_DIVISION_BY_ZERO,
NO_ENGINE_SUBSTITUTION
     Create Procedure: CREATE DEFINER=`root`@`localhost` PROCEDURE
`temp`(IN temp_id INT)
BEGIN
SELECT * FROM emp WHERE empno = temp_id;
END
character_set_client: gbk
collation_connection: gbk_chinese_ci
  Database Collation: utf8mb4_0900_ai_ci
1 row in set (0.00 sec)
```

从查询结果可以看出，结果中包含了存储过程temp的创建语句和字符集等信息。

（3）通过数据表查询存储过程

在MySQL中，存储过程的信息存储在information_schema数据库的Routines表中，可以通过查询该表的记录获取存储过程的信息，基本语法如下。

```
SELECT * FROM information_schema.Routines
WHERE ROUTINE_NAME=' 存储过程名称 ' AND ROUTINE_TYPE='PROCEDURE'\G
```

在上述语法中，查询条件ROUTINE_NAME的值为要查询的存储过程名称，ROUTINE_TYPE的值为PROCEDURE，表示查询的类型为存储过程。

注意：

information_schema数据库中的Routines表保存着所有存储过程的定义，使用SELECT语句查询Routine表中某一个存储过程的信息时，一定要使用ROUTINE_NAME字段指定存储过程的名称，否则将查询出所有的存储过程。

下面通过查询Routines表的记录获取temp存储过程的信息，具体示例如下。

```
mysql> SELECT * FROM information_schema.Routines
    -> WHERE ROUTINE_NAME='temp' AND ROUTINE_TYPE='PROCEDURE'\G
*************************** 1. row ***************************
           SPECIFIC_NAME: temp
         ROUTINE_CATALOG: def
          ROUTINE_SCHEMA: ems
```

```
             ROUTINE_NAME: temp
             ROUTINE_TYPE: PROCEDURE
                DATA_TYPE:
 CHARACTER_MAXIMUM_LENGTH: NULL
   CHARACTER_OCTET_LENGTH: NULL
        NUMERIC_PRECISION: NULL
            NUMERIC_SCALE: NULL
       DATETIME_PRECISION: NULL
       CHARACTER_SET_NAME: NULL
           COLLATION_NAME: NULL
           DTD_IDENTIFIER: NULL
             ROUTINE_BODY: SQL
       ROUTINE_DEFINITION: BEGIN
SELECT * FROM emp WHERE empno = temp_id;
END
            EXTERNAL_NAME: NULL
        EXTERNAL_LANGUAGE: SQL
          PARAMETER_STYLE: SQL
         IS_DETERMINISTIC: NO
          SQL_DATA_ACCESS: CONTAINS SQL
                 SQL_PATH: NULL
            SECURITY_TYPE: DEFINER
                  CREATED: 2022-02-28 14:36:58
             LAST_ALTERED: 2022-02-28 14:36:58
                 SQL_MODE: ONLY_FULL_GROUP_BY,STRICT_TRANS_TABLES,
NO_ZERO_IN_DATE,NO_ZERO_DATE,ERROR_FOR_DIVISION_BY_ZERO,
NO_ENGINE_SUBSTITUTION
          ROUTINE_COMMENT:
                  DEFINER: root@localhost
     CHARACTER_SET_CLIENT: gbk
     COLLATION_CONNECTION: gbk_chinese_ci
       DATABASE_COLLATION: utf8mb4_0900_ai_ci
1 row in set (0.01 sec)
```

从查询结果可以看出，结果中包含了 temp 存储过程的创建语句和字符集等详细信息。

理论微课 7-4：调用存储过程的语句

4. 调用存储过程的语句

使用 CALL 语句可以调用存储过程，基本语法如下。

```
CALL [数据库名称.] 存储过程名称 ([实参列表]);
```

在上述语法中，实参列表传递的参数需要与创建存储过程的形参相对应，在创建存储过程时，如果存储过程的形参被指定为 IN，则调用存储过程的实参值可以是变量或者具体的数据。如果存储过程的形参被指定为 OUT 或 INOUT 时，则调用存储过程的实参值必须是一个变量，用于接收返回给调用者的数据。

存储过程和数据库相关，当使用“数据库名称 . 存储过程名称”时，表示调用指定数据库中的存储过程，当省略“数据库名称 .”时，则表示调用当前数据库下的存储过程。

下面使用 CALL 语句调用当前数据库中名称为 temp 的存储过程，具体示例如下。

```
mysql> CALL temp(9839);
+-------+-------+-----+------+----------+-------+--------+
| empno | ename | job | mgr  | sal      | bonus | deptno |
+-------+-------+-----+------+----------+-------+--------+
|  9839 | 刘一   | 总监 | NULL | 16000.00 | NULL  |     10 |
+-------+-------+-----+------+----------+-------+--------+
1 row in set (0.00 sec)
Query OK, 0 rows affected (0.01 sec)
```

在上述示例语句中，使用 CALL 语句传入参数 9839 调用存储过程 temp，表示查询 emp 数据表中 empno 等于 9839 的数据。

实操微课 7-1：任务 7.1.1 创建、查看和调用存储过程

任务实现

根据任务需求，完成存储过程的创建和查看，具体步骤如下。

① 创建存储过程 emp_sal，具体 SQL 语句及执行结果如下。

```
mysql> DELIMITER //
mysql> CREATE PROCEDURE emp_sal
    -> (IN sal_begin DECIMAL(7,2),IN sal_end DECIMAL(7,2))
    -> BEGIN
    ->  SELECT * FROM emp WHERE sal BETWEEN sal_begin and sal_end;
    -> END //
Query OK, 0 rows affected (0.01 sec)
mysql> DELIMITER ;
```

② 查看 emp_sal 存储过程，具体 SQL 语句及执行结果如下。

```
mysql> SHOW CREATE PROCEDURE emp_sal\G
*************************** 1. row ***************************
           Procedure: emp_sal
           sql_mode: ONLY_FULL_GROUP_BY,STRICT_TRANS_TABLES,
NO_ZERO_IN_DATE,NO_ZERO_DATE,ERROR_FOR_DIVISION_BY_ZERO,
NO_ENGINE_SUBSTITUTION
          Create Procedure: CREATE DEFINER=`root`@`localhost` PROCEDURE
`emp_sal`(IN sal_begin DECIMAL(7,2),IN sal_end DECIMAL(7,2))
          BEGIN
           SELECT * FROM emp WHERE sal BETWEEN sal_begin and sal_end;
          END
character_set_client: gbk
collation_connection: gbk_chinese_ci
  Database Collation: utf8mb4_0900_ai_ci
1 row in set (0.00 sec)
```

③ 调用 emp_sal 存储过程，具体 SQL 语句及执行结果如下。

```
mysql> CALL emp_sal(3000,5000);
+-------+-------+------+-----+---------+---------+--------+
| empno | ename | job  | mgr | sal     | bonus   | deptno |
+-------+-------+------+-----+---------+---------+--------+
|  9988 | 王五  | 分析员 | 9566| 4000.00 |    NULL |     20 |
|  9902 | 赵六  | 分析员 | 9566| 4000.00 |    NULL |     20 |
|  9499 | 孙七  | 销售  | 9698| 4600.00 |  900.00 |     30 |
|  9521 | 周八  | 销售  | 9698| 4250.00 |  800.00 |     30 |
|  9654 | 吴九  | 销售  | 9698| 4250.00 | 1300.00 |     30 |
|  9844 | 郑十  | 销售  | 9698| 4500.00 |    0.00 |     30 |
+-------+-------+------+-----+---------+---------+--------+
6 rows in set (0.01 sec)
Query OK, 0 rows affected (0.01 sec)
```

在上述语句中，调用存储过程 emp_sal 时传入了参数 3000 和 5000，从执行结果可以看出，工资范围为 3000~5000 的员工有 6 个。

任务 7.1.2 修改存储过程

任务需求

随着创建的存储过程越来越多，当查看数据库中的存储过程时，可能会看到很多名称相似的存储过程。例如，emp_sal、user_sal、sal_total 这些存储过程看起来都和工资有关，但是仅靠存储过程的名称不能直观地反映它们的区别。因此，可以给存储过程添加备注说明，从而更好地区分每个存储过程。由于这些存储过程涉及员工工资，不能让所有人都能调用这些存储过程，还需要控制存储过程的执行权限。

小明通过查阅资料，发现修改存储过程的特征值可以解决上述问题。为了练习修改存储过程，小明决定以 emp_sal 存储过程为例，修改存储过程的注释信息和执行权限，然后查看修改后的结果信息。

知识储备

修改存储过程的语句

理论微课 7-5：修改存储过程的语句

在实际开发中，功能的实现会随着业务需求而改变，这样就不可避免地需要修改存储过程。在 MySQL 中，使用 ALTER 语句修改存储过程的特征值，其基本语法如下。

```
ALTER PROCEDURE 存储过程名称 [ 特征值 ];
```

需要注意的是，上述语法不能修改存储过程的参数，只能修改存储过程的特征值，存储过程的特征值具体见表 7-1。

表 7-1 存储过程的特征值

特征值	描述
COMMENT '注释信息'	为存储过程设置注释信息

续表

特征值	描述
CONTAINS SQL	表示过程体包含 SQL 语句，但不包含读或写数据的语句
NO SQL	表示过程体中不包含 SQL 语句
READS SQL DATA	表示过程体中包含读数据的语句
MODIFIES SQL DATA	表示过程体中包含写数据的语句
SQL SECURITY DEFINER	表示定义者有权执行存储过程
SQL SECURITY INVOKER	表示调用者有权执行存储过程

存储过程的默认执行权限是定义者，下面演示如何修改 temp 存储过程的特征值，将 temp 存储过程的执行权限从定义者修改为调用者，并添加注释信息，具体示例如下。

```
mysql> ALTER PROCEDURE temp SQL SECURITY INVOKER COMMENT '查询指定的数据';
Query OK, 0 rows affected (0.01 sec)
```

通过查看存储过程的状态信息验证存储过程是否修改成功，具体示例如下。

```
mysql> SHOW PROCEDURE STATUS LIKE 'temp'\G
*************************** 1. row ***************************
                  Db: ems
                Name: temp
                Type: PROCEDURE
             Definer: root@localhost
            Modified: 2022-03-01 15:43:01
             Created: 2022-02-28 14:36:58
       Security_type: INVOKER
             Comment: 查询指定的数据
character_set_client: gbk
collation_connection: gbk_chinese_ci
  Database Collation: utf8mb4_0900_ai_ci
1 row in set (0.00 sec)
```

从上述结果可以看出，Modified 字段的信息已经为修改后的时间，Security_type 字段和 Comment 字段的信息已经从默认值更改为修改后的数据，在存储过程执行时，会检查存储过程的调用者是否有 temp 数据表的查询权限。

■ 任务实现

实操微课 7-2：任务 7.1.2 修改存储过程

根据任务需求，完成修改存储过程的注释信息和执行权限，具体步骤如下。

① 修改 emp_sal 中的注释信息和执行权限，具体 SQL 语句及执行结果如下。

```
mysql> ALTER PROCEDURE emp_sal SQL SECURITY INVOKER
    -> COMMENT '查询工资在指定区间的员工信息';
Query OK, 0 rows affected (0.01 sec)
```

② 查看 emp_sal 修改后的结果信息，具体 SQL 语句及执行结果如下。

```
mysql> SHOW PROCEDURE STATUS LIKE 'emp_sal'\G
*************************** 1. row ***************************
                  Db: ems
                Name: emp_sal
                Type: PROCEDURE
             Definer: root@localhost
            Modified: 2022-03-01 15:39:02
             Created: 2022-03-01 15:32:11
       Security_type: INVOKER
             Comment: 查询工资在指定区间的员工信息
character_set_client: gbk
collation_connection: gbk_chinese_ci
  Database Collation: utf8mb4_0900_ai_ci
1 row in set (0.01 sec)
```

从上述结果可以看出，Security_type 字段的值为 INVOKER，表示将存储过程的执行权限改为调用者，Comment 字段的值为“查询工资在指定区间的员工信息”，表示给存储过程添加注释成功。

任务 7.1.3 删除存储过程

任务需求

为了便于对存储过程的管理，需要及时删除不再使用的存储过程。小明打算以 emp_sal 存储过程为例，练习存储过程的删除，并在删除后查看删除结果。

知识储备

理论微课 7-6：删除存储过程的语句

删除存储过程的语句

创建存储过程后，存储过程会一直保存在数据库服务器上，如果不再使用存储过程，需要将其删除。删除存储过程的基本语法如下。

```
DROP PROCEDURE [IF EXISTS] 存储过程名称 ;
```

在上述语法中，存储过程名称指的是要删除的存储过程名称，IF EXISTS 用于判断要删除的存储过程是否存在，如果要删除的存储过程不存在，会产生一个警告避免发生错误。

下面演示删除 temp 存储过程，具体示例如下。

```
mysql> DROP PROCEDURE temp;
Query OK, 0 rows affected (0.01 sec)
```

删除存储过程后，通过查询 information_schema 数据库下 Routines 表中存储过程记录，验证存储过程是否删除成功，具体示例如下。

```
mysql> SELECT * FROM  information_schema.Routines
    -> WHERE ROUTINE_NAME='temp' AND ROUTINE_TYPE='PROCEDURE'\G
Empty set (0.00 sec)
```

上述查询语句执行后，结果为“Empty set（0.00 sec）”，表示没有查询出任何记录，说明存储过程 temp 已经被删除。

任务实现

根据任务需求，完成存储过程的删除。在删除 emp_sal 存储过程后，通过查询 information_schema 数据库中的 Routines 表，查看存储过程是否删除成功，具体步骤如下。

实操微课 7-3：任务 7.1.3 删除存储过程

① 删除 emp_sal，具体 SQL 语句及执行结果如下。

```
mysql> DROP PROCEDURE IF EXISTS emp_sal;
Query OK, 0 rows affected (0.01 sec)
```

② 查看删除结果，具体 SQL 语句及执行结果如下。

```
mysql> SELECT * FROM  information_schema.Routines
    -> WHERE ROUTINE_NAME='emp_sal' AND ROUTINE_TYPE='PROCEDURE'\G
Empty set (0.00 sec)
```

从查询结果可以看出，没有查询出任何记录，说明存储过程 emp_sal 已经被删除。

7.2 存储函数

MySQL 支持函数的使用，MySQL 中的函数通常分为两种：一种是内置函数，一种是存储函数。内置函数在第 4 章中已经进行了讲解，本节主要讲解存储函数。存储函数也被称为自定义函数，存储函数和内置函数性质相同，都用于实现某种功能。本节将对存储函数的创建、查看、调用和删除进行讲解。

任务 7.2.1 创建、查看和调用存储函数

任务需求

小明在使用存储过程的过程中，有时想要在 SELECT 语句中使用存储过程的执行结果作为查询条件，但是存储过程没有返回值。通过查询资料，小明了解到存储函数和存储过程类似，并且存储函数可以定义返回值，可以在 SELECT 语句中使用存储函数的返回值作为查询条件。

为了练习存储函数的使用，小明决定创建 func_emp 存储函数，实现根据员工姓名查询员工工资，具体要求如下。

① 创建 func_emp 存储函数。

② 查看 func_emp 存储函数。

③ 调用 func_emp 存储函数。

知识储备

1. 创建存储函数的语句

理论微课 7-7：创建存储函数的语句

存储函数和存储过程类似，都是存储在数据库中的一段 SQL 语句的集合，它们的区别在于存储过程没有返回值，主要用于执行操作，存储函数可以通过 RETURN 关键字返回数据。创建存储函数的基本语法如下。

```
CREATE FUNCTION 存储函数名称 ([ 参数列表 [...]])
RETURNS 返回值类型 {DETERMINISTIC|NO SQL|READS SQL DATA}
函数体
```

在上述语法中，存储函数的参数列表形式和存储过程的参数列表形式相同，RETURNS 关键字指定函数的返回值类型。DETERMINISTIC、NO SQL 和 READS SQL DATA 这 3 个值用于声明存储函数的特征，其中，DETERMINISTIC 用于指明在执行存储过程时，相同的输入会得到相同的输出，另外 2 个值的含义见表 7-1。函数体是指包含在存储函数中的 SQL 语句块，可以使用 BEGIN...END 来标识 SQL 语句块的开始和结束，函数体中必须包含一个 RETURN value 语句，其中 value 的数据类型必须和定义的返回值类型一致。

下面演示 func_temp 存储函数的创建，具体示例如下。

```
mysql> DELIMITER &&
mysql> CREATE FUNCTION func_temp (temp_id INT)
    -> RETURNS VARCHAR(20) READS SQL DATA
    -> BEGIN
    ->   RETURN (SELECT ename FROM emp WHERE empno = temp_id);
    -> END &&
Query OK, 0 rows affected (0.00 sec)
mysql> DELIMITER ;
```

在上述示例中，func_temp 是存储函数名称，temp_id 是函数的形参，形参后面的 INT 是该参数的数据类型，RETURNS 关键字用于指定返回值的类型，函数体中使用 SELECT 语句根据输入的 id 查询对应的姓名，并通过 RETURN 关键字返回查询结果。

2. 查看存储函数的语句

理论微课 7-8：查看存储函数的语句

存储函数创建完成后，可以查看存储函数的状态信息、查看存储函数的创建信息，以及通过数据表查询存储函数。

（1）查看存储函数的状态信息

使用 SHOW FUNCTION STATUS 语句查看存储函数状态信息的基本语法如下。

```
SHOW FUNCTION STATUS [LIKE 存储过程名称的模式字符 ];
```

（2）查看存储函数的创建信息

使用 SHOW CREATE FUNCTION 语句查看存储函数创建信息的基本语法如下。

```
SHOW CREATE FUNCTION 存储函数名称 ;
```

（3）通过数据表查看存储函数

通过 information_schema.Routines 数据表查看存储函数信息的基本语法如下。

```
SELECT * FROM information_schema.Routines
WHERE ROUTINE_NAME='存储函数名称' AND ROUTINE_TYPE='FUNCTION'\G
```

从上述 3 个查看存储函数的语法可以看出，查看存储函数和查看存储过程的区别在于，查看存储过程使用 PROCEDURE 关键字，查看存储函数使用 FUNCTION 关键字。

由于查看存储函数和查看存储过程的使用方法大致相同，下面以使用 SHOW FUNCTION STATUS 语句为例，查看数据库 ems 中存储函数名称为 func_temp 的状态信息，具体示例如下。

```
mysql> SHOW FUNCTION STATUS LIKE 'func_temp'\G
*************************** 1. row ***************************
                  Db: ems
                Name: func_temp
                Type: FUNCTION
             Definer: root@localhost
            Modified: 2022-03-01 15:39:02
             Created: 2022-03-01 15:39:02
       Security_type: DEFINER
             Comment:
 character_set_client: gbk
 collation_connection: gbk_chinese_ci
   Database Collation: utf8mb4_0900_ai_ci
1 row in set (0.00 sec)
```

从上述结果可以看出，使用 SHOW FUNCTION STATUS 语句显示了 func_temp 存储函数的创建时间、修改时间和字符集等信息。

理论微课 7-9：调用存储函数的语句

3. 调用存储函数的语句

要想让创建的存储函数在程序中发挥作用，需要调用才能使其执行。调用存储函数和调用 MySQL 的内置函数类似，基本语法如下。

```
SELECT [数据库名称.]函数名([实参列表]);
```

在上述语法中，数据库名称是可选参数，指调用的存储函数所属的数据库，如果不指定则默认调用当前数据库的存储函数，实参列表中的值需和定义存储函数时设置的类型一致。

下面调用 func_temp 存储函数，具体示例如下。

```
mysql> SELECT func_temp(9839);
+-----------------+
| func_temp(9839) |
+-----------------+
| 刘一            |
+-----------------+
1 row in set (0.00 sec)
```

上述语句在调用 func_temp 存储函数时传递了参数 9839，函数执行后返回数据表中 empno 为 9839 的 ename 字段值。

任务实现

实操微课 7-4：任务 7.2.1 创建、查看和调用存储函数

根据任务需求，完成存储函数的创建、查看和调用，具体步骤如下。

① 创建 func_emp 存储函数，具体 SQL 语句及执行结果如下。

```
mysql> DELIMITER &&
mysql> CREATE FUNCTION func_emp(emp_name VARCHAR(20))
    -> RETURNS DECIMAL(7,2)READS SQL DATA
    -> BEGIN
    ->   RETURN (SELECT sal FROM emp WHERE ename=emp_name);
    -> END &&
Query OK, 0 rows affected (0.01 sec)
mysql> DELIMITER ;
```

在上述代码中，创建 func_emp 时设置了形参 emp_name，函数体中根据传入的员工姓名查询员工的工资，从 SQL 语句的执行结果可以看出，存储函数 func_emp 创建成功。

② 查看 func_emp 存储函数，具体 SQL 语句及执行结果如下。

```
mysql> SHOW FUNCTION STATUS LIKE 'func_emp'\G
*************************** 1. row ***************************
                  Db: ems
                Name: func_temp
                Type: FUNCTION
             Definer: root@localhost
            Modified: 2022-03-02 15:46:55
             Created: 2022-03-02 15:46:55
       Security_type: DEFINER
             Comment:
 character_set_client: gbk
 collation_connection: gbk_chinese_ci
   Database Collation: utf8mb4_0900_ai_ci
1 row in set (0.02 sec)
```

③ 调用 func_emp 存储函数，具体 SQL 语句及执行结果如下。

```
mysql> SELECT func_emp('陈二');
+-----------------+
| func_emp('陈二')|
+-----------------+
|        13450.00 |
+-----------------+
1 row in set (0.00 sec)
```

在上述语句中，调用 func_emp 存储函数时传递了参数“陈二”，函数执行后返回数据表中“陈二”对应的工资信息。

任务 7.2.2 删除存储函数

任务需求

为了便于对存储函数的管理，需要及时删除不再使用的存储函数，小明打算学习删除存储函数的语句，并以 func_emp 存储函数为例练习存储函数的删除，具体要求如下。

① 删除 func_emp 存储函数。

② 查看删除结果。

理论微课 7-10：删除存储函数的语句

知识储备

删除存储函数的语句

删除存储函数使用 DROP FUNCTION 语句，基本语法如下。

```
DROP FUNCTION [IF EXISTS] 存储函数名称 ;
```

在上述语法中，IF EXISTS 是可选参数，用于防止因删除不存在的存储函数而引发错误。

下面演示删除 func_temp 存储函数，具体示例如下。

```
mysql> DROP FUNCTION IF EXISTS func_temp;
Query OK, 0 rows affected (0.00 sec)
```

存储函数删除后，查询 information_schema 数据库的 Routines 表中的记录来确认是否删除成功，具体示例如下。

```
mysql> SELECT * FROM information_schema.Routines
    -> WHERE ROUTINE_NAME='func_temp' AND ROUTINE_TYPE='FUNCTION'\G
```

上述示例语句执行后，结果为“Empty set (0.00 sec)”，表示没有查询出任何记录，说明存储函数 func_temp 已经被删除。

实操微课 7-5：任务 7.2.2 删除存储函数

任务实现

根据任务需求，完成 func_temp 存储函数的删除，具体步骤如下。

① 删除 func_emp 存储函数，具体 SQL 语句及执行结果如下。

```
mysql> DROP FUNCTION func_emp;
Query OK, 0 rows affected (0.01 sec)
```

② 查看 func_emp 存储函数的删除结果，具体 SQL 语句及执行结果如下。

```
mysql> SELECT * FROM information_schema.Routines
    -> WHERE ROUTINE_NAME='func_emp' AND ROUTINE_TYPE='FUNCTION'\G
Empty set (0.00 sec)
```

从查询结果可以看出，没有查询出任何记录，说明存储过程 func_emp 已经被删除。

7.3 变量

在 MySQL 中，通过变量可以保存程序运行过程中涉及的数据，如用户输入的值、计算的结果等。MySQL 中的变量分为系统变量、用户变量和局部变量，本节将对这 3 种变量的相关内容进行讲解。

任务 7.3.1 系统变量的查看与修改

任务需求

在使用 UPDATE 语句更新数据时，如果没有设置 WHERE 条件，全表数据都会发生更新。由于全表更新数据风险比较大，小明考虑能否在 MySQL 中禁止全表更新数据。通过向领导请教，小明了解到可以在 MySQL 中开启 SQL 安全更新模式来禁止全表更新数据。

开启 SQL 安全更新模式需要将 sql_safe_updates 系统变量设置为 ON。小明打算在自己的计算机中练习开启 SQL 安全更新模式，具体要求如下。

① 查看 sql_safe_updates 系统变量。

② 将 sql_safe_updates 系统变量设置为 ON。

③ 执行全表更新操作，查看操作结果。

知识储备

1. 系统变量概述

系统变量分为全局（GLOBAL）系统变量和会话（SESSION）系统变量，全局系统变量是 MySQL 系统内部定义的变量，当 MySQL 数据库服务器启动时，全局系统变量就会被初始化，并对所有客户端有效，其值能应用于当前连接的客户端，也能应用于其他连接的客户端，直到服务器重新启动为止。

理论微课 7-11：系统变量概述

会话系统变量仅对当前连接的客户端有效，会话系统变量的值是可以改变的，但是其新值仅适用于正在运行的客户端，不适用于其他客户端。

默认情况下，MySQL 会在服务器启动时为全局系统变量初始化默认值，用户也可以通过配置文件完成系统变量的设置。每次建立一个新连接时，MySQL 会将当前所有全局系统变量复制一份作为会话系统变量。

理论微课 7-12：查看系统变量

2. 查看系统变量

使用 SHOW 语句查看所有的系统变量，基本语法如下。

```
SHOW [GLOBAL | SESSION] VARIABLES [LIKE '匹配字符串'|WHERE 表达式];
```

在上述语法中，GLOBAL 和 SESSION 是可选参数，其中 GLOBAL 用于显示全局系统变量，SESSION 用于显示会话系统变量，如果不显式指定的话，默认值为 SESSION。

下面演示如何查看变量名以 auto_inc 开头的所有系统变量，具体示例如下。

```
mysql> SHOW VARIABLES LIKE 'auto_inc%';
+--------------------------+-------+
| Variable_name            | Value |
+--------------------------+-------+
| auto_increment_increment | 1     |
| auto_increment_offset    | 1     |
+--------------------------+-------+
```

在上述示例结果中，显示了两个变量名以 auto_inc 开头的系统变量，其中 auto_increment_increment 表示自增长字段每次递增的量，auto_increment_offset 表示自增长字段的开始数值。

MySQL 中的系统变量非常多（有 600 多个），这些系统变量只在某些特殊场景下才会用到，一般情况下是用不到的。在 MySQL 官方文档中有关于这些系统变量的解释，有兴趣的读者可以查阅 MySQL 官方文档，这里不再赘述。

理论微课 7-13：修改系统变量

3. 修改系统变量

在 MySQL 中使用 SET 语句修改系统变量，基本语法如下。

```
SET {GLOBAL | @@GLOBAL.} | {SESSION | @@SESSION.} 系统变量名 = 新值 ;
```

在上述语法中，当系统变量名使用 GLOBAL 或 @@GLOBAL. 修饰时，表示修改的是全局系统变量，当系统变量名使用 SESSION 或 @@SESSION. 修饰时，表示修改的是会话系统变量。当不显式指定修饰的关键字时，默认修改的是会话系统变量。新值是指为系统变量设置的新值。

下面演示如何将系统变量 auto_increment_offset 的值设置为 2，具体示例如下。

```
mysql> SET auto_increment_offset=2;
Query OK, 0 rows affected (0.00 sec)
```

在当前客户端窗口查看系统变量 auto_increment_offset 的值，具体示例如下。

```
mysql> SHOW VARIABLES WHERE Variable_name='auto_increment_offset';
+-----------------------+-------+
| Variable_name         | Value |
+-----------------------+-------+
| auto_increment_offset | 2     |
+-----------------------+-------+
1 row in set (0.00 sec)
```

从上述示例结果中可以看出，系统变量 auto_increment_offset 的值成功修改为 2。

如果再重新打开一个客户端，在新打开的客户端中使用 SHOW 语句查看系统变量 auto_increment_offset 的值，具体示例如下。

```
mysql> SHOW VARIABLES WHERE Variable_name='auto_increment_offset';
+-----------------------+-------+
| Variable_name         | Value |
+-----------------------+-------+
| auto_increment_offset | 1     |
+-----------------------+-------+
1 row in set (0.00 sec)
```

从上述示例结果可以看出，新打开的客户端中显示的系统变量 auto_increment_offset 的值并没有修改，说明上述语句修改的是会话系统变量，修改仅对当前客户端有效，并不影响其他客户端。

如果想让修改的系统变量在其他客户端也能生效，可以修改全局系统变量，例如，将全局系统变量 auto_increment_offset 的值设置为 3，具体示例如下。

```
mysql> SET GLOBAL auto_increment_offset=3;
Query OK, 0 rows affected (0.00 sec)
```

修改全局系统变量后，当前正在连接的客户端仍然还是原来的值，只有重新连接的客户端才会生效。

为了避免影响 MySQL 的自动增长功能，将 auto_increment_offset 的值恢复为 1，具体示例如下。

```
mysql> SET GLOBAL auto_increment_offset=1;
Query OK, 0 rows affected (0.00 sec)
mysql> SET auto_increment_offset=1;
Query OK, 0 rows affected (0.00 sec)
```

完成上述操作即可将 auto_increment_offset 的值恢复为 1。

■ 任务实现

实操微课 7-6：任务 7.3.1 系统变量的查看与修改

根据任务需求，开启 MySQL 的安全更新模式，具体步骤如下。

① 查看 sql_safe_updates 系统变量，具体 SQL 语句及执行结果如下。

```
mysql> SHOW VARIABLES LIKE 'sql_safe_updates';
+------------------+-------+
| Variable_name    | Value |
+------------------+-------+
| sql_safe_updates | OFF   |
+------------------+-------+
```

在上述查询结果中，安全模式是关闭状态。

② 开启安全更新模式，具体 SQL 语句及执行结果如下。

```
mysql> SET sql_safe_updates='ON';
Query OK, 0 rows affected (0.01 sec)
```

③ 查看开启后的状态，具体 SQL 语句及执行结果如下。

```
mysql> SHOW VARIABLES LIKE 'sql_safe_updates';
+------------------+-------+
| Variable_name    | Value |
+------------------+-------+
| sql_safe_updates | ON    |
+------------------+-------+
```

④ 执行全表更新操作，具体 SQL 语句及执行结果如下。

```
mysql> UPDATE emp SET sal=1000;
ERROR 1175 (HY000): You are using safe update mode and you tried
to update a table without a WHERE that uses a KEY column.
```

在上述 SQL 语句中，将员工表中的工资字段全部设置为 1000，由于没有设置 WHERE 条件，执行 SQL 语句会报错，提示正在使用安全更新模式。

⑤ 为了避免安全更新模式影响 MySQL 后续的学习和使用，将其关闭，具体 SQL 语句及执行结果如下。

```
mysql> SET sql_safe_updates='OFF';
Query OK, 0 rows affected (0.01 sec)
```

完成上述操作后即可关闭安全更新模式。

任务 7.3.2 用户变量的定义和赋值

任务需求

销售部需要根据奖金评比第二季度的员工等级，不同的奖金区间对应的等级不同。小明考虑到以后每个季度都会进行评比，他决定使用存储过程来实现查询员工的奖金。

由于每个季度评比的奖金区间不固定，每到季度评比时，小明都需要手动修改存储过程中定义的奖金区间，一旦修改过程中出现错误，还需要花时间排查错误，这耗费了大量时间和精力。为了解决这个问题，小明通过查询相关资料，在下班后请教其他有经验的同事，最终找到了问题的解决方案——通过设置用户变量定义每次查询的奖金区间。小明的做法体现了钻研和开拓进取的精神，他不断研究，利用下班时间向同事请教，努力寻找解决问题的办法，体现出自己的职业素养。

为了练习用户变量的使用，小明创建存储过程，在存储过程中定义用户变量，具体要求如下。

① 创建存储过程，命名为 user_bonus，定义 @start 和 @end 用户变量。

② 调用存储过程前，设置用户变量的值。

③ 调用 user_bonus 存储过程，分别查看奖金区间为 400~899 和 900~1499 的员工信息。

知识储备

理论微课 7-14：用户变量定义和赋值的语法

用户变量定义和赋值的语法

用户变量是指用户根据需要自己定义的变量，用户变量只对当前用户连接的客户端有效，不能被其他客户端访问和使用，如果当前客户端退出或关闭，该客户端所定义的用户变量将自动释放。

用户变量由 @ 符号和变量名组成，在使用用户变量之前，需要先对用户变量进行定义和赋值。在 MySQL 中给用户变量定义和赋值的方法有 3 种，下面分别进行讲解。

（1）使用 SET 语句给用户变量定义和赋值

使用 SET 语句给用户变量定义和赋值的基本语法如下。

```
SET @变量名 1=值 1[,@变量名 2=值 2,...];
```

在上述语法中，变量名的命名规则遵循标识符的命名规则，一条语句可以定义多个用户变量，多个用户变量间使用逗号进行分隔。

用户变量的数据类型根据赋值的数据类型自动定义，具体示例如下。

```
# 定义字符串类型的用户变量
mysql> SET @name='admin';
Query OK, 0 rows affected (0.00 sec)
# 定义整型的用户变量
mysql> SET @age=22;
Query OK, 0 rows affected (0.00 sec)
```

在上述示例代码中，定义了字符串类型的用户变量 @name，定义了整型的用户变量 @age。

（2）在 SELECT 语句中使用赋值符号“:=”给用户变量定义和赋值

使用 SELECT 语句中的赋值符号“:=”给用户变量定义和赋值的基本语法如下。

```
SELECT @变量名:= 字段名 FROM 表名 [WHERE 条件表达式 ];
```

在上述语法中，字段名是数据表中对应的字段。

下面演示如何使用 SELECT 语句中的赋值符号“:=”给用户变量定义和赋值，具体示例如下。

```
mysql> SELECT @sal:=sal FROM emp WHERE ename='刘一';
+------------+
| @sal:=sal |
+------------+
| 16000.00 |
+------------+
```

在上述示例中，将查询出的 sal 字段的值通过赋值符号“:=”为用户变量 @sal 赋值。

（3）使用 SELECT...INTO 语句给用户变量定义和赋值

使用 SELECT...INTO 语句可以把查询出的字段值直接存储到用户变量中，基本语法如下。

```
SELECT 字段名1[,字段名2,...] FROM 表名 INTO @变量名1[,@变量名2];
```

在上述语法中，使用 SELECT 语句查询出字段的值，通过 INTO 关键字依次为定义的用户变量赋值。

下面演示如何查询 emp 数据表中第一条数据的员工编号、员工姓名和基本工资字段，并使用 SELECT...INTO 语句给用户变量定义和赋值，具体示例如下。

```
mysql> SELECT empno,ename,sal FROM emp LIMIT 1 INTO @e_no,@e_name,@e_sal;
Query OK, 1 row affected (0.00 sec)
```

在上述示例中，查询出 emp 数据表中 empno、ename 和 sal 字段的值后，通过 INTO 关键字为 @e_no、@e_name 和 @e_sal 用户变量赋值。

给用户变量赋值后，可以通过 SELECT 语句查询设置的用户变量，具体示例如下。

```
mysql> SELECT @name,@age,@sal,@e_no,@e_name,@e_sal;
+-------+------+----------+-------+---------+----------+
| @name | @age | @sal     | @e_no | @e_name | @e_sal   |
+-------+------+----------+-------+---------+----------+
```

```
| admin |  22  | 16000.00 |  9839 |  刘一     | 16000.00 |
+-------+------+----------+-------+---------+----------+
1 row in set (0.00 sec)
```

在上述查询结果中，@name 和 @age 是使用 SET 语句定义的用户变量，@sal 是使用 SELECT 语句定义的用户变量，@e_no、@e_name 和 @e_sal 是使用 SELECT…INTO 语句定义的用户变量。由于 emp 数据表中第一条数据的员工编号、员工姓名和基本工资分别是 9839、刘一和 16000，所以用户变量 @e_no、@e_name 和 @e_sal 的值分别是 9839、刘一和 16000。

实操微课 7-7：任务 7.3.2 用户变量的定义和赋值

任务实现

根据任务需求，完成根据指定的奖金范围查询员工名单，具体步骤如下。

① 创建存储过程，命名为 user_bonus，具体 SQL 语句及执行结果如下。

```
mysql> DELIMITER //
mysql> CREATE PROCEDURE user_bonus()
    -> BEGIN
    ->  SELECT ename,bonus FROM emp WHERE deptno=30 AND
    ->  bonus BETWEEN @start and @end;
    -> END //
Query OK, 0 rows affected (0.01 sec)
mysql> DELIMITER ;
```

② 调用存储过程前，设置 @start 和 @end 用户变量的值，把奖金区间设为 400~899，具体 SQL 语句及执行结果如下。

```
mysql> SET @start=400,@end=899;
Query OK, 0 rows affected (0.00 sec)
```

③ 调用存储过程，具体 SQL 语句及执行结果如下。

```
mysql> CALL user_bonus();
+-------+--------+
| ename | bonus  |
+-------+--------+
| 周八   | 800.00 |
+-------+--------+
1 row in set (0.00 sec)
Query OK, 0 rows affected (0.00 sec)
```

从上述结果可以看出，员工周八位于 400~899 奖金区间内。

④ 把奖金区间设为 900~1499，具体 SQL 语句及执行结果如下。

```
mysql> SET @start=900,@end=1499;
Query OK, 0 rows affected (0.00 sec)
```

⑤ 调用存储过程，具体 SQL 语句及执行结果如下。

```
mysql> CALL user_bonus();
+-------+---------+
```

```
| ename | bonus   |
+-------+---------+
| 孙七   |  900.00 |
| 吴九   | 1300.00 |
+-------+---------+
2 rows in set (0.00 sec)
Query OK, 0 rows affected (0.00 sec)
```

从上述结果可以看出，员工孙七、吴九位于 900~1 499 奖金区间内。

任务 7.3.3 局部变量的定义和使用

■ 任务需求

小明创建了根据指定的工资区间查询员工名单的存储过程，在调用存储过程时发现有时会返回空数据。通过排查，发现有时会忘记设置奖金的区间值，造成程序不知道根据什么条件来查询。

小明了解到通过在存储过程中设置局部变量，规定默认的奖金区间值，可以解决这个问题。为了练习局部变量的使用，小明重新创建 user_bonus 存储过程，具体要求如下。

① 删除原有的 user_bonus 存储过程。

② 重新创建 user_bonus 存储过程，新增两个局部变量 start 和 end，变量类型为整型。

③ 在不设置用户变量的情况下调用存储过程，查看程序输出结果。

■ 知识储备

局部变量的定义和使用

局部变量是可以保存指定数据类型的变量，局部变量的作用范围为存储过程和自定义函数的 BEGIN...END 语句块之间。在 BEGIN...END 语句块运行结束之后，局部变量就会消失。

理论微课 7-15：局部变量的定义和使用

局部变量使用 DECLARE 语句定义，基本语法如下。

```
DECLARE 变量名1 数据类型 [DEFAULT 默认值][,变量名2 数据类型 [DEFAULT 默认值 ...];
```

在上述语法中，变量名和数据类型是必选参数，如果同时定义多个局部变量，变量名之间使用逗号进行分隔。DEFAULT 子句是可选参数，用于给局部变量设置默认值，省略时局部变量的默认值为 NULL。

下面演示如何在存储函数中创建局部变量，并在函数中返回该局部变量，示例代码如下。

```
mysql> DELIMITER &&
mysql> CREATE FUNCTION func_var()
    -> RETURNS INT NO SQL
    -> BEGIN
    ->   DECLARE sal INT DEFAULT 1500;
    ->   RETURN sal;
    -> END &&
Query OK, 0 rows affected (0.00 sec)
mysql> DELIMITER ;
```

在上述示例中，创建存储函数 func_var () 时，在函数体中创建了局部变量 sal，并为 sal 设置了默认值 1500。

下面演示存储函数 func_var () 的调用，示例代码如下。

```
mysql> SELECT func_var();
+------------+
| func_var() |
+------------+
|       1500 |
+------------+
1 row in set (0.00 sec)
```

从上述结果可以看出，局部变量可以通过函数返回值的方式返回给外部调用者。

如果直接在程序外访问局部变量，则访问不到局部变量。下面使用 SELECT 语句直接访问局部变量 sal，具体示例如下。

```
mysql> SELECT sal;
ERROR 1054 (42S22): Unknown column 'sal' in 'field list'
```

在上述示例中，"Unknown column 'sal' in 'field list'"表示查询不到 sal 的信息，说明无法访问局部变量 sal。

实操微课 7-8：任务 7.3.3 局部变量的定义和使用

任务实现

根据任务需求，完成返回默认奖金范围的员工名单，具体步骤如下。

① 删除原有的 user_bonus 存储过程，具体 SQL 语句及执行结果如下。

```
mysql> DROP PROCEDURE user_bonus;
Query OK, 0 rows affected (0.01 sec)
```

② 验证删除结果，具体 SQL 语句及执行结果如下。

```
mysql> SELECT * FROM  information_schema.Routines
    -> WHERE ROUTINE_NAME='user_bonus' AND ROUTINE_TYPE='PROCEDURE'\G
Empty set (0.00 sec)
```

③ 重新创建 user_bonus 存储过程，新增两个局部变量 start 和 end，具体 SQL 语句及执行结果如下。

```
mysql> DELIMITER //
mysql> CREATE PROCEDURE user_bonus()
    -> BEGIN
    ->  DECLARE start INT DEFAULT 100;
    ->  DECLARE end INT DEFAULT 800;
    ->  SELECT ename,bonus FROM emp WHERE deptno=30 AND
    ->  bonus BETWEEN IFNULL(@start,start) AND IFNULL(@end,end);
    -> END //
```

```
Query OK, 0 rows affected (0.01 sec)
mysql> DELIMITER ;
```

在上述代码中，定义了2个局部变量start和end，变量的类型是整型，其中start的默认值是100，end的默认值是800。

④ 将原有的用户变量@start和@end的值设为NULL，具体SQL语句及执行结果如下。

```
mysql> SET @start=NULL,@end=NULL;
Query OK, 0 rows affected (0.00 sec)
```

⑤ 在不设置用户变量的情况下调用存储过程，查看程序输出结果。

```
mysql> CALL user_bonus();
+-------+--------+
| ename | bonus  |
+-------+--------+
| 周八   | 800.00 |
+-------+--------+
1 row in set (0.00 sec)
Query OK, 0 rows affected (0.00 sec)
```

从输出结果可以看出，直接调用user_bonus存储过程，会输出奖金范围为100~800的员工信息。

7.4 流程控制、错误处理和游标

流程控制是指对程序的执行流程进行控制。MySQL提供了3类流程控制语句，分别是判断语句、循环语句和跳转语句。当遇到错误时，如果不希望程序因为错误而停止执行，可以通过MySQL中的错误处理机制自定义错误名称和错误处理程序，让程序遇到警告或错误时也能继续执行，从而增强程序处理问题的能力。MySQL还提供了游标机制，利用游标可以对结果集中的数据进行单独处理。本节将对流程控制、错误处理和游标的相关知识进行详细讲解。

任务7.4.1 利用流程控制语句进行编程

■ 任务需求

公司中每个部门的薪资结构不同，工资的计算方式也不同。例如，销售部的工资由基本工资、奖金和提成3部分组成，研究院的工资则只有工资和奖金两部分。人力资源部希望能实现根据员工所属的部门快速计算员工工资的功能。

考虑到计算工资的功能需要重复使用，小明决定使用存储过程来实现，在存储过程中使用判断语句判断员工所属部门，根据部门的薪资结构计算员工工资，具体要求如下。

① 创建存储过程，获取员工的基本信息。

② 在存储过程中判断员工所属部门，根据部门编号计算员工工资。

③ 计算销售部的员工工资，员工工资计算方式为“基本工资+奖金+提成”，其中提成的计

算方式为“奖金 ×80%”。

④ 计算研究院部门的员工工资，计算方式为“基本工资 + 奖金”。

⑤ 调用存储过程，查看输出结果。

■ 知识储备

理论微课 7-16：判断语句

1. 判断语句

判断语句用于对某个条件进行判断，通过不同的判断结果执行不同的语句。MySQL 中常用的判断语句有 IF 语句和 CASE 语句，下面对这两个语句进行详细讲解。

(1) IF 语句

IF 语句用于判断当满足某个条件时，就进行某种处理，否则进行另一种处理，基本语法如下。

```
IF 条件表达式 1 THEN 语句列表
[ELSEIF 条件表达式 2 THEN 语句列表 ]...
[ELSE 语句列表 ]
END IF;
```

在上述语法中，当条件表达式 1 结果为真时，执行 THEN 子句后的语句列表；当条件表达式 1 结果为假时，继续判断条件表达式 2，如果条件表达式 2 结果为真，则执行对应的 THEN 子句后的语句列表，以此类推；如果所有的条件表达式结果都为假，则执行 ELSE 子句后的语句列表。需要注意的是，每个语句列表中至少必须包含一条 SQL 语句。

下面使用 IF 语句判断员工表中是否存在某个员工，具体示例如下。

```
mysql> DELIMITER &&
mysql> CREATE PROCEDURE emp_exist(IN e_name VARCHAR(20))
    -> BEGIN
    ->     DECLARE flag INT DEFAULT 0;
    ->     SELECT COUNT(*) INTO flag FROM emp WHERE ename=e_name;
    ->     IF e_name IS NULL
    ->         THEN SELECT '没有输入员工姓名';
    ->     ELSEIF flag=0
    ->         THEN SELECT '员工不存在';
    ->     ELSE
    ->         SELECT * FROM emp WHERE ename=e_name;
    ->     END IF;
    -> END &&
Query OK, 0 rows affected (0.01 sec)
mysql> DELIMITER ;
```

在上述示例中，创建了一个名称为 emp_exist 的存储过程，其中 IF 语句用于根据输入参数 e_name 的值进行判断，显示不同的内容。

下面演示如何调用存储过程 emp_exist，具体示例如下。

```
mysql> CALL emp_exist(NULL);    # e_name 参数值为 NULL
+----------------+
| 没有输入员工姓名 |
```

```
+----------------+
| 没有输入员工姓名 |
+----------------+
mysql> CALL emp_exist('刘大');     # e_name参数值不存在
+-----------+
| 员工不存在 |
+-----------+
| 员工不存在 |
+-----------+
mysql> CALL emp_exist('刘一');     # e_name参数值存在
+-------+------+----+-----+---------+-----+-------+
| empno | ename | job | mgr  | sal      | bonus| deptno |
+-------+------+----+-----+---------+-----+-------+
|  9839 | 刘一   | 总监 | NULL | 16000.00 | NULL |  10    |
+-------+------+----+-----+---------+-----+-------+
```

从上述结果可以看出，调用存储过程 emp_exist 时，如果传递的参数为 NULL，则显示“没有输入员工姓名”；如果传递的员工姓名在员工表中不存在，则显示“员工不存在”；如果传递的员工姓名在员工表中存在，则显示员工对应的信息。

（2）CASE 语句

CASE 语句也用于对条件的判断，它可以实现比 IF 语句更复杂的条件判断，CASE 语句的语法有两种，首先对 CASE 语句的第 1 种语法进行讲解，基本语法如下。

```
CASE 条件表达式
    WHEN 值1 THEN 语句列表
    [WHEN 值2 THEN 语句列表]...
    [ELSE 语句列表]
END CASE;
```

在上述语法中，CASE 语句中包含了多个 WHEN 子句，CASE 后面的条件表达式的结果决定执行哪一个 WHEN 子句，当 WHEN 子句的值与表达式结果值相同时，则执行对应 THEN 关键字后的语句列表，如果所有 WHEN 子句的值都和表达式结果值不同，则执行 ELSE 后的语句列表，END CASE 表示 CASE 语句结束。

下面对 CASE 语句的第 2 种语法进行讲解，基本语法如下。

```
CASE
    WHEN 条件表达式1 THEN 语句列表
    [WHEN 条件表达式2 THEN 语句列表]...
    [ELSE 语句列表]
END CASE;
```

在上述语法中，当 WHEN 子句中的条件表达式结果为真时，则执行对应 THEN 关键字后的语句列表，当所有 WHEN 子句中的条件表达式都不为真时，则执行 ELSE 关键字后的语句列表。

下面使用 CASE 语句的第 2 种语法判断员工的工资，如果薪资大于等于 5000，则返回“高薪资”，如果小于 5000 且大于等于 4000 则返回“中等薪资”，如果小于 4000 且大于等于 2000 则返回“低薪资”，其他金额则返回“不合理薪资”，具体示例代码如下。

```
mysql> DELIMITER &&
mysql> CREATE FUNCTION emp_sal(e_sal DECIMAL(7,2))
    -> RETURNS VARCHAR(20) READS SQL DATA
    -> BEGIN
    ->     CASE
    ->         WHEN e_sal>=5000 THEN RETURN '高薪资';
    ->         WHEN e_sal>=4000 AND e_sal<5000 THEN RETURN '中等薪资';
    ->         WHEN e_sal>=2000 AND e_sal<4000 THEN RETURN '低薪资';
    ->         ELSE RETURN '不合理薪资';
    ->     END CASE;
    -> END &&
Query OK, 0 rows affected (0.00 sec)
mysql> DELIMITER ;
```

在上述示例中，创建了 emp_sal 存储函数，使用 CASE 语句判断参数 e_sal 的值对应的等级。下面演示调用 emp_sal 存储函数，具体示例如下。

```
mysql> SELECT emp_sal(6500);      # 薪资为 6500 时
+----------------+
| emp_sal(6500)  |
+----------------+
| 高薪资          |
+----------------+
mysql> SELECT emp_sal(4800);      # 薪资为 4800 时
+----------------+
| emp_sal(4800)  |
+----------------+
| 中等薪资        |
+----------------+
mysql> SELECT emp_sal(2300);      # 薪资为 2300 时
+----------------+
| emp_sal(2300)  |
+----------------+
| 低薪资          |
+----------------+
mysql> SELECT emp_sal(900);        # 薪资为 900 时
+---------------+
| emp_sal(900)  |
+---------------+
| 不合理薪资     |
+---------------+
```

2. 循环语句

循环语句可以实现一段代码的重复执行，MySQL 提供了 3 种循环语句，分别是 LOOP 语句、REPEAT 语句和 WHILE 语句，下面对这 3 种循环语句分别进行讲解。

理论微课 7-17：循环语句

（1）LOOP 语句

LOOP 语句通常用于实现一个简单的循环，基本语法如下。

```
[ 开始标签:] LOOP
  语句列表
END LOOP [ 结束标签 ];
```

在上述语法中，开始标签和结束标签是可选参数，表示循环的开始和结束。标签的定义只需要符合 MySQL 标识符的定义规则即可，但开始和结束位置的标签名称必须相同。

注意：

LOOP 会重复执行语句列表，所以在循环时务必给出结束循环的条件，否则会出现死循环。

下面演示如何使用 LOOP 语句计算 1~9 之间的累加和，具体示例如下。

```
mysql> DELIMITER &&
mysql> CREATE PROCEDURE loop_sum()
    -> BEGIN
    -> DECLARE i,sum INT DEFAULT 0;
    -> sign: LOOP
    ->      IF i>=10 THEN
    ->          SELECT i,sum;
    ->          LEAVE sign;
    ->      ELSE
    ->          SET sum=sum+i;
    ->          SET i=i+1;
    ->      END IF;
    -> END LOOP sign;
    -> END &&
Query OK, 0 rows affected (0.01 sec)
mysql> DELIMITER ;
```

在上述示例中，定义了一个名称为 loop_sum 的存储过程，在存储过程中定义了局部变量 i 和 sum，设置默认值为 0，在 LOOP 语句中判断 i 的值是否大于等于 10，如果大于 10 则输出 i 和 sum 当前的值，并使用 LEAVE 语句退出循环，如果小于 10，则将 i 的值累加到 sum 变量中，并对 i 的值自增 1，然后再次执行 LOOP 语句中的内容。

说明：

LOOP 语句本身没有停止语句，如果要退出 LOOP 循环，需要使用跳转语句，常用的跳转语句有 LEAVE 语句和 ITERATE 语句，在上述示例中使用了 LEAVE 语句跳出循环，关于跳转语句的使用方法会在后面的内容中进行详细讲解。

调用 loop_sum 存储过程，查看循环后 i 和 sum 的值，具体示例如下。

```
mysql> CALL loop_sum();
+------+------+
|  i   | sum  |
+------+------+
|  10  |  45  |
+------+------+
```

从上述示例结果可以看出，循环后 i 的值为 10，sum 的值为 45，可以得出当 i 等于 10 时，不再对 sum 进行累加，因此得出 sum 的值是 1~9 的累加和。

（2）REPEAT 语句

REPEAT 语句用于循环执行符合条件的语句列表，基本语法如下。

```
[ 标签:] REPEAT
     语句列表
     UNTIL 条件表达式
END REPEAT [ 标签 ]
```

在上述语法中，程序会无条件地执行一次 REPEAT 关键字后的语句列表，然后再判断 UNTIL 关键字后的条件表达式，如果判断结果为 TRUE，则结束循环，如果判断结果为 FALSE，则继续执行语句列表。

下面演示如何使用 REPEAT 语句计算 1~9 之间的累加和，具体示例如下。

```
mysql> DELIMITER &&
mysql> CREATE PROCEDURE repeat_sum()
    -> BEGIN
    -> DECLARE i,sum INT DEFAULT 0;
    -> sign: REPEAT
    -> SET sum=sum+i;
    ->      SET i=i+1;
    -> UNTIL i>9
    -> END REPEAT sign;
    -> SELECT i,sum;
    -> END &&
Query OK, 0 rows affected (0.01 sec)
mysql> DELIMITER ;
```

在上述示例代码中，定义了一个存储过程 repeat_sum，在存储过程 repeat_sum 中定义了局部变量 i 和 sum，并分别设置默认值为 0，然后在 REPEAT 的语句列表中将 i 的值累加到 sum 变量中，并对 i 进行自增 1，语句列表执行完后，判断 i 是否大于 9，如果是，则结束循序，如果不是，则继续执行语句列表。

调用 repeat_sum 存储过程，查看循环后 i 和 sum 的值，具体示例如下。

```
mysql> CALL repeat_sum();
+-----+-----+
|   i | sum |
+-----+-----+
|   10|  45 |
+-----+-----+
```

（3）WHILE 语句

WHILE 语句用于循环执行符合条件的语句列表，基本语法如下。

```
[ 标签:] WHILE 条件表达式 DO
  语句列表
END WHILE [ 标签 ];
```

在上述语法中，只有条件表达式为 TRUE 时才会执行 DO 后面的语句列表，语句列表执行一次后，程序再次判断条件表达式的结果，如果为 TRUE，则继续执行语句列表，如果为 FALSE，则退出循环。在使用 WHILE 语句时，可以在语句列表中设置循环的出口，防止出现死循环的现象。

下面演示如何使用 WHILE 语句计算 1~9 之间的累加和，具体示例如下。

```
mysql> DELIMITER &&
mysql> CREATE PROCEDURE while_sum()
    -> BEGIN
    ->     DECLARE i,sum INT DEFAULT 0;
    ->     WHILE i<10 DO
    ->         SET sum=sum+i;
    ->         SET i=i+1;
    ->     END WHILE;
    -> SELECT i,sum;
    -> END &&
Query OK, 0 rows affected (0.01 sec)
mysql> DELIMITER ;
```

在上述示例代码中，定义了一个存储过程 while_sum，该存储过程中定义了局部变量 i 和 sum，并设置局部变量的默认值为 0，WHILE 语句后判断 i 是否小于 10，如果是，则执行 DO 后面的语句列表。

调用 while_sum 存储过程，查看循环后 i 和 sum 的值，具体示例如下。

```
mysql> CALL while_sum();
+------+------+
|  i   | sum  |
+------+------+
|  10  |  45  |
+------+------+
```

3. 跳转语句

跳转语句用于实现循环执行过程中程序流程的跳转。MySQL 常用的跳转语句有 LEAVE 语句和 ITERATE 语句，跳转语句的基本语法如下。

理论微课 7-18：跳转语句

```
{LEAVE|ITERATE} 标签名;
```

在上述语法中，LEAVE 语句用于终止当前循环，跳出循环体，而 ITERATE 语句用于结束本次循环的执行，开始下一轮循环的执行。

为了读者能更好地理解 LEAVE 语句和 ITERATE 语句的使用及区别，下面演示如何计算 1~10 之间偶数的累加和，具体示例如下。

```
mysql> DELIMITER &&
mysql> CREATE PROCEDURE proc_jump()
    -> BEGIN
    ->     DECLARE num,sum INT DEFAULT 0;
    ->     my_loop: LOOP
```

```
    ->          SET num=num+2;
    ->          SET sum=sum+num;
    ->          IF num<10
    ->              THEN ITERATE my_loop;
    ->          ELSE SELECT sum;LEAVE my_loop;
    ->          END IF;
    -> END LOOP my_loop;
    -> END &&
Query OK, 0 rows affected (0.01 sec)
mysql> DELIMITER ;
```

在上述示例代码中，定义了一个存储过程 proc_jump，存储过程中定义了局部变量 num 和 sum，并设置局部变量的默认值为 0，接着执行 LOOP 语句，LOOP 语句的语句列表中先设置 num 的值自增 2，局部变量 sum 用于累加 num 的值，判断 num 的值是否小于 10，如果是，则使用 ITERATE 语句结束当前循环并开始下一轮循环，如果不是，则查询 sum 的值，跳出循环。

调用存储过程 proc_jump 查看循环后 sum 的值，具体示例如下。

```
mysql> CALL proc_jump();
+-------+
| sum   |
+-------+
|   30 |
+-------+
```

任务实现

实操微课 7-9：任务 7.4.1 利用流程控制语句进行编程

根据任务需求，实现根据员工部门计算员工工资，具体步骤如下。

① 创建计算员工工资的存储过程，具体 SQL 语句及执行结果如下。

```
mysql> DELIMITER &&
mysql> CREATE PROCEDURE emp_salary(IN emp_name VARCHAR(20))
    -> BEGIN
    ->  DECLARE e_sal,e_bonus,append,salary decimal(7,2) DEFAULT 0;
    ->  DECLARE e_name,deptname varchar(20) DEFAULT '';
    ->  DECLARE e_deptno int DEFAULT 0;
    ->  SELECT ename,sal,bonus,deptno
    ->  INTO e_name,e_sal,e_bonus,e_deptno
    ->  FROM emp WHERE ename=emp_name;
    ->  IF e_name IS NOT NULL THEN
    ->      IF e_deptno=20 THEN
    ->          SET deptname='研究院';
    ->          SET salary=IFNULL(e_sal,0.00)+IFNULL(e_bonus,0.00);
    ->          SELECT e_name,deptname,salary;
    ->      ELSEIF e_deptno=30 THEN
    ->          SET deptname='销售部';
    ->          SET append=e_bonus*0.8;
    ->          SET salary=IFNULL(e_sal,0.00)+IFNULL(e_bonus,0.00)
```

```
    ->          +IFNULL(append,0.00);
    ->          SELECT e_name,deptname,salary;
    ->       END IF;
    -> ELSE
    ->       SELECT '员工不存在';
    -> END IF;
    -> END &&
mysql> DELIMITER ;
Query OK, 0 rows affected (0.01 sec)
```

在上述代码中，定义了 emp_salary 存储过程，调用存储过程时需要传入员工姓名，在该存储过程中声明了 7 个局部变量，其中，salary 用于计算员工的工资，append 用于计算销售部员工的提成，deptname 用于设置员工的部门名称，根据员工姓名查询员工信息，将员工姓名、基本工资、奖金和所属部门编号分别赋值给局部变量 e_name、e_sal、e_bonus、e_deptno，使用 IF 语句判断员工所属部门来计算员工的工资，最终返回员工姓名、部门名称和工资。

② 在计算李四的工资前先查询基本信息，具体 SQL 语句及执行结果如下。

```
mysql> SELECT * FROM emp WHERE ename='李四';
+-------+------+------+------+----------+--------+--------+
| empno | ename | job  | mgr  | sal      | bonus  | deptno |
+-------+------+------+------+----------+--------+--------+
|  9566 | 李四  | 经理  | 9839 | 13995.00 |   NULL |     20 |
+-------+------+------+------+----------+--------+--------+
1 row in set (0.01 sec)
```

从查询结果可以看出，李四的基本工资为 13995，奖金为 NULL，所以李四的工资总额应该为 13995。

③ 调用存储过程计算李四的工资，具体 SQL 语句及执行结果如下。

```
mysql> CALL emp_salary('李四');
+---------+----------+----------+
| @e_name | deptname | salary   |
+---------+----------+----------+
| 李四     | 研究院    | 13995.00 |
+---------+----------+----------+
1 row in set (0.00 sec)
```

从计算结果可以看出，李四的工资总额为 13995，说明正确计算了研究院部门员工的工资。

④ 在计算周八的工资前先查询基本信息，具体 SQL 语句及执行结果如下。

```
mysql> SELECT * FROM emp WHERE ename='周八';
+-------+------+------+------+---------+--------+--------+
| empno | ename | job  | mgr  | sal     | bonus  | deptno |
+-------+------+------+------+---------+--------+--------+
|  9521 | 周八  | 销售  | 9698 | 4250.00 | 800.00 | 30     |
+-------+------+------+------+---------+--------+--------+
1 row in set (0.01 sec)
```

从查询结果可以看出，周八的基本工资为 4250，奖金为 800。提成是奖金的 80%，即 640，计算 4250+800+640 的结果为 5690。

⑤ 计算周八的工资，具体 SQL 语句及执行结果如下。

```
mysql> CALL emp_salary('周八');
+---------+----------+---------+
| @e_name | deptname | salary  |
+---------+----------+---------+
| 周八    | 销售部   | 5690.00 |
+---------+----------+---------+
1 row in set (0.00 sec)
```

从计算结果可以看出，周八的工资总额为 5690，说明正确计算了销售部员工的工资。

任务 7.4.2 对存储过程中的错误进行处理

任务需求

最近开发人员反馈，当向员工表中插入一批数据时，有时会报错导致程序中断执行。通过排查问题，发现员工表中的员工编号添加了主键约束，有些要添加的员工在员工表中已经存在，导致插入数据失败。

如果逐条检查数据会很麻烦，通过查询相关资料，小明发现可以在存储过程中自定义错误处理程序，当插入重复主键的数据时程序继续执行。

小明打算先在自己计算机中练习自定义错误处理程序的使用，具体要求如下。

① 给员工表的员工编号字段添加主键约束。

② 创建 proc_handler_err 存储过程，在存储过程中自定义错误处理程序。

③ 定义会话变量 @num，在插入重复主键的数据后为会话变量赋值。

④ 调用 proc_handler_err 存储过程。

⑤ 查看会话变量 @num 的值。

知识储备

1. 自定义错误名称

自定义错误名称是指当程序出现错误时，给错误声明一个名称，便于对错误进行对应的处理。例如，手机中存放了很多电话号码时，如果给每个号码设置对应的名字，只需通过名字就能找到对应的电话号码，而不需要记住全部的电话号码。

理论微课 7-19：自定义错误名称

MySQL 中使用 DECLARE 语句自定义一个错误名称，基本语法如下。

```
DECLARE 错误名称 CONDITION FOR 错误类型；
```

在上述语法中，错误名称指自定义的错误名称，错误类型有两个可选值，分别为 mysql_error_code 和 SQLSTATE [VALUE]，这两个值都表示 MySQL 的错误，关于错误类型的具体介绍如下。

- mysql_error_code：MySQL 数值类型的错误代码。
- SQLSTATE [VALUE]：MySQL 字符串类型长度为 5 的错误代码。

为了更好地理解上述两种错误代码，下面基于如下错误信息进行讲解。

```
ERROR 1062 (23000): Duplicate entry '9839' for key emp.PRIMARY'
```

上述示例的错误信息是在插入重复的主键值时抛出的错误信息，其中 1062 是 mysql_error_code 类型的错误代码，23000 是对应的 SQLSTATE 类型的错误代码。

下面演示如何使用 DECLARE 语句为 SQLSTATE 类型的错误代码声明一个名称，具体示例如下。

```
mysql> DELIMITER &&
mysql> CREATE PROCEDURE proc_err()
    -> BEGIN
    ->   DECLARE duplicate_entry CONDITION FOR SQLSTATE '23000';
    -> END &&
Query OK, 0 rows affected (0.01 sec)
mysql> DELIMITER ;
```

在上述示例中，使用 DECLARE 语句将错误代码 SQLSTATE '23000' 命名为 duplicate_entry，在处理错误的程序中可以使用错误名称 duplicate_entry 表示错误代码 SQLSTATE '23000'。

如果想要使用 DECLARE 语句为 mysql_error_code 类型的错误代码声明一个名称，只需要将声明语句替换成以下语句，具体示例如下。

```
DECLARE duplicate_entry CONDITION FOR 1062;
```

在上述示例中，使用 DECLARE 语句将错误代码 1062 命名为 duplicate_entry。

2. 自定义错误处理程序

程序出现错误时默认会停止执行。MySQL 中允许自定义错误处理程序，在程序出现错误时，可以交由自定义的错误处理程序处理，避免直接中断程序的运行。在编写自定义错误处理程序时，推理和逻辑判断能力是必不可少的。我们可以根据现有代码的逻辑规则，通过推理和判断来梳理程序可能存在的问题，并提出解决方案。这种能力可以使我们能够更加深入地思考和解决问题，从而提高程序的质量。

理论微课 7-20：自定义错误处理程序

自定义错误处理语句要定义在 BEGIN…END 语句中，并且在程序代码开始之前。自定义错误处理程序的基本语法如下。

```
DECLARE 错误处理方式 HANDLER FOR 错误类型 [, 错误类型 ...] 程序语句段
```

在上述语法中，MySQL 支持的错误处理方式有 CONTINUE 和 EXIT，其中 CONTINUE 表示遇到错误不进行处理，继续向下执行，EXIT 表示遇到错误后退出程序，程序语句段表示在遇到定义的错误时，需要执行的一些存储过程或存储函数。错误类型有 6 个可选值，具体介绍如下。

- sqlstate_value：匹配 SQLSTATE 错误代码。
- condition_name：匹配 DECLARE 定义的错误条件名称。
- SQLWARNING：匹配所有以 01 开头的 SQLSTATE 错误代码。
- NOT FOUND：匹配所有以 02 开头的 SQLSTATE 错误代码。

- SQLEXCEPTION：匹配所有没有被 SQLWARNING 或 NOT FOUND 捕获的 SQLSTATE 错误代码。
- mysql_error_code：匹配 mysql_error_code 类型的错误代码。

下面演示如何使用 DECLARE 语句自定义错误处理程序，具体示例如下。

```
mysql> DELIMITER &&
mysql> CREATE PROCEDURE proc_custom_err()
    -> BEGIN
    -> DECLARE EXIT HANDLER FOR SQLEXCEPTION
    ->     ROLLBACK;
    ->     SELECT '发生错误，操作回滚并退出存储过程';
    -> END &&
Query OK, 0 rows affected (0.01 sec)
mysql> DELIMITER ;
```

在上述示例中，当遇到 SQLEXCEPTION 类型的错误时，执行程序语句段，回滚至上一个操作，发出一条错误提示消息“发生错误，操作回滚并退出存储过程”，最终退出程序的执行。

实操微课 7-10：任务 7.4.2 对存储过程中的错误进行处理

任务实现

根据任务需求，实现自定义错误处理程序，具体步骤如下。

① 给员工表的员工编号字段添加主键约束，具体 SQL 语句及执行结果如下。

```
mysql> ALTER TABLE emp ADD PRIMARY KEY(empno);
Query OK, 0 rows affected (0.19 sec)
Records: 0  Duplicates: 0  Warnings: 0
```

② 创建 proc_handler_err 存储过程，具体 SQL 语句及执行结果如下。

```
mysql> DELIMITER &&
mysql> CREATE PROCEDURE proc_handler_err()
    -> BEGIN
    -> DECLARE CONTINUE HANDLER FOR SQLSTATE '23000'
    -> SET @num=1;
    -> INSERT INTO emp VALUES(9944,'杨十二','人事',9982,1000,500,40);
    -> SET @num=2;
    -> INSERT INTO emp VALUES(9944,'杨十二','人事',9982,1000,500,40);
    -> SET @num=3;
    -> END &&
Query OK, 0 rows affected (0.01 sec)
mysql> DELIMITER ;
```

在上述代码中，使用 DECLARE 语句自定义错误处理，SQLSTATE '23000' 表示表中不能插入重复键的错误代码，当发生这类错误时，程序会根据错误处理程序设置的 CONTINUE 处理方式继续向下执行。在存储过程中，@num 用于跟踪 SQL 语句的执行过程，如果上一行 SQL 语句执行，则 @num 的值加 1。INSERT 语句出现了两次，第 2 次的 INSERT 语句用于向员工表 emp 中插入相同内容的数据。

③ 调用存储过程，具体 SQL 语句及执行结果如下。

```
mysql> CALL proc_handler_err();
Query OK, 0 rows affected (0.01 sec)
```

④ 查看会话变量 @num 的值，具体 SQL 语句及执行结果如下。

```
mysql> SELECT @num;
+------+
| @num |
+------+
|   3  |
+------+
```

从上述结果可以看出，会话变量 @num 的值为 3，说明向员工表 emp 中插入重复主键的数据时，程序并没有中断，而是跳过错误继续为变量 @num 赋值。

⑤ 查看员工表中员工姓名为“杨十二”的信息，具体 SQL 语句及执行结果如下。

```
mysql> SELECT * FROM emp WHERE ename='杨十二';
+-------+-------+------+------+---------+--------+--------+
| empno | ename | job  | mgr  | sal     | bonus  | deptno |
+-------+-------+------+------+---------+--------+--------+
|  9944 | 杨十二 | 人事 | 9982 | 1000.00 | 500.00 |     40 |
+-------+-------+------+------+---------+--------+--------+
1 row in set (0.00 sec)
```

⑥ 防止重复的员工数据出现不必要的错误，删除员工姓名为“杨十二”的数据，具体 SQL 语句及执行结果如下。

```
mysql> DELETE FROM emp WHERE ename='杨十二';
Query OK, 1 row affected (0.01 sec)
```

任务 7.4.3 游标的基本操作

■ 任务需求

销售部经理希望能够实现查看每个月奖金为 0 的员工名单。由于这个需求每个月都需要统计，小明决定创建存储过程。通过查询资料，小明发现可以在存储过程中使用游标检索数据。游标是 MySQL 的一个内存工作区，通过把查询的数据临时存储起来，对数据进行相应处理后，将处理结果显示出来或最终写回数据库，从而提高处理数据的速度。为了练习游标的使用，小明创建了 emp_bonus 数据表，将奖金为 NULL 的员工信息保存到 emp_bonus 数据表中，实现查看奖金为 0 的员工名单这个功能时直接查询 emp_bonus 数据表。具体要求如下。

① 创建数据表 emp_bonus，保存奖金为 NULL 的员工信息表。

② 创建存储过程 proc_emp_bonus，在存储过程中将奖金为 NULL 的员工信息添加到数据表 emp_bonus。

③ 查看员工表 emp 中奖金为 NULL 的记录。

④ 调用存储过程 proc_emp_bonus，查看数据表 emp_bonus 中的记录是否正确。

知识储备

1. 定义游标

MySQL 中使用 DECLARE 关键字定义游标，因为游标要操作的是 SELECT 语句返回的结果集，所以定义游标时需要指定与其关联的 SELECT 语句。定义游标的基本语法如下。

理论微课 7-21：定义游标

```
DECLARE 游标名称 CURSOR FOR SELECT语句 ;
```

在上述语法中，游标名称必须唯一，在存储过程或存储函数中可能会存在多个游标，游标名称是唯一区分游标的标识，SELECT 语句中不能包含 INTO 关键字。

> 注意：
>
> 使用 DECLARE 关键字定义游标时，因为与游标相关联的 SELECT 语句不会立即被执行，所以此时 MySQL 服务器的内存中并没有 SELECT 语句的查询结果集。

在存储过程中，变量、错误触发条件、错误处理程序和游标都是使用 DECLARE 关键字来定义，但它们的定义是有先后顺序要求的，变量和错误触发条件必须在最前面定义，其次定义游标，最后定义错误处理程序。

2. 打开游标

定义游标之后，要想从游标中提取数据需要先打开游标。在 MySQL 中使用 OPEN 关键字打开游标，其语法如下。

理论微课 7-22：打开游标

```
OPEN 游标名称 ;
```

打开游标后，SELECT 语句根据查询条件，将查询到的结果集存储到 MySQL 服务器的内存中。

3. 利用游标检索数据

打开游标之后，就可以通过游标检索结果集中的数据，游标检索数据的基本语法如下。

理论微课 7-23：利用游标检索数据

```
FETCH 游标名称 INTO 变量名 1[, 变量名 2]...
```

在上述语法中，FETCH 语句将指定的游标名称中检索出来的数据存放到对应的变量中，变量名的个数需要和 SELECT 语句查询的结果集的字段个数保持一致。

每执行一次 FETCH 语句就会在结果集中获取一行记录，FETCH 语句获取记录后，游标的内部指针就会向前移动一步，指向下一条记录。

> 说明：
>
> FETCH 语句通常和 REPEAT 循环语句一起完成数据的检索，由于无法直接判断哪条记录是结果集中的最后一条记录，当利用游标从结果集中检索出最后一条记录后，再次执行 FETCH 语句会产生“ERROR 1329（02000）：No data to FETCH”的错误提示信息，因此，使用游标时通常需要自定义错误处理程序处理该错误，从而结束游标的循环。

4. 关闭游标

游标检索完数据后，应该关闭游标释放游标占用的内存资源。关闭游标的基本语法如下。

理论微课 7-24：关闭游标

```
CLOSE 游标名称；
```

在程序内，如果使用 CLOSE 关闭游标后，不能再通过 FETCH 使用该游标。如果想要再次利用游标检索数据，只需使用 OPEN 打开游标即可，而不用重新定义游标。如果没有使用 CLOSE 关闭游标，那么它将在被打开的 BEGIN…END 语句块的末尾关闭。

实操微课 7-11：任务 7.4.3 游标的基本操作

任务实现

根据任务需求，实现通过游标检索数据，具体步骤如下。

① 创建 emp_bonus 数据表，具体 SQL 语句及执行结果如下。

```
mysql> CREATE TABLE emp_bonus (
    ->   empno INT PRIMARY KEY,
    ->   ename VARCHAR(20) UNIQUE,
    ->   job VARCHAR(20),
    ->   mgr INT,
    ->   sal DECIMAL(7,2),
    ->   bonus DECIMAL(7,2),
    ->   deptno INT
    -> );
Query OK, 0 rows affected (0.08 sec)
```

② 创建存储过程 proc_emp_bonus，具体 SQL 语句及执行结果如下。

```
mysql> DELIMITER &&
mysql> CREATE PROCEDURE proc_emp_bonus()
    -> BEGIN
    ->  DECLARE mark INT DEFAULT 0;          # 游标结束循环的标识
    ->  DECLARE emp_no INT;                  # 存储员工表 empno 字段的值
    ->  DECLARE emp_name VARCHAR(20);        # 存储员工表 ename 字段的值
    ->  DECLARE emp_job VARCHAR(20);         # 存储员工表 job 字段的值
    ->  DECLARE emp_mgr INT;                 # 存储员工表 mgr 字段的值
    ->  DECLARE emp_sal decimal(7,2);        # 存储员工表 sal 字段的值
    ->  DECLARE emp_bonus decimal(7,2);      # 存储员工表 bonus 字段的值
    ->  DECLARE emp_deptno INT;              # 存储员工表 deptno 字段的值
    -> # 定义游标
    -> DECLARE cur CURSOR FOR SELECT * FROM emp WHERE bonus IS NULL;
    -> # 定义错误处理程序
    -> DECLARE CONTINUE HANDLER FOR SQLSTATE '02000'
    -> SET mark=1;
    -> # 打开游标
    -> OPEN cur;
    -> REPEAT
```

```
    -> # 通过游标获取结果集的记录
    -> FETCH cur INTO emp_no,emp_name,emp_job,emp_mgr,
    -> emp_sal,emp_bonus,emp_deptno;
    -> IF mark!=1 THEN
    ->   INSERT INTO emp_bonus(empno,ename,job,mgr,sal,bonus,deptno)
    ->   VALUES
    ->  (emp_no,emp_name,emp_job,emp_mgr,emp_sal,emp_bonus,emp_deptno);
    -> END IF;
    -> UNTIL mark=1 END REPEAT;
    -> # 关闭游标
    -> CLOSE cur;
    -> END &&
Query OK, 0 rows affected (0.01 sec)
mysql> DELIMITER ;
```

在上述代码中，创建了存储过程 proc_emp_bonus。变量 mark 用于存储游标结束循环的标识。游标 cur 与员工表 emp 中奖金为 NULL 的记录相关联。错误处理程序用于当游标获取最后一行记录后再获取记录时，继续执行程序，并设置 mark 的值为 1。REPEAT 语句用于遍历游标，每循环一次，FETCH 取出游标标记的一行记录，并将记录中的值存入变量中，接着会判断 mark 的值是否等于 1，如果不等于 1，则将记录插入数据表 emp_bonus 中；当 mark 的值为 1 时，说明已经将结果集的数据检索完毕，结束循环并关闭游标。

③ 查看员工表 emp 中奖金为 NULL 的记录，具体 SQL 语句及执行结果如下。

```
mysql> SELECT * FROM emp WHERE bonus IS NULL;
+-------+------+-------+-----+---------+------+--------+
| empno | ename | job   | mgr  | sal      | bonus | deptno|
+-------+------+-------+-----+---------+------+--------+
|  9566 | 李四  | 经理   | 9839 | 13995.00 |  NULL |     20 |
|  9639 | 张三  | 助理   | 9902 |   2499.00|  NULL |     20 |
|  9839 | 刘一  | 总监   | NULL | 16000.00 |  NULL |     10 |
|  9900 | 萧十一 | 助理   | 9698 |  2350.00 |  NULL |     30 |
|  9902 | 赵六  | 分析员 | 9566 |  4000.00 |  NULL |     20 |
|  9982 | 陈二  | 经理   | 9839 | 13450.00 |  NULL |     10 |
|  9988 | 王五  | 分析员 | 9566 |  4000.00 |  NULL |     20 |
+-------+------+-------+-----+---------+------+--------+
7 rows in set (0.00 sec)
```

从上述查询结果可以看出，员工表 emp 中有 7 条奖金为 NULL 的记录。

④ 调用存储过程 proc_emp_bonus，具体 SQL 语句及执行结果如下。

```
mysql> CALL proc_emp_bonus();
Query OK, 0 rows affected (0.01 sec)
```

⑤ 查看 emp_bonus 中的记录是否正确，具体 SQL 语句及执行结果如下。

```
mysql> SELECT * FROM emp_bonus;
+-------+------+-------+-----+---------+------+--------+
```

```
| empno | ename | job    | mgr  | sal      | bonus | deptno |
+-------+-------+--------+------+----------+-------+--------+
|  9566 | 李四  | 经理   | 9839 | 13995.00 |  NULL |     20 |
|  9639 | 张三  | 助理   | 9902 |  2499.00 |  NULL |     20 |
|  9839 | 刘一  | 总监   | NULL | 16000.00 |  NULL |     10 |
|  9900 | 萧十一 | 助理  | 9698 |  2350.00 |  NULL |     30 |
|  9902 | 赵六  | 分析员 | 9566 |  4000.00 |  NULL |     20 |
|  9982 | 陈二  | 经理   | 9839 | 13450.00 |  NULL |     10 |
|  9988 | 王五  | 分析员 | 9566 |  4000.00 |  NULL |     20 |
+-------+-------+--------+------+----------+-------+--------+
7 rows in set (0.00 sec)
```

从上述查询结果可以看出，调用存储过程后，员工表 emp 中奖金为 NULL 的记录保存到数据表 emp_bonus 中。

7.5 触发器

触发器是一种特殊的存储过程，它与存储过程的区别在于，存储过程需要使用 CALL 语句调用才会执行，而触发器会在预先定义好的事件发生时自动执行。触发器和数据表相关联，当数据表发生指定事件（如 INSERT、DELETE）时会自动执行触发器。触发器可以用于向数据表插入数据时强制检验数据的合法性，保证数据的安全。本节将对触发器的相关知识进行详细讲解。

任务 7.5.1 创建、查看和执行触发器

任务需求

当部门数据被删除后，该部门中的员工也应删除，通过查询资料，小明发现可以通过创建触发器来实现。为了练习触发器的使用，小明给部门表创建触发器，当发生删除部门的操作时，自动将该部门下的员工删除，具体要求如下。

① 向部门表添加一条部门数据，向员工表添加两条员工数据。

② 创建触发器 trigger_dept。

③ 删除部门表中的一条数据，执行触发器 trigger_dept。

④ 查看员工表中的记录。

知识储备

理论微课 7-25：创建触发器的语句

1. 创建触发器的语句

创建触发器时需要指定触发器要操作的数据表，创建触发器的基本语法如下。

```
CREATE TRIGGER [数据库名称.]触发器名称 BEFORE|AFTER 触发事件
ON 表名 FOR EACH ROW
触发程序
```

在上述语法中，数据库名称是可选参数，如果要在指定数据库中创建触发器，触发器名称前面可以加上数据库名称；触发器名称必须在当前数据库中唯一；BEFORE 和 AFTER 指触发器的执行时间，BEFORE 表示在触发事件之前执行触发程序，AFTER 表示在触发事件之后执行触发程序；触发事件表示执行触发器的操作类型；ON 表名 FOR EACH ROW 用于指定触发器的操作对象；触发程序是指触发器执行的 SQL 语句，如果要执行多条 SQL 语句，需要使用 BEGIN...END 作为触发程序的开始和结束。

触发事件有 3 个可选值，具体介绍如下。

- INSERT 表示在添加数据时执行触发器中的触发程序。
- UPDATE 表示修改表中某一行记录时执行触发器中的触发程序。
- DELETE 表示删除表中某一行记录时执行触发器中的触发程序。

当在触发程序中操作数据时，可以使用 NEW 和 OLD 两个关键字来表示新数据和旧数据。例如，当需要访问新插入数据的某个字段时，可以使用“NEW. 字段名”的方式访问；当修改数据表的某条记录后，可以使用“OLD. 字段名”访问修改之前的字段值。关于 NEW 和 OLD 两个关键字的具体作用见表 7-2。

表 7-2 NEW 和 OLD 关键字的作用

触发事件	NEW 关键字和 OLD 关键字的作用
INSERT	NEW 表示将要添加或者已经添加的数据
UPDATE	NEW 表示将要修改或者已经修改的数据，OLD 表示修改之前的数据
DELETE	OLD 表示将要或者已经删除的数据

表 7-2 详细列举了在不同触发事件的触发器中，NEW 关键字和 OLD 关键字所表示的作用。需要注意的是，在 INSERT 类型的触发器中没有 OLD 关键字，这是因为添加数据不存在旧数据；在 DELETE 类型的触发器中没有 NEW 关键字，这是因为删除数据后没有新数据。

下面演示触发器的创建，当员工表 emp 中新增数据时向员工日志表 emp_logs 中添加一条记录，首先创建 emp_logs 表，具体示例如下。

```
mysql> CREATE TABLE emp_logs (
    ->   id INT PRIMARY KEY AUTO_INCREMENT,
    ->   time TIMESTAMP,
    ->   log_text VARCHAR(255)
    -> );
Query OK, 0 rows affected (0.02 sec)
```

下面创建 trigger_log 触发器，具体示例如下。

```
mysql> CREATE TRIGGER trigger_log AFTER INSERT
    -> ON emp FOR EACH ROW
    -> INSERT INTO emp_logs VALUES(NULL,now(),'添加了一个新用户');
Query OK, 0 rows affected (0.01 sec)
```

在上述示例中，定义了名称为 trigger_log 的触发器，触发器中定义了触发器的执行时间是 AFTER，触发事件是 INSERT，操作的数据表是 emp，当 emp 数据表发生 INSERT 事件后执行触发程序，触发程序是向 emp_logs 数据表中添加一条数据，这条数据包含了 3 个字段，分别是 id、当前时间和“添加了一个新用户”的文本。

理论微课 7-26：查看触发器的语句

2. 查看触发器的语句

MySQL 中提供了 2 种查看触发器的方法，一种是使用 SHOW TRIGGER 语句查看触发器，另一种是使用 SELECT 语句查看触发器。下面对这 2 种查看触发器的方法分别进行讲解。

（1）使用 SHOW TRIGGER 语句查看触发器

使用 SHOW TRIGGER 语句查看触发器的语法如下。

```
SHOW TRIGGERS;
```

下面演示使用 SHOW TRIGGERS 语句查看当前数据库中已经存在的触发器，具体示例如下。

```
mysql> SHOW TRIGGERS\G
*************************** 1. row ***************************
             Trigger: trigger_log
               Event: INSERT
               Table: emp
           Statement: INSERT INTO emp_logs VALUES(NULL,now(),
'添加了一个新用户')
              Timing: AFTER
             Created: 2022-03-17 14:46:35.94
            sql_mode: ONLY_FULL_GROUP_BY,STRICT_TRANS_TABLES,
NO_ZERO_IN_DATE,NO_ZERO_DATE,ERROR_FOR_DIVISION_BY_ZERO,
NO_ENGINE_SUBSTITUTION
             Definer: root@localhost
character_set_client: gbk
collation_connection: gbk_chinese_ci
  Database Collation: utf8mb4_0900_ai_ci
1 row in set (0.00 sec)
```

从上述示例结果中可以看出，Trigger 表示触发器的名称，Event 表示触发事件，Table 表示触发器要操作的数据表，Statement 表示触发器的触发程序，Timing 表示触发器的执行时间。此外，SHOW TRIGGERS 语句还显示了创建触发器的日期时间、触发器执行时有效的 SQL 模式及创建触发器的账户信息等。

（2）使用 SELECT 语句查看触发器

在 MySQL 中，触发器信息都保存在数据库 information_schema 中的 triggers 数据表中，使用 SELECT 语句可以查看某个触发器，具体语法如下。

```
SELECT * FROM information_schema.triggers
[WHERE trigger_name='触发器名称'];
```

在上述语法中，通过 WHERE 子句指定触发器的名称，如果不指定触发器名称，则会查询出 information_schema 数据库中所有已经存在的触发器信息。

下面演示使用 SELECT 语句查询触发器 trigger_log 的信息，具体示例如下。

```
mysql> SELECT * FROM information_schema.triggers
    ->     WHERE trigger_name='trigger_log'\G
*************************** 1. row ***************************
             TRIGGER_CATALOG: def
              TRIGGER_SCHEMA: ems
                TRIGGER_NAME: trigger_log
          EVENT_MANIPULATION: INSERT
        EVENT_OBJECT_CATALOG: def
         EVENT_OBJECT_SCHEMA: ems
          EVENT_OBJECT_TABLE: emp
                ACTION_ORDER: 1
            ACTION_CONDITION: NULL
ACTION_STATEMENT: INSERT INTO emp_logs VALUES(NULL,now(),
'添加了一个新用户')
        ACTION_ORIENTATION: ROW
             ACTION_TIMING: AFTER
ACTION_REFERENCE_OLD_TABLE: NULL
ACTION_REFERENCE_NEW_TABLE: NULL
  ACTION_REFERENCE_OLD_ROW: OLD
  ACTION_REFERENCE_NEW_ROW: NEW
                   CREATED: 2022-03-17 14:46:35.94
                  SQL_MODE: ONLY_FULL_GROUP_BY,STRICT_TRANS_TABLES,
NO_ZERO_IN_DATE,NO_ZERO_DATE,ERROR_FOR_DIVISION_BY_ZERO,
NO_ENGINE_SUBSTITUTION
                   DEFINER: root@localhost
      CHARACTER_SET_CLIENT: gbk
      COLLATION_CONNECTION: gbk_chinese_ci
        DATABASE_COLLATION: utf8mb4_0900_ai_ci
```

从上述示例结果中可以看出，使用 SELECT 语句查询出的触发器信息比使用 SHOW TRIGGERS 查询出的触发器信息更详细，其中 TRIGGER_SCHEMA 表示触发器所在的数据库名称，ACTION_ORIENTATION 的值为 ROW，表示操作每条记录都会执行触发器。

3. 执行触发器的语句

触发器创建完成后，程序会根据触发器的执行时间和触发事件执行触发器。下面演示如何执行 trigger_log 触发器，首先在 emp 中新增一条记录，具体示例如下。

理论微课 7-27：执行触发器的语句

```
mysql> INSERT INTO emp VALUES
    -> (9945,'冯十三','人事',9982,4000,500,50);
```

上述语句执行完成后，会在 emp 表中新增一条记录，同时在 emp_logs 中也会新增一条记录，下面查看 emp 和 emp_logs 两张表中的记录，具体示例如下。

```
# 查看员工表的记录
mysql> SELECT * FROM emp WHERE empno='9945';
+-------+--------+-----+------+---------+-------+--------+
```

```
| empno | ename  | job |  mgr |  sal    | bonus  | deptno |
+-------+--------+-----+------+---------+--------+--------+
|  9945 |  冯十三 | 人事 | 9982 | 4000.00 | 500.00 | 50     |
+-------+--------+-----+------+---------+--------+--------+
# 查看员工日志表的记录
mysql> SELECT * FROM emp_logs;
+-----+---------------------+---------------+
|  id | time                |  log_text     |
+-----+---------------------+---------------+
|   1 | 2022-03-17 14:58:18 |  添加了一个新用户 |
+-----+---------------------+---------------+
```

从上述示例结果可以看出，当向员工表 emp 中添加了一条数据后，员工日志表 emp_logs 中也新增了一条数据，表示 trigger_log 触发器已经被执行。

■ 任务实现

实操微课 7-12：任务 7.5.1 创建、查看和执行触发器

根据任务需求，完成触发器的创建、查看和执行，具体步骤如下。

① 向部门表添加一条新数据，具体 SQL 语句及执行结果如下。

```
mysql> INSERT INTO dept VALUES(50,'人力资源部');
Query OK, 1 row affected (0.03 sec)
```

② 查看部门表的数据，具体 SQL 语句及执行结果如下。

```
mysql> SELECT * FROM dept;
+--------+------------+
| deptno | dname      |
+--------+------------+
|     10 |  总裁办     |
|     20 |  研究院     |
|     30 |  销售部     |
|     40 |  运营部     |
|     50 |  人力资源部  |
+--------+------------+
5 rows in set (0.00 sec)
```

③ 向员工表中插入两条员工数据，具体 SQL 语句及执行结果如下。

```
mysql> INSERT INTO emp VALUES
    -> (9946,'郭十四','人事',9982,4000,NULL,50),
    -> (9947,'周十五','人事',9982,3000,NULL,50);
Query OK, 2 rows affected (0.01 sec)
Records: 2  Duplicates: 0  Warnings: 0
```

④ 创建触发器 trigger_dept，当删除部门表中的数据时自动删除该部门的员工，具体 SQL 语句及执行结果如下。

```
mysql> CREATE TRIGGER trigger_dept
```

```
    -> AFTER DELETE ON dept FOR EACH ROW
    -> DELETE FROM emp WHERE deptno=old.deptno;
Query OK, 0 rows affected (0.01 sec)
```

在上述示例代码中，当删除部门表的数据时，使用 OLD 关键字获取删除的部门编号，通过部门编号将员工表中的员工删除。

⑤ 删除部门表中的一条数据，执行触发器 trigger_dept，具体 SQL 语句及执行结果如下。

```
mysql> DELETE FROM dept WHERE deptno=50;
Query OK, 1 row affected (0.01 sec)
```

⑥ 查看员工表中部门编号为 50 的记录是否被删除，具体 SQL 语句及执行结果如下。

```
mysql> SELECT * FROM emp WHERE deptno=50;
Empty set (0.00 sec)
```

从上述输出结果可以看出，员工表中部门编号为 50 的员工信息已经被删除，说明触发器成功被执行。

任务 7.5.2 删除触发器

任务需求

为了便于对触发器的管理，需要及时删除不再使用的触发器，小明打算学习删除触发器的语句，并以 trigger_dept 触发器为例练习触发器的删除，具体要求如下。

① 删除 trigger_dept 触发器。

② 验证删除结果。

知识储备

理论微课 7-28：删除触发器的语句

删除触发器的语句

当创建的触发器不再使用时，可以将触发器删除。删除触发器使用 DROP TRIGGER 语句，基本语法如下。

```
DROP TRIGGER [IF EXISTS] [数据库名称 .] 触发器名称 ;
```

在上述语法中，使用“数据库名称 . 触发器名称”的方式可以删除指定数据库中的触发器，当省略“数据库名称 .”时，则删除当前数据库中的触发器。

下面演示如何删除名称为 trigger_log 的触发器，具体示例如下。

```
mysql> DROP TRIGGER IF EXISTS trigger_log;
Query OK, 0 rows affected (0.01 sec)
```

触发器删除成功后，通过查询 information_schema 数据库 triggers 表中的记录，验证触发器是否删除成功，具体示例如下。

```
mysql> SELECT * FROM information_schema.triggers
    -> WHERE trigger_name='trigger_log';
Empty set (0.00 sec)
```

上述查询语句执行后，结果为“Empty set (0.00 sec)”，表示没有查询出任何记录，说明触发器 trigger_log 已经被删除。

■ 任务实现

实操微课 7-13：任务 7.5.2 删除触发器

根据任务需求，完成触发器的删除，具体步骤如下。

① 删除 trigger_dept，具体 SQL 语句及执行结果如下。

```
mysql> DROP TRIGGER IF EXISTS trigger_dept;
Query OK, 0 rows affected (0.01 sec)
```

② 验证删除结果，具体 SQL 语句及执行结果如下。

```
mysql> SELECT * FROM information_schema.triggers
    -> WHERE trigger_name='trigger_dept';
Empty set (0.00 sec)
```

从上述查询结果可以看出，没有查询出任何记录，说明触发器 trigger_dept 已经被删除。

本章小结

本章主要对数据库编程进行了详细讲解。首先对存储过程进行讲解，主要包括创建、查看、调用、修改和删除存储过程；然后对存储函数进行讲解，主要包括创建、查看、调用和删除存储函数；其次讲解变量，主要包括系统变量的查看和修改、用户变量的定义和赋值以及局部变量的定义和使用；接着讲解流程控制、错误处理和游标；最后讲解触发器，主要包括创建、查看、执行和删除触发器。通过本章的学习，希望读者能够掌握数据库编程相关的技术，为后续在企业中的实际使用打下坚实的基础。

课后练习

一、填空题

1. MySQL 用户变量由符号________和变量名组成。
2. MySQL 中________循环语句会无条件执行一次语句列表。
3. DELIMITER 语句可以设置 MySQL 的________。
4. MySQL 中打开游标使用________关键字。
5. 存储过程的过程体以________表示过程体的开始，以________表示过程体的结束。

二、判断题

1. 存储过程可以没有返回值。 （ ）

2. 对于所有用户来说，系统变量只能读取不能修改。 (   )
3. 在程序内，如果使用 CLOSE 关闭游标后，不能再通过 FETCH 使用该游标。 (   )
4. LEAVE 语句用于结束本次循环，开始下一轮循环。 (   )
5. 触发器必须手动触发才会执行。 (   )

三、选择题

1. 以下不能在 MySQL 中实现循环操作的语句是 (   )。
   A. CASE　　B. LOOP　　C. REPEAT　　D. WHILE
2. 下列选项中，不能激活触发器的操作是 (   )。
   A. INSERT　　B. UPDATE　　C. DELETE　　D. SELECT
3. 下列选项中，不具备判断功能的流程控制语句是 (   )。
   A. IF 语句　　B. CASE 语句　　C. LOOP 语句　　D. WHILE 语句
4. 下列选项中，在 SELECT 字段列表中为用户变量赋值的符号是 (   )。
   A. +=　　B. ==　　C. :=　　D. @=
5. 下列选项中，能够正确调用名称为 func_temp 的存储函数的语句是 (   )。
   A. CALL func_temp ();　　B. LOAD func_temp ();
   C. CREATE func_temp ();　　D. SELECT func_temp ();

四、操作题

创建存储过程 proc_sal，传入部门编号，统计指定部门员工的平均工资水平。

第 8 章

数据库管理和优化

PPT:第 8 章　数据库管理和优化

PPT

教学设计:第 8 章　数据库管理和优化

学习目标

知识目标	• 了解 MySQL 数据库中的 user 表，能够说出 user 表中相关字段的作用 • 了解 MySQL 数据库中与权限相关的数据表，能够说出每个数据表保存的权限类别 • 熟悉 MySQL 锁机制，能够解释表锁和行锁的区别
技能目标	• 掌握数据的备份，能够使用语句备份数据库和数据表。 • 掌握数据的还原，能够使用 mysql 命令和 source 命令还原已备份的数据 • 掌握用户的管理，能够使用 root 用户创建用户、删除用户和修改用户的密码 • 掌握权限管理，能够使用 root 用户给其他用户授予权限、查看权限和删除权限 • 掌握锁机制的使用，能够给数据表添加合适的锁类型 • 掌握慢查询日志的使用，能够根据实际需求使用慢查询日志 • 掌握 MySQL 优化的方法，能够使用优化方法提高 MySQL 的性能

MySQL 提供了一些管理和优化数据库的功能，如数据的备份与还原，用户管理、MySQL 的权限和 MySQL 优化等，这些操作是数据库管理和维护非常重要的部分，在一定程度上保证了数据库的安全，本章将对数据库管理和优化的相关知识进行讲解。

8.1 数据备份与还原

在操作数据库时，难免会发生一些意外情况造成数据丢失。例如，突然停电、管理员的误操作等，都有可能会导致数据的丢失。为了保证数据的安全，可以对数据库中的数据进行定期备份，如果遇到突发情况，可以通过备份的数据还原，从而最大限度地降低损失。本节将针对数据的备份和还原进行讲解。

任务 8.1.1 数据备份

任务需求

一天早晨，小明刚到公司就听说另一个项目组因数据库服务器的硬件损坏，导致该项目的部分数据丢失，给公司带来了损失。他想到如果这些丢失的数据是用户的重要资料，那后果将不堪设想。意识到问题的严重性后，小明打算学习如何备份数据，并对他所在项目组的数据进行备份。小明的做法充分体现了爱岗敬业的职业道德观，同时他提前规避可能会遇到的风险，具有防范风险的意识，体现了他的社会责任感。

小明学习了数据备份的相关知识后，还需要在自己的计算机中练习数据备份的操作，练习的具体内容如下。

① 备份 ems 数据库，将生成的备份文件放在 D 盘根目录下，命名为 ems.sql。

② 查看生成的备份文件。

知识储备

MySQL 提供了 mysqldump 命令行工具用于将数据库的数据导出成 SQL 脚本，以实现数据的备份。使用 mysqldump 命令备份数据库或数据表时，不需要登录 MySQL，直接在命令行窗口执行命令即可。mysqldump 命令可以备份单个数据库或数据表、多个数据库和所有数据库，下面将分别对这些方式进行讲解。

理论微课 8-1：备份单个数据库或数据表

1. 备份单个数据库或数据表

mysqldump 备份单个数据库或数据表的基本语法如下。

```
mysqldump -uusername -ppassword dbname [tbname1 [tbname2...]] >
filename.sql
```

在上述语法中，-u 后面的 username 表示用户名，-p 后面的 password 表示“登录密码：”, dbname 表示需要备份的数据库名称, tbname 表示数据库中的表名，可以指定一个或多个表，多个表名之间使用空格进行分隔，如果不指定数据表名则备份整个数据库，mysqldump 命令会将结果直接输出，为了保存输出结果，

理论微课 8-2：备份多个数据库

通常使用输出重定向，即在 filename.sql 前加上 “>”，filename.sql 表示备份文件的名称，文件名称可以使用绝对路径。

2. 备份多个数据库

mysqldump 命令备份多个数据库的基本语法如下。

```
mysqldump -uusername -ppassword --databases dbname1 [dbname2
dbname3...] > filename.sql
```

在上述语法中，--databases 表示备份数据库，该参数后面应至少指定一个数据库名称，如果有多个数据库则使用空格分隔。

理论微课 8-3：备份所有数据库

3. 备份所有数据库

mysqldump 命令备份所有数据库的基本语法如下。

```
mysqldump -uusername -ppassword --all-databases > filename.sql
```

在上述语法中，--all-databases 表示备份所有的数据库。

注意：

如果备份了所有数据库，那么在还原数据库时，不需要再创建数据库和指定数据库，因为备份文件中已经包含了这些语句。

上述 3 种备份方式用法比较类似，下面以备份单个数据表为例，使用 mysqldump 命令备份 emp 数据表，具体示例如下。

```
mysqldump -uroot -p ems emp > D:\emp.sql
```

在上述示例中，使用 mysqldump 命令备份 ems 数据库中的 emp 数据表，在 D 盘根目录下会生成一个名称为 emp.sql 的备份文件，使用记事本打开该文件，可以看到数据表的创建语句，具体内容如下。

```
-- MySQL dump 10.13  Distrib 8.0.27,for Win64 (x86_64)
--
-- Host: localhost    Database: ems
-- ------------------------------------------------------
-- Server version  8.0.27

/*!40101 SET @OLD_CHARACTER_SET_CLIENT=@@CHARACTER_SET_CLIENT */;
…… 省略部分信息
--
-- Table structure for table `emp`
--

DROP TABLE IF EXISTS `emp`;
/*!40101 SET @saved_cs_client     = @@character_set_client */;
/*!50503 SET character_set_client = utf8mb4 */;
CREATE TABLE `emp` (
  `empno` int NOT NULL COMMENT '员工编号',
  `ename` varchar(20) DEFAULT NULL COMMENT '员工姓名',
  `job` varchar(20) DEFAULT NULL COMMENT '员工职位',
```

```
  `mgr` int DEFAULT NULL COMMENT '直属上级编号',
  `sal` decimal(7,2) DEFAULT NULL COMMENT '基本工资',
  `bonus` decimal(7,2) DEFAULT NULL COMMENT '奖金',
  `deptno` int DEFAULT NULL COMMENT '所属部门的编号',
  PRIMARY KEY (`empno`)
)ENGINE=InnoDB DEFAULT CHARSET=utf8mb4 COLLATE=utf8mb4_0900_ai_ci;
/*!40101 SET character_set_client = @saved_cs_client */;

--
-- Dumping data for table `emp`
--

LOCK TABLES `emp` WRITE;
/*!40000 ALTER TABLE `emp` DISABLE KEYS */;
INSERT INTO `emp` VALUES
(9499,'孙七','销售',9698,4600.00,900.00,30),
(9521,'周八','销售',9698,4250.00,800.00,30),
(9566,'李四','经理',9839,13995.00,NULL,20),
…… 省略部分信息
-- Dump completed on 2022-03-21 15:36:14
```

从上述文件可以看出，备份文件中包含mysqldump版本、MySQL服务器的版本、主机名称、备份的数据库名称等注释信息以及一些SQL语句。其中以“--”字符开头的是MySQL的注释，以“/*!”开头、“*/”结尾的语句是可执行的MySQL注释。

任务实现

实操微课8-1：任务8.1.1 数据备份

根据任务需求，完成ems数据库的备份，具体步骤如下。

① 备份ems数据库，具体语法如下。

```
mysqldump -uroot -p ems > D:\ems.sql
```

② 查看ems数据库生成的备份文件，具体如图8-1所示。

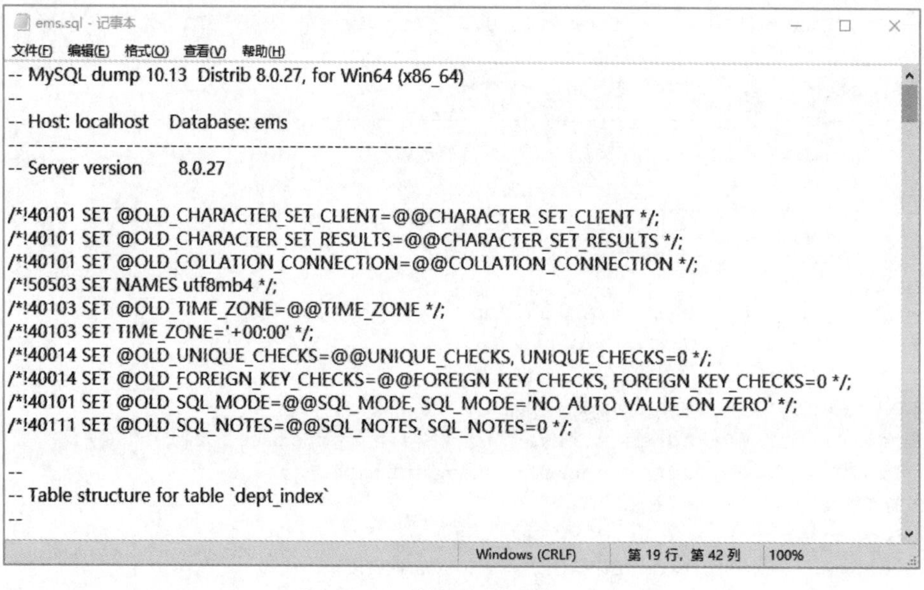

图8-1 ems数据库生成的备份文件

任务 8.1.2 数据还原

任务需求

当遇到数据库中数据丢失或者出错的情况，通过备份文件可以将数据还原，从而最大限度地降低损失。

为了练习数据库还原，小明先在自己的计算机上还原数据，具体要求如下。

① 确认 ems 数据库已经备份。

② 删除 ems 数据库。

③ 使用 source 命令将数据还原。

④ 查看数据还原后员工表的数据。

知识储备

理论微课 8-4：使用 mysql 命令还原数据

1. 使用 mysql 命令还原数据

使用 mysql 命令还原数据的语法如下。

```
mysql -uusername -ppassword [dbname] < filename.sql
```

在上述语法中，username 表示登录的用户名，password 表示用户的密码，dbname 表示要还原的数据库名称，“< filename.sql”表示使用输入重定向读取 SQL 脚本还原数据，如果使用 mysqldump 命令备份的 filename.sql 文件中包含创建数据库的语句，则不需要指定数据库。

如果备份的 SQL 脚本中不包含创建和选择数据库的语句，在还原数据前必须先创建数据库，并在还原数据时指定数据库名称。

下面演示如何将 emp 数据表的备份数据还原到 temp1 数据库中。

① 登录 MySQL，创建 temp1 数据库，示例 SQL 语句如下。

```
mysql> CREATE DATABASE temp1;
Query OK, 1 row affected (0.00 sec)
```

② 退出 MySQL，将备份文件还原到 temp1 数据库中，示例命令如下。

```
mysql -uroot -p temp1 < D:\emp.sql
```

③ 登录 MySQL 服务器，选择 temp1 数据库，查看 emp 表中的数据，具体示例如下。

```
mysql> USE temp1;
Database changed
mysql> SELECT * FROM emp;
```

上述示例执行后，如果可以看到 emp 表中的数据，说明还原数据成功。

理论微课 8-5：使用 source 命令还原数据

2. 使用 source 命令还原数据

使用 source 命令还原数据时，需要登录 MySQL，在登录后的状态下执行该命令。

使用 source 命令还原数据的基本语法如下。

```
source filename.sql
```

上述语法比较简单，只需要指定包含导入文件名称的路径即可。

下面演示使用 source 命令将备份的 emp 数据表的数据还原到 temp2 数据库中。

① 登录 MySQL，创建并选择 temp2 数据库，具体示例如下。

```
mysql> CREATE DATABASE temp2;
Query OK, 1 row affected (0.00 sec)
mysql> USE temp2;
Database changed
```

② 使用 source 命令将备份文件 emp.sql 还原到数据库 temp2 中，具体示例如下。

```
mysql> source D:\emp.sql
```

③ 通过 SELECT 语句查询 temp2 数据库中的 emp 数据表，具体示例如下。

```
mysql> SELECT * FROM emp;
```

上述示例执行后，如果可以看到 emp 表中的数据，说明还原数据成功。

■ 任务实现

实操微课 8-2：任务 8.1.2 数据还原

根据任务需求，完成数据的还原，具体如下。

① 确保已经按照任务 8.1.1 的实现步骤完成了 ems 数据库的备份。

② 删除 ems 数据库，具体 SQL 语句及执行结果如下。

```
mysql> DROP DATABASE ems;
Query OK, 7 rows affected (0.09 sec)
```

③ 创建并选择 ems 数据库，具体 SQL 语句及执行结果如下。

```
mysql> CREATE DATABASE ems;
Query OK, 1 row affected (0.01 sec)
mysql> USE ems;
Database changed
```

④ 使用 source 命令将备份数据还原，具体命令如下。

```
mysql> source D:\ems.sql
```

⑤ 查看数据还原后员工表的数据，具体 SQL 语句及执行结果如下。

```
mysql> SELECT * FROM emp;
+-------+-------+-------+------+---------+---------+--------+
| empno | ename | job   | mgr  | sal     | bonus   | deptno |
+-------+-------+-------+------+---------+---------+--------+
|  9499 | 孙七  | 销售  | 9698 | 4600.00 | 900.00  |     30 |
|  9521 | 周八  | 销售  | 9698 | 4250.00 | 800.00  |     30 |
```

```
|  9566 | 李四   | 经理   | 9839 | 13995.00 |     NULL |      20 |
|  9639 | 张三   | 助理   | 9902 |  2499.00 |     NULL |      20 |
|  9654 | 吴九   | 销售   | 9698 |  4250.00 | 1300.00 |      30 |
|  9839 | 刘一   | 总监   | NULL | 16000.00 |     NULL |      10 |
|  9844 | 郑十   | 销售   | 9698 |  4500.00 |     0.00 |      30 |
|  9900 | 萧十一 | 助理   | 9698 |  2350.00 |     NULL |      30 |
|  9902 | 赵六   | 分析员 | 9566 |  4000.00 |     NULL |      20 |
|  9982 | 陈二   | 经理   | 9839 | 13450.00 |     NULL |      10 |
|  9988 | 王五   | 分析员 | 9566 |  4000.00 |     NULL |      20 |
+-------+-------+------+------+----------+---------+--------+
11 rows in set (0.00 sec)
```

从上述结果可以看出，数据还原成功。

8.2 用户管理

MySQL 是一个多用户数据库管理系统，MySQL 的用户大致可以分为普通用户和 root 用户。root 用户是超级管理员，拥有所有权限，如创建用户、删除用户、管理用户等权限。普通用户只拥有被授予的指定权限。前面章节中，都是通过 root 用户登录数据库进行相关操作，为了保证数据库的安全，需要对不同用户的操作权限进行合理的管理，让用户只能在指定权限范围内操作。本节将针对 MySQL 的用户管理进行详细讲解。

任务 8.2.1 创建用户

任务需求

技术部新成立了一个项目组，需要在 MySQL 中创建一个新用户供项目负责人使用。小明通过查询资料，了解到可以通过 SQL 语句创建用户。为了练习用户的创建，小明在自己计算机的 MySQL 中创建一个新用户，用户名为 empmanager，密码为 admin123456，该用户只能访问 localhost 主机下的数据库。

知识储备

1. user 表

安装 MySQL 时会自动创建一个名称为 mysql 的数据库，该数据库主要保存数据库的用户及权限。MySQL 数据库中包含的数据表有 user、db、host 等，user 表中保存了所有用户信息，该表的字段根据功能大致分为 4 类，分别是用户字段、权限字段、安全字段和资源控制字段，下面对这 4 类字段分别进行介绍。

理论微课 8-6：user 表

（1）用户字段

user 表的用户字段存储了用户连接 MySQL 数据库时需要输入的信息。user 表中的用户字段见表 8-1。

表 8-1 user 表中的用户字段

字段名	数据类型	默认值	说明
Host	CHAR (255)	''	主机名
User	CHAR (32)	''	用户名
authentication_string	TEXT	NULL	密码

在表 8-1 中，默认值“''”是指用两个单引号表示的空字符串。

当用户登录 MySQL 时，MySQL 会将用户输入的用户名、主机名、密码与 user 表用户字段中存储的值进行匹配，只有这 3 个字段的值都匹配成功，才允许用户登录 MySQL。

（2）权限字段

user 表的权限字段包括 Select_priv、Insert_priv、Update_priv 等以 priv 结尾的字段，这些字段决定了用户的权限，包括查询权限、修改权限、关闭服务等权限。user 表中的权限字段见表 8-2。

表 8-2 user 表中的权限字段

字段名	数据类型	默认值	说明
Select_priv	ENUM ('N','Y')	N	用户是否可以通过 SELECT 查询数据
Insert_priv	ENUM ('N','Y')	N	用户是否可以通过 INSERT 插入数据
Update_priv	ENUM ('N','Y')	N	用户是否可以通过 UPDATE 修改数据
Delete_priv	ENUM ('N','Y')	N	用户是否可以通过 DELETE 删除数据
Create_priv	ENUM ('N','Y')	N	用户是否可以创建新的数据库和数据表
Drop_priv	ENUM ('N','Y')	N	用户是否可以删除现有的数据库和数据表
Reload_priv	ENUM ('N','Y')	N	用户是否可以执行刷新和重新加载 MySQL 所用的各种内部缓存的特定命令，包括日志、权限、主机、查询和表
Shutdown_priv	ENUM ('N','Y')	N	用户是否可以关闭 MySQL 服务器（应谨慎授权给 root 账户之外的用户）
Process_priv	ENUM ('N','Y')	N	用户是否可以通过 SHOW PROCESSLIST 查看其他用户的进程
File_priv	ENUM ('N','Y')	N	用户是否可以执行 SELECT INTO OUTFILE 和 LOAD DATA INFILE 命令
Grant_priv	ENUM ('N','Y')	N	用户是否可以将自己的权限再授予其他用户
References_priv	ENUM ('N','Y')	N	用户是否可以创建外键约束
Index_priv	ENUM ('N','Y')	N	用户是否可以创建和删除索引
Alter_priv	ENUM ('N','Y')	N	用户是否可以修改数据表和索引
Show_db_priv	ENUM ('N','Y')	N	用户是否可以查看服务器上所有数据库的名字
Super_priv	ENUM ('N','Y')	N	用户是否可以执行某些强大的管理功能，如通过 KILL 命令删除用户进程

续表

字段名	数据类型	默认值	说明
Create_tmp_table_priv	ENUM ('N','Y')	N	用户是否可以创建临时表
Lock_tables_priv	ENUM ('N','Y')	N	用户是否可以使用 LOCK TABLES 阻止对表的访问和修改
Execute_priv	ENUM ('N','Y')	N	用户是否可以执行存储过程
Repl_slave_priv	ENUM ('N','Y')	N	用户是否可以读取用于维护复制数据库环境的二进制日志文件
Repl_client_priv	ENUM ('N','Y')	N	用户是否可以确定复制从服务器和主服务器的位置
Create_view_priv	ENUM ('N','Y')	N	用户是否可以创建视图
Show_view_priv	ENUM ('N','Y')	N	用户是否可以查看视图
Create_routine_priv	ENUM ('N','Y')	N	用户是否可以创建存储过程和存储函数
Alter_routine_priv	ENUM ('N','Y')	N	用户是否可以修改或删除存储过程和存储函数
Create_user_priv	ENUM ('N','Y')	N	用户是否可以执行 CREATE USER 创建新用户
Event_priv	ENUM ('N','Y')	N	用户是否可以创建、修改和删除事件
Trigger_priv	ENUM ('N','Y')	N	用户是否可以创建和删除触发器
Create_tablespace_priv	ENUM ('N','Y')	N	用户是否可以创建表空间
Create_role_priv	ENUM ('N','Y')	N	用户是否可以创建角色
Drop_role_priv	ENUM ('N','Y')	N	用户是否可以删除角色

表 8-2 中的这些权限字段对所有数据库有效，并且这些权限字段的数据类型都是 ENUM，取值只有 N 或者 Y，其中 N 表示该用户没有对应权限，Y 表示该用户拥有对应权限。为了安全起见，这些字段的默认值都为 N，如果需要更改权限，可以对字段值进行修改。

（3）安全字段

user 表的安全字段包含安全连接、身份验证和密码相关等字段，主要用于管理用户的安全信息。user 表中的安全字段见表 8-3。

表 8-3 user 表中的安全字段

字段名	数据类型	默认值	说明
ssl_type	ENUM ('','ANY', 'X509', 'SPECIFIED')	''	ssl 标准加密连接的类型
ssl_cipher	BLOB	NULL	ssl 标准加密连接的特定密码
x509_issuer	BLOB	NULL	CA 签发的有效的 X509 证书
x509_subject	BLOB	NULL	包含主题的有效的 X509 证书
plugin	CHAR (64)	caching_sha2_password	引入 plugins 以进行用户连接时的密码验证，plugin 创建外部 / 代理用户

续表

字段名	数据类型	默认值	说明
password_expired	ENUM ('N','Y')	N	密码用户是否过期
password_last_changed	TIMESTAMP	NULL	记录密码最近修改的时间
password_lifetime	SMALLINT	NULL	设置密码的有效时间，单位为天
account_locked	ENUM ('N','Y')	N	用户是否被锁定
Password_reuse_history	SMALLINT UNSIGNED	NULL	密码不能重用最近多少次的旧密码
Password_reuse_time	SMALLINT UNSIGNED	NULL	密码不能重用的时间，单位为天
Password_require_current	ENUM ('N','Y')	NULL	在修改账号的密码时，是否需要提供旧密码
User_attributes	JSON	NULL	用户注释和用户属性的信息

（4）资源控制字段

user 表的资源控制字段是以 max_ 开头的 4 个字段，这些字段用于限制用户对服务器资源的使用，防止用户登录服务器后的不法操作或不合规范的操作，导致服务器资源的浪费。user 表中的资源控制字段见表 8-4。

表 8-4 user 表中的资源控制字段

字段名	数据类型	默认值	说明
max_questions	INT UNSIGNED	0	每小时允许用户执行查询操作的次数
max_updates	INT UNSIGNED	0	每小时允许用户执行更新操作的次数
max_connections	INT UNSIGNED	0	每小时允许用户执行连接操作的次数
max_user_connections	INT UNSIGNED	0	允许单个用户同时建立连接的数量

2. 创建用户的语句

MySQL 中的用户都保存在 user 数据表中，因此可以通过两种方式来创建用户，一种是直接使用 root 用户登录 MySQL 服务器，向 user 表中添加一条用户信息的方式来创建用户，另一种是使用 CREATE USER 语句来创建用户。为了保证数据的安全，通常使用 CREATE USER 语句创建用户。

理论微课 8-7：创建用户的语句

CREATE USER 语句创建用户的基本语法如下。

```
CREATE USER [IF NOT EXISTS] 账号名 [IDENTIFIED BY 密码 [,...]]
```

在上述语法中，账号名由“'用户名'@'主机地址'”组成，IDENTIFIED BY 是可选参数，用于设置密码，如果创建用户时不设置密码，在登录 MySQL 时不需要输入密码，使用 CREATE USER 语句一次可以创建多个账号，多个账号之间使用逗号进行分隔。需要注意的是，如果添加的用户已经存在，那么在执行 CREATE USER 语句时会报错。

下面演示使用 CREATE USER 语句创建用户，用户名为 test，密码为 123456，具体示例如下。

```
mysql> CREATE USER 'test'@'localhost' IDENTIFIED BY '123456';
Query OK, 0 rows affected (0.02 sec)
```

上述语句执行成功后，会在 user 表中添加一条记录，使用 SELECT 语句查询 user 表中的数据，验证用户是否创建成功，具体示例如下。

```
mysql> SELECT Host,User,authentication_string,plugin FROM mysql.user
    -> WHERE user='test'\G
*************************** 1. row ***************************
                 host: localhost
                 user: test
authentication_string: $A$005$?M"h+]NEbM_x0010_,fXZqnQahhYWRXj6s
gBJu0oWsvSZ/neK2fnCJ1IqSLAFpA
               plugin: caching_sha2_password
1 row in set (0.00 sec)
```

从上述示例结果可以看出，使用 CREATE USER 语句成功在 user 表中创建了用户 test，authentication_string 字段的值是使用 plugin 指定的插件算法对密码“123456”进行加密后的字符串。

■ 任务实现

实操微课 8-3：任务 8.2.1 创建用户

根据任务需求，完成用户的创建，具体步骤如下。

① 使用 root 用户登录数据库，具体命令如下。

```
mysql -u root -p123456
```

② 创建用户，用户名为 empmanager，密码为 admin123456，具体 SQL 语句及执行结果如下。

```
mysql> CREATE USER 'empmanager'@'localhost' IDENTIFIED BY 'admin123456';
Query OK, 0 rows affected (0.01 sec)
```

从上述执行结果可以看出，新用户创建成功。

③ 退出登录，具体命令如下。

```
mysql> exit
Bye
```

④ 使用新创建的用户登录 MySQL，具体命令如下。

```
mysql -u empmanager -padmin123456
```

上述命令执行后，即可使用新创建的 empmanager 用户登录 MySQL。

任务 8.2.2 修改用户密码

任务需求

项目组中有员工离职，技术部门的负责人提出修改用户登录密码的需求，防止数据被离职员工泄露。小明需要学习修改用户密码的知识，然后练习修改用户密码，将用户 empmanager 的密码修改为 adminroot。

知识储备

1. 使用 mysqladmin 命令修改用户密码

理论微课 8-8：使用 mysqladmin 命令修改用户密码

MySQL 的安装目录 bin 目录下有一个名称为 mysqladmin.exe 的可执行程序，它对应的 mysqladmin 命令通常用于执行一些管理性任务（如修改用户密码）和显示服务器的状态。使用 mysqladmin 命令修改用户密码的基本语法如下。

```
mysqladmin -u username [-h 主机地址 ] -ppassword newpassword
```

在上述语法中，“-h 主机地址”是可选参数，默认的主机地址是 localhost，-p 后面的 password 是关键字，表示要修改密码，newpassword 是要设置的新密码。如果不想将新密码写在命令中，可以省略 newpassword，命令执行后会提示输入新密码。

下面在命令行窗口中使用 mysqladmin 命令修改用户密码，具体示例如下。

```
mysqladmin -u test -p password test123456
Enter password: **********
mysqladmin: [Warning] Using a password on the command line interface can
be insecure.
Warning: Since password will be sent to server in plain text, use ssl
connection to ensure password safety.
```

在上述示例中，用户名是 test，设置的新密码是 test123456，设置新密码时需要输入原密码，在命令行界面输入的原密码被加密，显示为“**********”，输入密码后按 Enter 键，会出现两个警告信息：第 1 个警告信息表示在命令行中使用明文密码是不安全的，如果不想使用明文密码可以在命令中省略 test123456，然后根据提示输入新密码；第 2 个警告信息表示密码会被明文发送给服务器，如果不想明文发送给服务器，可以使用 SSL 连接。

理论微课 8-9：使用 ALTER USER 语句修改用户密码

2. 使用 ALTER USER 语句修改用户密码

使用 ALTER USER 语句修改用户密码的基本语法如下。

```
ALTER USER 账户名 IDENTIFIED BY newpassword;
```

在上述语法中，账户名包括用户名和主机名，newpassword 表示要设置的新密码。需要注意的是，使用这种方法修改用户密码需要先登录 MySQL，并且当前登录的用户有修改 user 数据表的权限。

下面演示使用 ALTER USER 语句将用户 test 的密码修改为 test123456，具体示例如下。

```
mysql> ALTER USER 'test'@'localhost' IDENTIFIED BY 'test123456';
Query OK, 0 rows affected (0.01 sec)
```

在上述示例中，使用 ALTER USER 语句将 test 用户的密码设置为 test123456。

任务实现

实操微课 8-4：任务 8.2.2 修改用户密码

根据任务需求，使用 mysqladmin 命令完成用户密码的修改，具体步骤如下。

① 在命令行窗口使用 mysqladmin 命令修改用户密码，具体命令如下。

```
mysqladmin -u empmanager -p password adminroot
```

上述命令输入完成后，按 Enter 键，提示需要输入修改前的密码，如下所示。

```
Enter password:
```

在“Enter password：”提示语后面输入修改前的密码 admin123456，完成密码的修改。

② 密码输入完成后，按 Enter 键，具体结果如下。

```
mysqladmin -u empmanager -p password adminroot
Enter password: ***********
mysqladmin: [Warning] Using a password on the command line interface
can be insecure.
Warning: Since password will be sent to server in plain text,use ssl
connection to ensure password safety.
```

从上述结果可以看出，密码修改成功，再次登录 MySQL 时需要使用新设置的密码。

任务 8.2.3 删除用户

任务需求

项目组开发的项目上线后，将维护工作交给了运维人员，项目组不再需要操作数据库，这就需要将为该项目创建的用户删除。小明需要学习删除用户的知识，并练习删除用户 empmanager。

知识储备

理论微课 8-10：使用 DROP USER 语句删除用户

1. 使用 DROP USER 语句删除用户

使用 DROP USER 删除某个用户，只需在 DROP USER 后面指定要删除的用户信息即可，DROP USER 语句删除用户的基本语法如下。

```
DROP USER 账号名 [, 账号名 ];
```

在上述语法中，账号名由“'用户名'@'主机地址'”组成，使用 DROP USER 语句同时删除多个用户时，账号名之间用逗号进行分隔。需要注意的是，使用 DROP USER 语句删除用户时需要先登录 MySQL，并且当前登录的用户有删除用户的权限。

下面演示使用 DROP USER 语句删除用户名为 test 的用户，具体示例如下。

```
mysql> DROP USER 'test'@'localhost';
Query OK, 0 rows affected (0.01 sec)
```

用户删除成功后，可以使用 SELECT 语句验证 test 用户是否被删除，具体示例如下。

```
mysql> SELECT Host,User FROM mysql.user WHERE user='test';
Empty set (0.00 sec)
```

上述示例语句执行后，如果看到“Empty set (0.00 sec)”的提示信息，表示 user 表中已经没有 test 用户，说明 test 用户被删除。

理论微课 8-11：使用 DELETE 语句删除用户

2. 使用 DELETE 语句删除用户

使用 DELETE 语句删除用户时，实际上是删除 user 表中的某一条数据，DELETE 语句删除用户的基本语法如下。

```
DELETE FROM mysql.user WHERE Host='主机名' AND User='用户名';
```

在上述语法中，user 是要操作的数据表，WHERE 条件语句中的 Host 和 User 是 user 表中的两个字段名，通过这两个字段可以确定唯一的一个用户。需要注意的是，使用 DELETE 语句删除用户时，执行删除操作的用户必须拥有对 user 表的 DELETE 权限。

下面演示使用 DELETE 语句删除 test 用户，具体示例如下。

```
mysql> DELETE FROM mysql.user WHERE Host='localhost' AND User='test';
Query OK, 0 rows affected (0.00 sec)
```

用户删除成功后，可以使用 SELECT 语句验证 test 用户是否被删除，这里不再进行示例演示。

实操微课 8-5：任务 8.2.3 删除用户

任务实现

根据任务需求，使用 DROP USER 语句删除用户，具体步骤如下。

① 使用 root 用户登录 MySQL，具体 SQL 语句及执行结果如下。

```
mysql -uroot -p123456
```

② 使用 DROP USER 语句删除 empmanager 用户，具体 SQL 语句及执行结果如下。

```
mysql> DROP USER 'empmanager'@'localhost';
Query OK, 0 rows affected (0.01 sec)
```

③ 使用 SELECT 语句验证 empmanager 用户是否被删除，具体 SQL 语句及执行结果如下。

```
mysql> SELECT Host,User FROM mysql.user WHERE user='empmanager';
Empty set (0.00 sec)
```

从查询结果可以看出，没有查询出任何记录，说明 empmanager 用户已经被删除。

8.3 MySQL 的权限

在实际项目开发中，为了保证数据的安全，数据库管理员需要为不同层级的操作人员分配不同的权限，限制登录 MySQL 服务器的用户只能在其权限范围内操作，同时管理员还可以根据不同的情况为用户授予或删除权限，从而控制数据操作人员的权限。本节将针对 MySQL 的权限进行详细讲解。

任务 8.3.1 授予并查看权限

任务需求

小明在查看数据库中已经创建的用户时，发现有些用户的权限过大，他担心这些用户有可能会出现因操作失误导致误删了数据表或数据的情况。为了防患于未然，他认为开发人员应该只能查看自己业务范围内的数据库，而没有权限查看和操作业务范围之外的数据库。小明通过查阅资料和请教同事，最终找到问题的解决办法——给不同用户授予指定的权限。

小明在管理数据库中认识到数据库安全对用户和公司的重要性，并在工作中积极行动，对数据库的安全问题负责任。他认真的态度和严谨的工作方式体现了他的职业道德和对数据保护的高度职业素养。

小明学习授予权限的相关知识后，需要创建一个新用户，练习给用户授予指定权限，具体要求如下。

① 创建新用户，用户名为 empmanager，密码为 admin123456。

② 给用户 empmanager 授予员工表 emp 的 SELECT 权限，对 ename 和 job 字段的 UPDATE 权限。

③ 查看授予的权限。

知识储备

1. MySQL 的权限

理论微课 8-12：MySQL 的权限

MySQL 中的权限根据其作用范围，分别存储在不同的数据表中，MySQL 数据库中和权限相关的数据表见表 8-5。

表 8-5 MySQL 数据库中与权限相关的数据表

数据表名	描述
user	保存用户被授予的全局权限
db	保存用户被授予的数据库权限
tables_priv	保存用户被授予的表权限
columns_priv	保存用户被授予的列权限
procs_priv	保存用户被授予的存储过程权限
proxies_priv	保存用户被授予的代理权限

当启动 MySQL 时，会自动加载这些数据表中保存的权限信息，并将这些权限信息读取到内存中。

MySQL 的 root 管理员可以给用户授予或收回某些权限，下面将权限归纳为 3 类，主要包括数据权限、结构权限和管理权限，其中数据权限表示对数据的操作权限，结构权限表示对数据库和数据表结构的操作权限，管理权限表示对用户的管理权限，root 管理员可以授予和收回的权限见表 8-6。

表 8-6 root 管理员可以授予和收回的权限

分类	权限名称	权限级别	描述
数据权限	SELECT	全局、数据库、表、列	允许访问数据
	UPDATE	全局、数据库、表、列	允许更新数据
	DELETE	全局、数据库、表	允许删除数据
	INSERT	全局、数据库、表、列	允许插入数据
	SHOW DATABASES	全局	允许查看已存在的数据库
	SHOW VIEW	全局、数据库、表	允许查看已有视图的视图定义
	PROCESS	全局	允许查看正在运行的线程
结构权限	DROP	全局、数据库、表	允许删除数据库、表和视图
	CREATE	全局、数据库、表	允许创建数据库和表
	CREATE ROUTINE	全局、数据库	允许创建存储过程和函数
	CREATE TABLESPACE	全局	允许创建、修改或删除表空间和日志组件
	CREATE TEMPORARY TABLES	全局、数据库	允许创建临时表
	CREATE VIEW	全局、数据库、表	允许创建和修改视图
	ALTER	全局、数据库、表	允许修改数据表
	ALTER ROUTINE	全局、数据库、存储过程和函数	允许修改或删除存储过程和函数
	INDEX	全局、数据库、表	允许创建和删除索引
	TRIGGER	全局、数据库、表	允许触发器的所有操作
	REFERENCES	全局、数据库、表、列	允许创建外键
管理权限	CREATE USER	全局	允许 CREATE USER、DROP USER、RENAME USER 和 REVOKE ALL PRIVILEGES
	GRANT OPTION	全局、数据库、表、存储过程、代理	允许授予或删除用户权限
	RELOAD	全局	FLUSH 操作
	PROXY	与被代理的用户相同	启用用户代理
	REPLICATION CLIENT	全局	允许用户访问主服务器或从服务器
	REPLICATION SLAVE	全局	允许复制从服务器读取主服务器二进制日志事件
	SHUTDOWN	全局	允许使用 mysqladmin shutdown 命令
	LOCK TABLES	全局、数据库	允许在有 SELECT 表权限上使用 LOCK TABLES

表 8-6 中，权限级别是指权限可以被应用在哪些数据库内容中，如 SELECT 的权限级别指 SELECT 权限可以被授予到全局（任意数据库中的任意内容）、数据库（指定数据库中的任意内容）、表（指定数据库中的指定数据表）、列（指定数据库下的指定数据表中的指定字段）。

理论微课 8-13：授予权限

2. 授予权限

MySQL 提供了 GRANT 语句为用户授予权限，基本语法如下。

```
GRANT 权限类型 [(字段列表)][, 权限类型 [(字段列表)]]
ON 权限级别 TO 账号名 [, 账号名 ...][WITH with_option]
```

在上述语法中，权限类型是指表 8-6 中的权限名称，如 SELECT、UPDATE、DELETE，字段列表是可选参数，表示权限设置到哪些字段上，给多个字段设置权限时使用逗号分隔，如果不指定字段则设置的权限作用于整张表。权限级别是指表 8-6 中包含的权限级别，权限级别的值可以设置成如下几种格式。

- *.*：表示全局级别的权限，即授予的权限适用于所有的数据库和数据表。
- *：如果当前未选择数据库，表示全局级别的权限；如果当前选择了数据库，则为当前选择的数据库授予权限。
- 数据库名.*：表示数据库级别的权限，即授予的权限适用于指定数据库中的所有表。
- 数据库名.表名：表示表级别的权限。如果不指定将授予权限的字段，则授予的权限适用于指定数据库中的指定表中所有列。

WITH 关键字后面的参数 with_option 有 5 个值，具体介绍如下。

- GRANT OPTION：将自己的权限授予其他用户。
- MAX_QUERIES_PER_HOUR count：设置每小时最多可以执行多少次查询。
- MAX_UPDATES_PER_HOUR count：设置每小时最多可以执行多少次更新。
- MAX_CONNECTIONS_PER_HOUR count：设置每小时最大的连接数量。
- MAX_USER_CONNECTIONS：设置每个用户最多可以同时建立连接的数量。

下面演示重新创建 test 用户，给 test 用户授予 ems 数据库的查询和更新权限，具体示例如下。

```
# 创建 test 用户
mysql> CREATE USER 'test'@'localhost' IDENTIFIED BY '123456';
Query OK, 0 rows affected (0.01 sec)
# 给 test 用户授予权限
mysql> GRANT SELECT,UPDATE ON ems.* TO 'test'@'localhost';
Query OK, 0 rows affected (0.01 sec)
```

3. 查看权限

理论微课 8-14：查看权限

查看权限有两种方式，第一种方式是通过表 8-5 中的数据表查看用户对应的权限，另一种方式是使用 SHOW GRANTS 语句查看用户的所有权限，SHOW GRANTS 语句的基本语法如下。

```
SHOW GRANTS FOR 账号名;
```

在上述语法中，FOR 关键字后面是要查看权限的账号名，账号名由“'用户名'@'主机地址'”组成。

下面分别演示查看权限的两种方式，首先通过数据表查看权限，具体示例如下。

```
mysql> SELECT Host,Db,User,Select_priv,Update_priv FROM mysql.db
    -> WHERE User='test';
+-----------+-----+------+-------------+-------------+
| Host      | Db  | User | Select_priv | Update_priv |
+-----------+-----+------+-------------+-------------+
| localhost | ems | test | Y           | Y           |
+-----------+-----+------+-------------+-------------+
1 row in set (0.00 sec)
```

从上述示例结果可以看出，test 用户具有 ems 数据库的查看和更新权限。

下面使用 SHOW GRANTS 语句查看权限，具体示例如下。

```
mysql> SHOW GRANTS FOR 'test'@'localhost';
+-----------------------------------------------------+
| Grants for test@localhost                           |
+-----------------------------------------------------+
| GRANT USAGE ON *.* TO `test`@`localhost`            |
| GRANT SELECT,UPDATE ON `ems`.* TO `test`@`localhost`  |
+-----------------------------------------------------+
2 rows in set (0.00 sec)
```

从上述示例结果可以看出，使用 SHOW GRANTS 语句直接显示了给用户授权的语句。值得一提的是，上述示例结果中的“GRANT USAGE ON *.* TO 'test'@'localhost'”表示连接权限，使用 CREATE USER 语句创建新用户默认会授予连接权限，该权限只能用于登录数据库，不能执行任何其他操作，并且该权限不能被回收。

通过对比这两种查看权限的方式，通过数据表查看权限是已经了解该用户所具有的权限级别，然后去对应数据表中查看具体的权限信息，使用 SHOW GRANTS 语句可以查看用户的全部权限和授予权限的语句。

■ 任务实现

实操微课 8-6：任务 8.3.1 授予并查看权限

根据任务需求，创建新用户，给用户授予权限和查看权限，具体步骤如下。

① 创建新用户，用户名为 empmanager，密码为 admin123456，具体 SQL 语句及执行结果如下。

```
mysql> CREATE USER 'empmanager'@'localhost' IDENTIFIED BY 'admin123456';
Query OK, 0 rows affected (0.01 sec)
```

② 给用户 empmanager 授予员工表 emp 的 SELECT 权限，对 ename 和 job 字段的 UPDATE 权限，具体 SQL 语句及执行结果如下。

```
mysql> GRANT SELECT,UPDATE(ename,job)
    -> ON ems.emp
    -> TO 'empmanager'@'localhost';
```

```
Query OK, 0 rows affected (0.00 sec)
```

③ 查看授予的权限，具体 SQL 语句及执行结果如下。

```
mysql> SHOW GRANTS FOR 'empmanager'@'localhost';
+-------------------------------------------------------+
| Grants for empmanager@localhost                       |
+-------------------------------------------------------+
| GRANT USAGE ON *.* TO `empmanager`@`localhost`        |
| GRANT SELECT,UPDATE (`ename`,`job`) ON `ems`.`emp`    |
| TO  `empmanager`@`localhost`                          |
+-------------------------------------------------------+
2 rows in set (0.00 sec)
```

从上述结果可以看出，用户 empmanager 具有连接数据库权限、查询 ems 数据库中 emp 数据表的权限以及修改数据表中 ename 字段和 job 字段的权限。

任务 8.3.2 删除用户权限

任务需求

“员工管理系统”的功能升级完成后，为了保证数据的安全性，需要及时将用户的一些权限删除。小明打算学习删除用户权限的相关知识，并将用户 empmanager 对员工表的修改权限删除。

知识储备

理论微课 8-15：删除用户权限

删除用户权限

为了保证数据库的安全，对于用户不再需要使用的权限应该及时删除。MySQL 提供了 REVOKE 语句用于删除指定用户的指定权限，其基本语法如下。

```
REVOKE 权限类型 [(字段列表)][,权限类型 [(字段列表)]]
ON 权限级别 FROM 账号名 [,账号名 ...]
```

在上述语法中，权限类型表示删除的权限类型，字段列表表示权限作用的字段，如果不指定字段，表示作用于整张数据表。

下面演示删除 test 用户对 ems 数据库的更新权限，具体示例如下。

```
mysql> REVOKE UPDATE ON ems.* FROM 'test'@'localhost';
Query OK, 0 rows affected (0.00 sec)
```

当用户拥有的权限较多时，使用上述删除方式会比较烦琐，可以考虑一次性删除所有权限，即将权限类型设置为“ALL PRIVILEGES”。

下面演示删除 test 用户对 ems 数据库的所有权限，具体示例如下。

```
mysql> REVOKE ALL PRIVILEGES ON ems.* FROM 'test'@'localhost';
Query OK, 0 rows affected (0.00 sec)
```

使用上述语句即可将用户的所有权限全部删除。

■ 任务实现

实操微课 8-7：任务 8.3.2 删除用户权限

根据任务需求，完成删除用户对员工表的修改权限，具体步骤如下。

① 删除用户 empmanager 的 UPDATE 权限，具体 SQL 语句及执行结果如下。

```
mysql> REVOKE UPDATE (ename,job) ON ems.emp FROM 'empmanager'@'localhost';
Query OK, 0 rows affected (0.01 sec)
```

② 查看用户 empmanager 的权限，具体 SQL 语句及执行结果如下。

```
mysql> SHOW GRANTS FOR 'empmanager'@'localhost';
+-------------------------------------------------------------+
| Grants for empmanager@localhost                             |
+-------------------------------------------------------------+
| GRANT USAGE ON *.* TO `empmanager`@`localhost`              |
| GRANT SELECT ON `ems`.`emp` TO  `empmanager`@`localhost`    |
+-------------------------------------------------------------+
2 rows in set (0.00 sec)
```

从查询结果可以看出，用户 empmanager 对 ems 数据库的 emp 表只有 SELECT 权限，表示用户的 UPDATE 权限删除成功。

8.4 MySQL 优化

在应用开发初期，由于数据量较小，开发人员更注重功能的实现，项目上线后，随着数据库的不断增长，很多 SQL 语句开始逐渐显露出性能问题，对系统的影响也越来越大，此时，这些有问题的 SQL 语句就成为整个系统性能的瓶颈。因此，必须要对这些 SQL 语句进行优化，主要包括正确使用锁机制、通过慢查询日志进行优化和 SQL 语句的优化。本节对 MySQL 优化的相关内容进行讲解。

任务 8.4.1 锁机制

■ 任务需求

在“员工管理系统”中，为了防止在查询某个员工的信息时，员工信息被修改或删除，需要给员工数据加锁。小明打算学习锁机制，并以员工表中员工编号为 9900 的数据为例，练习给该条数据加锁，并验证锁是否生效。本任务的具体要求如下。

① 打开命令行窗口 1，开启事务，给员工表中员工编号为 9900 的数据添加共享锁。

② 打开命令行窗口 2，在该命令行窗口中删除员工编号为 9900 的数据，查看运行结果。

③ 在命令行窗口 1 中提交事务。

④ 在命令行窗口 2 中查看删除数据的结果。

知识储备

1. 锁机制概述

锁是计算机协调多个进程或线程并发访问某一资源的机制。在数据库中，数据是一种供许多用户共享的资源，如何保证数据并发访问的一致性、有效性是所有数据库必须解决的一个问题，锁冲突也是影响数据库并发访问性能的一个重要因素。

理论微课 8-16：锁机制概述

在 MySQL 中，按照锁的粒度划分，分为表锁和行锁，具体介绍如下。

- 表锁：每次操作时会锁定整张表。
- 行锁：每次操作时会锁定当前操作的行数据。

关于表锁和行锁的特点，具体介绍如下。

- 表锁：开销小，加锁快，不会出现死锁，锁定粒度大，发生锁冲突的概率最高，并发度最低。
- 行锁：开销大，加锁慢，会出现死锁，锁定粒度最小，发生锁冲突的概率最低，并发度也最高。

相对其他数据库而言，MySQL 的锁机制比较简单，其最显著的特点是不同的存储引擎支持不同的锁机制，具体见表 8-7。

表 8-7 不同存储引擎支持的锁机制

存储引擎	表锁	行锁
MyISAM	支持	不支持
InnoDB	支持	支持
MEMORY	支持	不支持

从表 8-7 可以看出，MyISAM 存储引擎只支持表锁，InnoDB 存储引擎既支持表锁，也支持行锁，但是通常情况下，使用行锁时，数据表会使用 InnoDB 存储引擎。

说明：

只通过存储引擎不能直接决定使用哪种锁，需要结合应用程序的特点来选择，表锁更适合以查询为主，只有少量的根据查询条件更新数据的应用，如 Web 应用；行锁更适合有大量根据查询条件更新或查询数据的应用，如实时票务系统。

2. 表锁

表锁是对整个数据表加锁，通常应用在 MyISAM 存储引擎中，添加表锁后整张数据表就处于只读状态，后续对数据表的所有操作、定义和已经更新操作的事务提交语句都将被阻断。

理论微课 8-17：表锁

添加表锁的基本语法如下。

```
LOCK {TABLE|TABLES} 表名 READ/WRITE;
```

在上述语法中，TABLE 表示锁定一张数据表，TABLES 表示同时锁定多张数据表，表名为要添加表锁的数据表名称，READ 表示添加的表锁是读锁，WRITE 表示添加的表锁是写锁。

默认情况下，在使用 MyISAM 存储引擎的数据表中，执行不同操作添加的表锁类型也不同，具体见表 8-8。

表 8-8 执行不同操作添加的表锁类型

操作	表锁类型	说明
INSERT	写锁	自动加锁
UPDATE	写锁	自动加锁
DELETE	写锁	自动加锁
SELECT	读锁	自动加锁

从表 8-8 可以看出，当执行更新操作时，如 INSERT、UPDATE、DELETE，程序会自动给数据表添加写锁，当执行查询操作，如 SELECT，程序会自动给数据表添加读锁。因此，在使用 MyISAM 存储引擎的数据表中，一般不需要给数据表显式加锁。

操作完数据表后需要释放锁，释放锁的基本语法如下。

```
UNLOCK TABLES;
```

上述命令执行后，创建的锁会自动释放。

下面演示给数据表添加读锁，具体示例如下。

```
# 选择 ems 数据库
mysql> USE ems;
Database changed
# 创建 book 数据表
mysql> CREATE TABLE book (
    -> id INT PRIMARY KEY AUTO_INCREMENT,
    -> name VARCHAR(50) DEFAULT NULL,
    -> publish_time DATE DEFAULT NULL,
    -> status CHAR(1) DEFAULT NULL
    -> ) ENGINE=MyISAM DEFAULT CHARSET=utf8;
Query OK, 0 rows affected, 1 warning (0.01 sec)
# 添加测试数据
mysql> INSERT INTO book(id,name,publish_time,status)
    -> VALUES(NULL,'MySQL 数据库任务驱动教程 ','2022-01-01','1');
Query OK, 1 row affected (0.01 sec)
# 给 book 表添加读锁
mysql> LOCK TABLE book read;
# 读取 book 表的数据
mysql> SELECT * FROM book;
+----+----------------------+--------------+--------+
| id | name                 | publish_time | status |
+----+----------------------+--------------+--------+
|  1 | MySQL 数据库任务驱动教程 | 2022-01-01   | 1      |
+----+----------------------+--------------+--------+
# 更新 book 表的数据
mysql> UPDATE book SET status='2';
```

```
ERROR 1099 (HY000): Table 'book' was locked with a READ lock and can't
be updated
# 添加读锁后操作其他数据表
mysql> SELECT * FROM emp;
ERROR 1100 (HY000): Table 'emp' was not locked with LOCK TABLES
# 释放锁
mysql> UNLOCK TABLES;
Query OK, 0 rows affected (0.00 sec)
```

从上述示例中可以看出，当 book 数据表添加读锁后，对 book 数据表的其他操作都会被阻断，更新 book 数据表中的数据时，会提示“book 表被读锁锁定，不能被更新”，当操作数据库中未被锁定的数据表时，会提示要操作的数据表没有被锁定，不能对其进行操作。

3. 行锁

行锁是在每次操作时锁定当前操作的行数据，通常应用在 InnoDB 存储引擎中，按照对数据操作的类型划分，行锁分为共享锁和排他锁，具体介绍如下。

理论微课 8-18：行锁

- 共享锁：也被称为读锁，针对同一份数据，多个读操作可以同时进行而不会互相影响。
- 排他锁：也被称为写锁，当前操作没有完成之前，它会阻断其他写锁和读锁。

默认情况下，在使用 InnoDB 存储引擎的数据表中，执行不同的操作添加行锁类型也不同，具体见表 8-9。

表 8-9 执行不同的操作添加行锁类型

操作	行锁类型	说明
INSERT	排他锁	自动加锁
UPDATE	排他锁	自动加锁
DELETE	排他锁	自动加锁
SELECT	不添加任何锁	-

从表 8-9 可以看出，当执行 INSERT、UPDATE 和 DELETE 操作时会自动给数据加排他锁，当执行 SELECT 操作时不会添加任何锁，需要手动添加行锁。

给 SELECT 操作手动添加行锁的基本语法如下。

```
SELECT * FROM 表名 WHERE 条件表达式 LOCK IN SHARE MODE|FOR UPDATE;
```

在上述语法中，LOCK IN SHARE MODE 表示添加的行锁类型是共享锁，FOR UPDATE 表示添加的行锁类型是排他锁。

下面演示给 SELECT 操作添加排他锁，首先打开命令行窗口，具体示例如下。

```
# 将 book 数据表的存储引擎修改为 InnoDB
mysql> ALTER TABLE book ENGINE=InnoDB;
Query OK, 1 row affected (0.04 sec)
Records: 1  Duplicates: 0  Warnings: 0
# 开启事务
```

```
mysql> START TRANSACTION;
Query OK, 0 rows affected (0.00 sec)
# 给 book 表添加排他锁
mysql> SELECT * FROM book WHERE id=1 FOR UPDATE;
+----+----------------------+--------------+--------+
| id | name                 | publish_time | status |
+----+----------------------+--------------+--------+
|  1 | MySQL数据库任务驱动教程 | 2022-01-01   | 1      |
+----+----------------------+--------------+--------+
1 row in set (0.00 sec)
```

给 book 数据表中 id 为 1 的数据添加行锁后，当前命令窗口不要关闭，打开新的命令行窗口，登录 MySQL，选择 ems 数据库，执行更新 book 表数据的 SQL 语句，具体示例如下。

```
mysql> USE ems;
Database changed
mysql> UPDATE book SET status='2';
```

上述命令执行后，会处于等待状态，等待超时后，会显示“Lock wait timeout exceeded; try restarting transaction”的提示信息，说明修改的行已经被锁定。

任务实现

实操微课 8-8：任务 8.4.1 锁机制

根据任务需求，完成给用户表添加行锁，具体步骤如下。

① 开启事务，给员工表中员工编号为 9900 的数据添加共享锁，具体 SQL 语句及执行结果如下。

```
mysql> START TRANSACTION;
Query OK, 0 rows affected (0.00 sec)
mysql> SELECT * FROM emp WHERE empno=9900 LOCK IN SHARE MODE;
+-------+--------+------+------+---------+-------+--------+
| empno | ename  | job  | mgr  | sal     | bonus | deptno |
+-------+--------+------+------+---------+-------+--------+
|  9900 | 萧十一  | 助理  | 9698 | 2350.00 |  NULL |     30 |
+-------+--------+------+------+---------+-------+--------+
1 row in set (0.00 sec)
```

② 开启一个新的命令行窗口，将新命令行窗口称为命令行窗口 2，原来的命令行窗口称为命令行窗口 1。在命令行窗口 2 中删除员工编号为 9900 的数据，具体 SQL 语句及执行结果如下。

```
mysql> DELETE FROM emp WHERE empno=9900;
```

由于要删除的数据添加了共享锁，所以执行上述命令后，光标会不停闪烁，进入锁等待状态。

③ 在命令行窗口 1 中执行“COMMIT;”提交事务，在命令行窗口 2 中查看删除数据的结果，具体如图 8-2 所示。

图 8-2(a) 为命令行窗口 1，图 8-2(b) 为命令行窗口 2，当在命令行窗口 1 中提交事务后，命令行窗口 2 中的 DELETE 语句会立即执行，显示 SQL 语句的执行结果和执行时间。由此可见，当给数据添加共享锁后，在其他事务中不能再对这条数据进行删除。

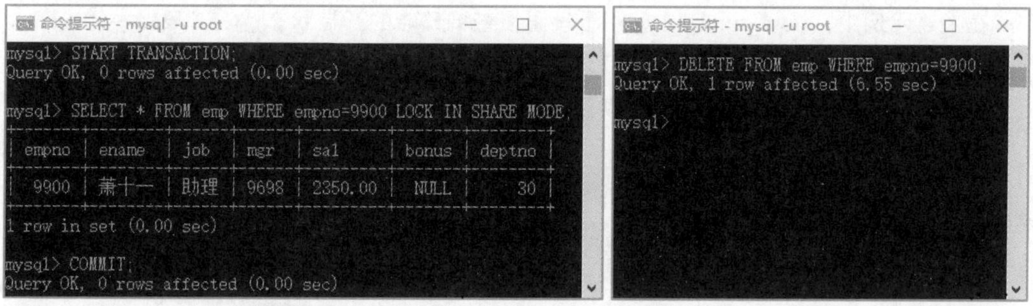

(a) (b)

图 8-2 查看删除数据的结果

任务 8.4.2 慢查询日志

任务需求

最近开发人员发现某些 SQL 语句需要执行很长时间才能成功。遇到这样的问题，小明首先排查数据表，排除了表损坏的问题，然后向数据表中插入一条数据也能执行成功，排除了无法写入数据的问题。为什么数据表可以正常读写而开发人员还会反馈慢呢?

通过查阅资料，小明了解到 MySQL 有个慢查询机制，该机制可以记录查询时间长的 SQL 语句，将那些让数据库变慢的 SQL 语句记录下来，让开发人员对这些 SQL 语句进行优化。于是小明决定开启慢查询日志，为了更好地测试慢查询日志，将执行 SQL 语句超过 1 s 的记录为慢查询，具体要求如下。

① 查看慢查询相关的系统变量。

② 开启慢查询日志。

③ 设置执行 SQL 语句的时间。

④ 执行慢查询 SQL 语句。

⑤ 查看记录的日志。

知识储备

开启慢查询日志

慢查询日志记录了 MySQL 中执行时间超过指定时间的查询语句，通过慢查询日志，可以找到执行效率低的查询语句，以便对其进行优化，查看慢查询日志的示例如下。

理论微课 8-19：开启慢查询日志

```
mysql> SHOW VARIABLES LIKE 'slow_query%';
+---------------------+--------------------------------+
| Variable_name       | Value                          |
+---------------------+--------------------------------+
| slow_query_log      | OFF                            |
| slow_query_log_file | D:\mysql-8.0.27-winx64\data\   |
|                     | CZ-20211214JLWP-slow.log       |
+---------------------+--------------------------------+
```

在上述示例中，slow_query_log 用于设置慢查询日志的开启状态，OFF 表示关闭，slow_query_log_file 是慢查询日志文件所在的目录。

慢查询日志默认是关闭的，需要手动开启慢查询日志，命令如下。

```
mysql> SET GLOBAL slow_query_log='ON';
```

在上述示例中，将系统变量 slow_query_log 的值设置为 ON，表示开启慢查询日志。

当查询语句超过指定时间才会记录到慢查询日志中，查看慢查询日志超时时间的命令如下。

```
mysql> SHOW VARIABLES LIKE 'long_query_time';
+-----------------+-----------+
| Variable_name   | Value     |
+-----------------+-----------+
| long_query_time | 10.000000 |
+-----------------+-----------+
```

在上述示例中，long_query_time 用于设置查询的时间限制，超过设定时间会认为该查询语句是慢查询，并记录到慢查询日志中，该参数的默认值为 10 s。

执行慢查询语句，具体示例如下。

```
mysql> SELECT sleep(10);
```

上述语句执行后，会自动记录到慢查询日志中，打开慢查询日志文件，具体如图 8-3 所示。

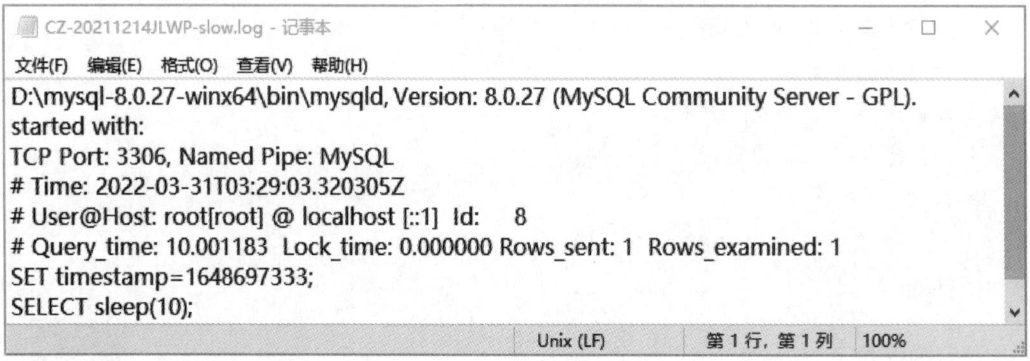
CZ-20211214JLWP-slow.log - 记事本
文件(F) 编辑(E) 格式(O) 查看(V) 帮助(H)

```
D:\mysql-8.0.27-winx64\bin\mysqld, Version: 8.0.27 (MySQL Community Server - GPL).
started with:
TCP Port: 3306, Named Pipe: MySQL
# Time: 2022-03-31T03:29:03.320305Z
# User@Host: root[root] @ localhost [::1]  Id:     8
# Query_time: 10.001183  Lock_time: 0.000000 Rows_sent: 1  Rows_examined: 1
SET timestamp=1648697333;
SELECT sleep(10);
```

Unix (LF) 第 1 行，第 1 列 100%

图 8-3 慢查询日志文件内容

从图 8-3 可以看出，慢查询日志中记录了查询时间、查询耗费的时间、慢查询 SQL 语句等信息。

任务实现

实操微课 8-9：任务 8.4.2 慢查询日志

根据任务需求，开启慢查询日志，具体步骤如下。

① 查看慢查询相关的系统变量，具体 SQL 语句及执行结果如下。

```
mysql> SHOW VARIABLES LIKE '%query%';
+------------------------------+--------------------------------+
| Variable_name                | Value                          |
+------------------------------+--------------------------------+
| binlog_rows_query_log_events | OFF                            |
| ft_query_expansion_limit     | 20                             |
| have_query_cache             | NO                             |
| long_query_time              | 10.000000                      |
| query_alloc_block_size       | 8192                           |
| query_prealloc_size          | 8192                           |
| slow_query_log               | ON                             |
| slow_query_log_file          | D:\mysql-8.0.27-winx64\data\   |
|                              | CZ-20211214JLWP-slow.log       |
+------------------------------+--------------------------------+
```

在上述查询结果中，long_query_time 用于设置慢查询的时间，当 SQL 语句的查询时间大于设定值时则记录日志，slow_query_log 用于设置是否开启慢查询日志，slow_query_log_file 是慢查询日志文件所在的目录。

② 设置执行 SQL 语句的时间超过 1 s 为慢查询，具体 SQL 语句及执行结果如下。

```
mysql> SET GLOBAL long_query_time=1;
Query OK, 0 rows affected (0.00 sec)
```

③ 关闭当前数据库连接，重新打开一个新的命令行窗口，登录 MySQL 后，再次查看系统变量 long_query_time 的值就是修改后的值，具体 SQL 语句及执行结果如下。

```
mysql> SHOW VARIABLES LIKE 'long_query_time';
+-----------------+----------+
| Variable_name   | Value    |
+-----------------+----------+
| long_query_time | 1.000000 |
+-----------------+----------+
1 row in set,1 warning (0.00 sec)
```

④ 执行慢查询，具体 SQL 语句及执行结果如下。

```
mysql> SELECT sleep(2);
+----------+
| sleep(2) |
+----------+
|        0 |
+----------+
1 row in set (2.00 sec)
```

⑤ 查看记录的慢查询日志，具体如图 8-4 所示。

从图 8-4 可以看出，慢查询日志记录成功。

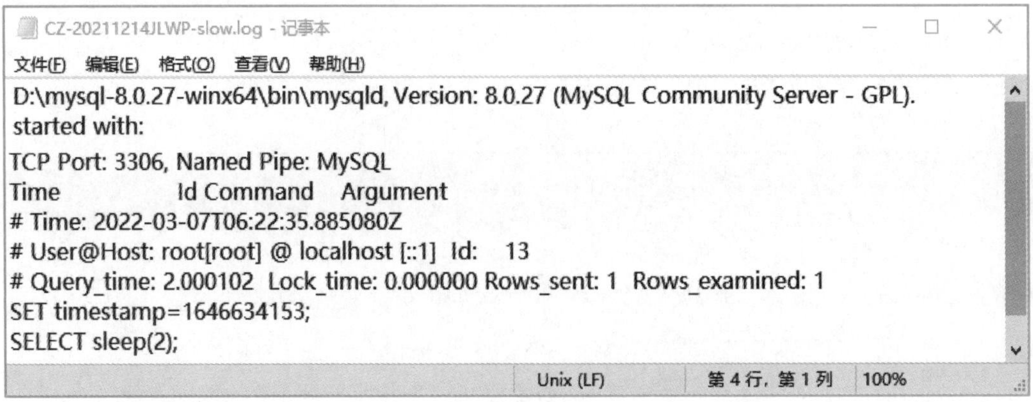
CZ-20211214JLWP-slow.log - 记事本
文件(F) 编辑(E) 格式(O) 查看(V) 帮助(H)
D:\mysql-8.0.27-winx64\bin\mysqld, Version: 8.0.27 (MySQL Community Server - GPL). started with:
TCP Port: 3306, Named Pipe: MySQL
Time Id Command Argument
Time: 2022-03-07T06:22:35.885080Z
User@Host: root[root] @ localhost [::1] Id: 13
Query_time: 2.000102 Lock_time: 0.000000 Rows_sent: 1 Rows_examined: 1
SET timestamp=1646634153;
SELECT sleep(2);
Unix (LF)
第 4 行，第 1 列
100%

图 8-4 慢查询日志

■ 知识拓展

1. 错误日志

错误日志是 MySQL 数据库中非常重要的日志，主要记录 MySQL 服务器启动和停止过程中的信息，以及服务器在运行过程中发生的故障和异常情况。

理论微课 8-20：错误日志

默认情况下，错误日志是开启的，错误日志的存放目录为 mysql 的数据目录，错误日志的文件名称为 filename.err，其中 filename 是计算机名称。例如，计算机的名称为 Administrator，则错误日志的文件名称为 Administrator.err。

通过命令查看错误日志的相关信息，具体示例如下。

```
mysql> SHOW VARIABLES LIKE 'log_error';
+---------------+-------------------------------------------------+
| Variable_name | Value                                           |
+---------------+-------------------------------------------------+
| log_error     | D:\mysql-8.0.27-winx64\data\CZ-20211214JLWP.err |
+---------------+-------------------------------------------------+
```

在上述示例结果中，log_error 表示错误日志的保存路径，按照该路径打开对应的错误日志文件，具体内容如图 8-5 所示。

从图 8-5 可以看出，错误日志记录了错误发生的时间和错误类型等信息。

2. 二进制日志

二进制日志（BINLOG）记录了所有的数据定义语句（DDL）和数据操作语句（DML），但是不包括数据查询语句。当数据库出现严重的错误时，二进制日志对数据恢复起着极其重要的作用，MySQL 数据库中的主从复制，也是通过二进制日志来实现的。

理论微课 8-21：二进制日志

默认情况下，二进制日志是开启的，可以通过命令查看二进制日志的状态，具体命令如下。

```
mysql> SHOW VARIABLES LIKE 'log_bin';
+---------------+-------+
| Variable_name | Value |
+---------------+-------+
| log_bin       | ON    |
+---------------+-------+
```

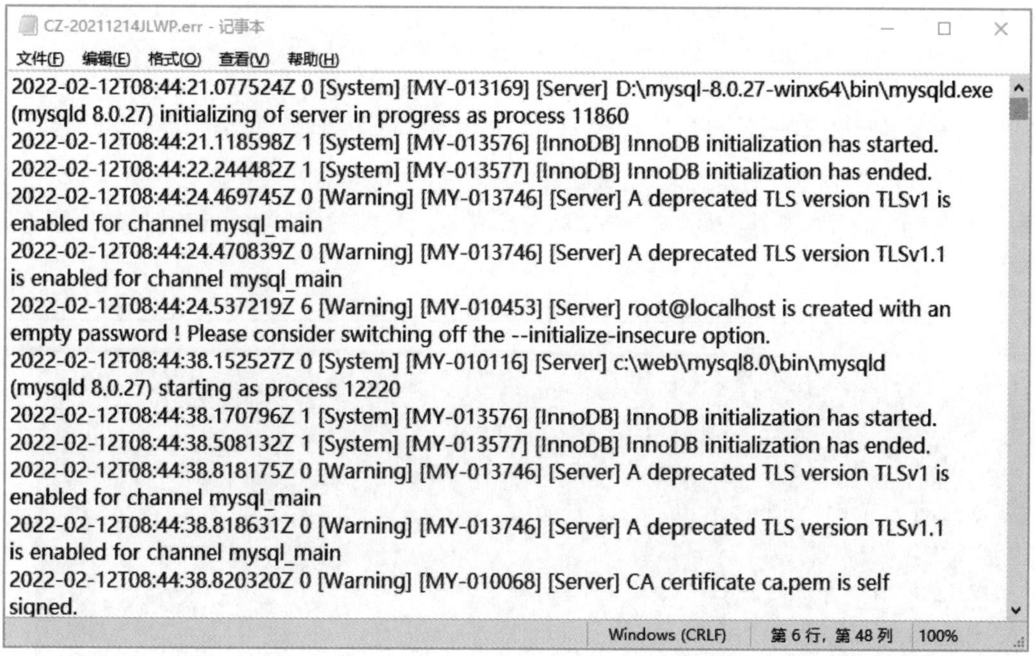


```
2022-02-12T08:44:21.077524Z 0 [System] [MY-013169] [Server] D:\mysql-8.0.27-winx64\bin\mysqld.exe (mysqld 8.0.27) initializing of server in progress as process 11860
2022-02-12T08:44:21.118598Z 1 [System] [MY-013576] [InnoDB] InnoDB initialization has started.
2022-02-12T08:44:22.244482Z 1 [System] [MY-013577] [InnoDB] InnoDB initialization has ended.
2022-02-12T08:44:24.469745Z 0 [Warning] [MY-013746] [Server] A deprecated TLS version TLSv1 is enabled for channel mysql_main
2022-02-12T08:44:24.470839Z 0 [Warning] [MY-013746] [Server] A deprecated TLS version TLSv1.1 is enabled for channel mysql_main
2022-02-12T08:44:24.537219Z 6 [Warning] [MY-010453] [Server] root@localhost is created with an empty password ! Please consider switching off the --initialize-insecure option.
2022-02-12T08:44:38.152527Z 0 [System] [MY-010116] [Server] c:\web\mysql8.0\bin\mysqld (mysqld 8.0.27) starting as process 12220
2022-02-12T08:44:38.170796Z 1 [System] [MY-013576] [InnoDB] InnoDB initialization has started.
2022-02-12T08:44:38.508132Z 1 [System] [MY-013577] [InnoDB] InnoDB initialization has ended.
2022-02-12T08:44:38.818175Z 0 [Warning] [MY-013746] [Server] A deprecated TLS version TLSv1 is enabled for channel mysql_main
2022-02-12T08:44:38.818631Z 0 [Warning] [MY-013746] [Server] A deprecated TLS version TLSv1.1 is enabled for channel mysql_main
2022-02-12T08:44:38.820320Z 0 [Warning] [MY-010068] [Server] CA certificate ca.pem is self signed.
```

图 8-5 错误日志

在上述示例结果中，ON 表示二进制日志已经开启，如果是 OFF 则表示二进制日志未开启。查看二进制日志的格式，具体命令如下。

```
mysql> SHOW VARIABLES LIKE 'binlog_format';
+---------------+-------+
| Variable_name | Value |
+---------------+-------+
| binlog_format | ROW   |
+---------------+-------+
```

在上述示例结果中，二进制日志的格式为 ROW，二进制日志的格式有 3 种，具体如下。

- STATEMENT：在日志文件中记录的是 SQL 语句。
- ROW：在日志文件中记录的是每一行的数据变更。
- MIXED：在日志文件中记录了 STATEMENT 格式和 ROW 格式。

关于查看二进制日志文件的具体命令如下。

```
# 查看所有日志
mysql> SHOW BINLOG EVENTS;
# 查看最新日志
mysql> SHOW MASTER STATUS;
# 查询指定日志
mysql> SHOW BINLOG EVENTS IN 'binlog.000010';
# 从某个日志的指定位置开始查看
mysql> SHOW BINLOG EVENTS IN 'binlog.000010' FROM 156;
# 从某个日志的指定位置开始查看，限制查询的条数
mysql> SHOW BINLOG EVENTS IN 'binlog.000010' FROM 156 LIMIT 2;
```

```
# 从某个日志的指定位置开始查看，带有偏移量和查询条数
mysql> SHOW BINLOG EVENTS IN 'binlog.000010' FROM 156 LIMIT 1,2;
# 清空所有的日志文件
mysql> RESET MASTER;
```

二进制日志采用二进制方式保存，无法直接查看文件的内容，在未登录 MySQL 的状态下，使用 mysqlbinlog 工具将其转换为文本格式的 SQL 脚本，具体转换命令和日志文件内容如图 8-6 所示。

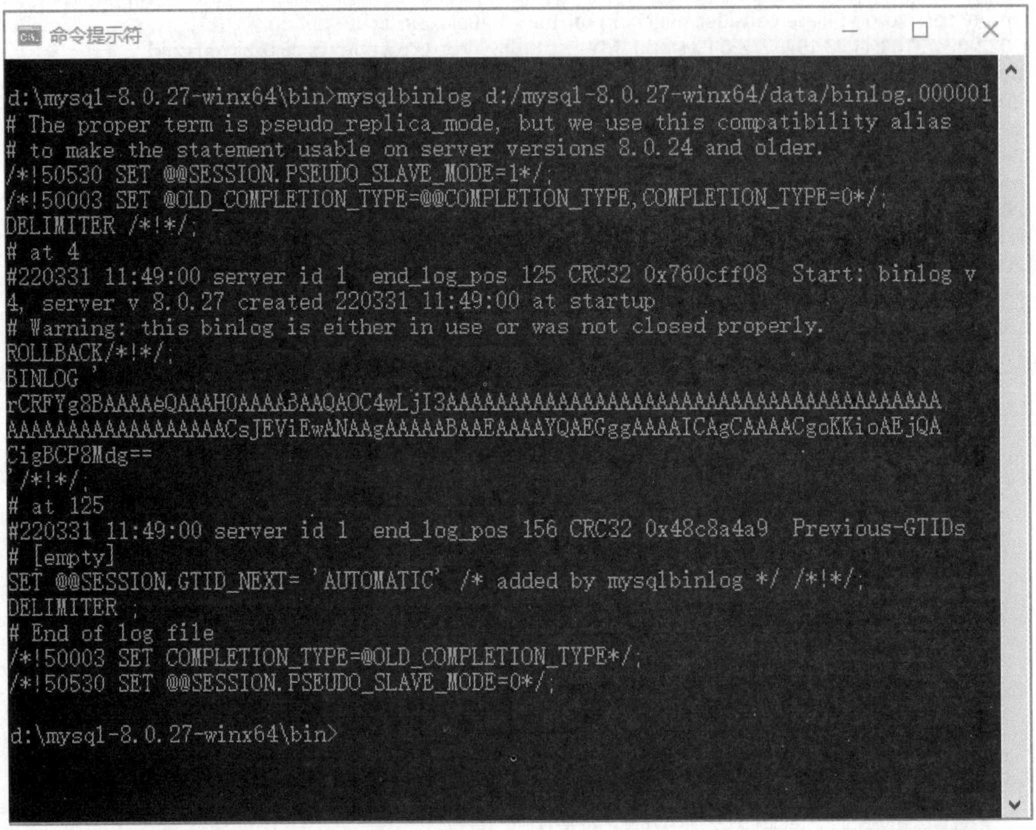

图 8-6 转换二进制日志命令和日志文件内容

从图 8-6 可以看出，二进制日志中“at 125”记录了日志的位置，“220331 11:49:00”记录了日志的时间。

3. 查询日志

查询日志记录了客户端的所有操作语句，查看查询日志的具体命令如下。

理论微课 8-22：查询日志

```
mysql> SHOW VARIABLES LIKE 'general_log%';
+------------------+---------------------------------------------+
| Variable_name    | Value                                       |
+------------------+---------------------------------------------+
| general_log      | OFF                                         |
| general_log_file | D:\mysql-8.0.27-winx64\data\CZ-20211214JLWP.log |
+------------------+---------------------------------------------+
```

在上述示例结果中，general_log 表示查询日志的开启状态，OFF 表示查询日志是关闭状态，general_log_file 表示查询日志文件的保存路径。

查询日志默认是关闭的，需要手动开启查询日志，手动开启查询日志的命令如下。

```
mysql> SET GLOBAL general_log='ON';
Query OK, 0 rows affected (0.01 sec)
```

在上述示例中，将系统变量 general_log 的值设置为 ON，表示开启查询日志。

下面演示在命令行窗口中执行查询语句，首先登录 MySQL，选择 ems 数据库，执行 SELECT 语句，具体示例如下。

```
mysql> SELECT * FROM emp;
```

根据前面查询到的查询日志文件的路径打开查询日志文件，查看查询日志的内容，具体如图 8-7 所示。

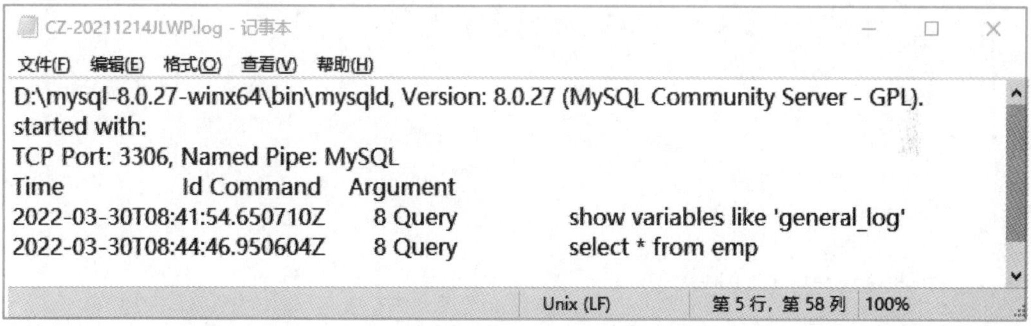

图 8-7 查询日志内容

从图 8-7 可以看出，当执行查询语句后，查询日志中会记录查询的 SQL 语句和查询时间等信息。

任务 8.4.3 SQL 优化

任务需求

在“员工管理系统”中，根据条件筛选员工信息时，同样的筛选条件，有时会等待很长时间才会返回结果。小明通过查看表结构，发现数据表创建了复合索引，通过查看查询日志，发现每次执行的 SQL 语句的筛选条件顺序不同。

小明向有经验的同事请教，同事告诉他是复合索引出现了问题，需要对比每次执行 SQL 语句的结果，分析具体原因。小明打算学习 SQL 优化相关的知识，并在自己的计算机中练习，具体要求如下。

① 给员工表创建复合索引。

② 使用 EXPLAIN 关键字分析 SQL 语句。

③ 对比每次执行时的结果信息，找出问题的原因。

知识储备

1. 查看执行的SQL语句类型

理论微课8-23：查看执行的SQL语句类型

MySQL客户端连接成功后，可以通过命令可以查看MySQL服务器中的主要操作类型，具体示例如下。

```
mysql> SHOW STATUS LIKE 'Com_______';
+--------------+-------+
| Variable_name | Value |
+--------------+-------+
|  Com_binlog   |  0    |
|  Com_commit   |  0    |
|  Com_delete   |  0    |
|  Com_import   |  0    |
|  Com_insert   |  0    |
|  Com_repair   |  0    |
|  Com_revoke   |  0    |
|  Com_select   |  1    |
|  Com_signal   |  0    |
|  Com_update   |  0    |
|  Com_xa_end   |  0    |
+--------------+-------+
11 rows in set (0.01 sec)
```

上述命令执行成功后，会显示执行各个操作类型的次数，例如，Com_select参数对应的值是1，表示执行了1次查询。MySQL服务器主要操作类型说明具体见表8-10。

表8-10 MySQL服务器主要操作类型说明

类型	含义
Com_select	执行SELECT操作的次数，一次查询累加1
Com_insert	执行INSERT操作的次数，批量插入操作只累加一次
Com_update	执行UPDATE操作的次数
Com_delete	执行DELETE操作的次数
Innodb_rows_read	SELECT查询返回的行数
Innodb_rows_inserted	执行INSERT操作插入的行数
Innodb_rows_updated	执行UPDATE操作更新的行数
Innodb_rows_deleted	执行DELETE操作删除的行数
Connections	试图连接MySQL服务器的次数
Uptime	服务器工作时间
Slow_queries	慢查询的次数

2. 定位执行效率低的 SQL 语句

理论微课 8-24：定位执行效率低的 SQL 语句

定位执行效率低的 SQL 语句可以通过慢查询日志或 SHOW PROCESSLIST 命令这两种方式实现，使用慢查询日志已经在任务 8.4.2 中进行了详细讲解，下面主要讲解使用 SHOW PROCESSLIST 命令定位执行效率低的 SQL 语句。

SHOW PROCESSLIST 命令可以查看当前 MySQL 在进行的线程，包括线程的状态、是否锁表等，也可以实时查看 SQL 的执行情况，同时对一些锁表操作进行优化。使用 SHOW PROCESSLIST 命令定位执行效率低的 SQL 语句的具体示例如下。

```
mysql> SHOW PROCESSLIST;
```

上述命令执行后，执行结果如图 8-8 所示。

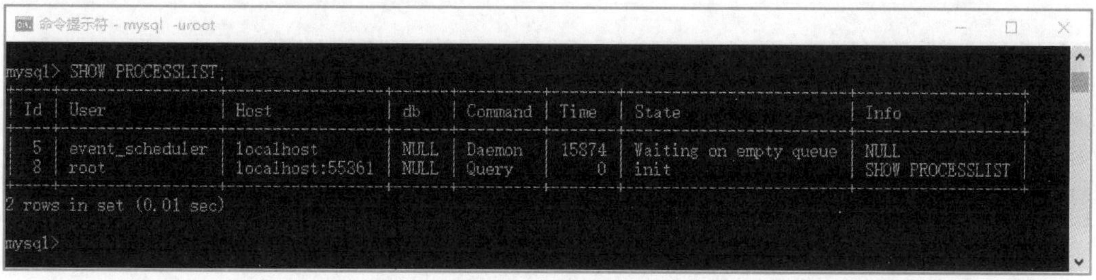

图 8-8 SHOW PROCESSLIST 命令执行结果

图 8-8 中显示了当前 MySQL 正在进行的线程，关于 MySQL 线程说明具体见表 8-11。

表 8-11 MySQL 线程说明

列名	含义
Id	登录 MySQL 时系统分配的 connection_id
User	显示当前用户，如果不是 root，就显示用户权限范围的 SQL 语句
Host	显示语句是从哪个 IP 的哪个端口发出
db	显示这个进程目前连接的是哪个数据库
Command	显示当前连接执行的命令
Time	显示这个状态持续的时间，单位是秒
State	显示使用当前连接的 SQL 语句的状态
Info	显示这条 SQL 语句，是判断问题语句的一个重要依据

在表 8-11 的列名中，Id 列的值可以使用函数 connection_id () 查看，Host 通常用来跟踪出现问题语句的用户，Command 的取值通常为 Sleep（休眠）、Query（查询）、Connect（连接）等，State 是很重要的列，用于查看语句执行的状态。以查询语句为例，需要经过 Creating tmp table（正在创建临时表以存放部分查询结果）、Sending data（正在处理 SELECT 查询的记录，同时把结果发送给客户端）等状态才可以完成。

定位到执行效率低的 SQL 语句后，需要分析 SQL 语句，找出执行效率低的原因。分析 SQL 语句有两种方式，分别通过 EXPLAIN 命令和 SHOW PROFILES 命令，下面对这两种分析 SQL 语句的方式进行讲解。

（1）EXPLAIN 命令

在 MySQL 中可以使用 EXPLAIN 命令分析 SQL 语句的执行信息，使用 EXPLAIN 命令分析 SQL 语句的具体语法如下。

```
EXPLAIN SQL 语句;
```

下面使用 EXPLAIN 命令分析 SQL 语句，具体示例如下。

```
mysql> EXPLAIN SELECT * FROM emp;
```

上述命令执行后，执行结果如图 8-9 所示。

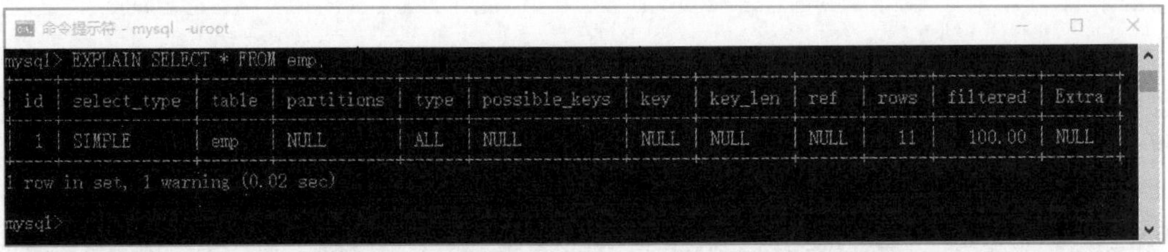
命令提示符 - mysql -uroot
mysql> EXPLAIN SELECT * FROM emp;
| id | select_type | table | partitions | type | possible_keys | key | key_len | ref | rows | filtered | Extra |
| 1 | SIMPLE | emp | NULL | ALL | NULL | NULL | NULL | NULL | 11 | 100.00 | NULL |
1 row in set, 1 warning (0.02 sec)
mysql>

图 8-9 EXPLAIN 命令执行结果

说明：

执行 EXPLAIN 命令后，会出现警告信息，即图 8-9 中的“1 warning”。该警告信息仅起到提示作用，无须处理，执行“SHOW WARNINGS;”语句可以查看警告信息。

在图 8-9 中显示了使用 EXPLAIN 命令的分析结果，关于分析结果中字段的含义见表 8-12。

表 8-12 EXPLAIN 命令分析结果中的字段含义

字段	含义
id	SELECT 查询的标识符，默认从 1 开始，如果查询中使用了联合查询或子查询，则该值依次递增
select_type	SELECT 查询的类型
table	查询所使用的数据表名称
partitions	匹配的分区
type	表的连接类型
possible_keys	查询时可能使用的索引
key	实际使用的索引
key_len	索引字段的长度
ref	表示哪些字段或常量与索引进行了比较
rows	扫描数据行的数量
filtered	根据条件过滤的数据行的百分比
Extra	附加信息，对执行情况的说明和描述，如 Using index 表示使用了索引覆盖

在表 8-12 中，select_type 字段的取值有 SIMPLE（简单表）、PRIMARY（主查询）、UNION（UNION 中第 2 个或者后面的查询语句）、SUBQUERY（子查询中第 1 个 SELECT）等。type 字段由好到差的取值顺序为 system > const > eq_ref > ref > ref_or_null > index_merge > index_subquery > range > index > all。

（2）SHOW PROFILES 命令

通过 SHOW PROFILES 命令能够更清楚地了解 SQL 执行过程中各个环节的消耗情况，如打开表、检查权限、执行优化器、返回数据这些操作分别用了多长时间。PROFILING 默认值为 0，表示关闭状态，如果要开启 PROFILING，使用 SET PROFILES 命令将 PROFILING 的值设置为 1，具体示例如下。

```
# 查看当前 PROFILING 的值
mysql> SELECT @@PROFILING;
+-------------+
| @@PROFILING |
+-------------+
|           0 |
+-------------+
# 打开 PROFILING
mysql> SET PROFILING=1;
```

SHOW PROFILES 命令的基本语法如下。

```
SHOW PROFILES [资源类型] [FOR QUERY QUERY_ID];
```

在上述语法中，FOR QUERY 用于查看指定线程的状态和消耗时间，QUERY_ID 是线程 ID，关于资源类型有多个可选值，具体介绍如下。

- ALL：显示所有性能信息。
- CPU：显示用户 CPU 时间、系统 CPU 时间。
- BLOCK IO：显示块 IO 操作的次数。
- CONTEXT SWITCHES：显示上下文切换次数。
- PAGE FAULTS：显示页错误数量。
- IPC：显示发送和接收的消息数量。
- SOURCE：显示源码中的函数名称与位置。
- SWAPS：显示 SWAP 的次数。

下面演示 SHOW PROFILES 命令的使用，首先执行一系列的 SQL 语句，具体示例如下。

```
mysql> SHOW DATABASES;
mysql> USE ems;
mysql> SHOW TABLES;
mysql> SELECT * FROM emp WHERE empno<2;
mysql> SELECT COUNT(*) FROM emp;
```

上述命令执行完成之后，再执行 SHOW PROFILES 命令来查看 SQL 语句的耗时情况，具体示例如下。

```
mysql> SHOW PROFILES;
+----------+------------+---------------------------------------+
| Query_ID |  Duration  |  Query                                |
+----------+------------+---------------------------------------+
|        1 | 0.00023750 |  SELECT @@PROFILING                   |
|        2 | 0.00114325 |  SHOW DATABASES                       |
|        3 | 0.00017600 |  SELECT DATABASE()                    |
|        4 | 0.00168500 |  SHOW TABLES                          |
|        5 | 0.00100500 |  SELECT * FROM emp WHERE empno<2      |
|        6 | 0.00146050 |  SELECT COUNT(*) FROM emp             |
+----------+------------+---------------------------------------+
```

在上述示例中，Query_ID 表示每个查询语句对应的 ID，Duration 表示 SQL 语句执行过程中每一个步骤的耗时，Query 是具体的 SQL 语句。

查看某条 SQL 语句在执行过程中的状态和消耗时间，具体示例如下。

```
mysql> SHOW PROFILE FOR QUERY 6;
+------------------------------------+------------+
|  Status                            |  Duration  |
+------------------------------------+------------+
|  starting                          |  0.000099  |
|  Executing  hook  on  transaction  |  0.000004  |
|  starting                          |  0.000007  |
|  checking  permissions             |  0.000005  |
|  Opening  tables                   |  0.000035  |
|  init                              |  0.000004  |
|  System  lock                      |  0.000006  |
|  optimizing                        |  0.000003  |
|  statistics                        |  0.000010  |
|  preparing                         |  0.000011  |
|  executing                         |  0.001126  |
|  end                               |  0.000018  |
|  query  end                        |  0.000016  |
|  waiting  for  handler  commit     |  0.000013  |
|  closing  tables                   |  0.000013  |
|  freeing  items                    |  0.000083  |
|  cleaning  up                      |  0.000010  |
+------------------------------------+------------+
```

在上述示例中，Status 表示 SQL 语句的执行状态。

查看某条 SQL 语句在 CPU 上耗费的时间，具体示例如下。

```
mysql> SHOW PROFILE CPU FOR QUERY 6;
+--------------------------------+----------+----------+------------+
| Status                         | Duration | CPU_user |  CPU_system |
+--------------------------------+----------+----------+------------+
| starting                       | 0.000099 | 0.000000 |   0.000000  |
| Executing hook on transaction  | 0.000004 | 0.000000 |   0.000000  |
```

```
| starting                         | 0.000007 | 0.000000 |   0.000000  |
| checking permissions             | 0.000005 | 0.000000 |   0.000000  |
| Opening tables                   | 0.000035 | 0.000000 |   0.000000  |
| init                             | 0.000004 | 0.000000 |   0.000000  |
| System lock                      | 0.000006 | 0.000000 |   0.000000  |
| optimizing                       | 0.000003 | 0.000000 |   0.000000  |
| statistics                       | 0.000010 | 0.000000 |   0.000000  |
| preparing                        | 0.000011 | 0.000000 |   0.000000  |
| executing                        | 0.001126 | 0.000000 |   0.000000  |
| end                              | 0.000018 | 0.000000 |   0.000000  |
| query end                        | 0.000016 | 0.000000 |   0.000000  |
| waiting for handler commit       | 0.000013 | 0.000000 |   0.000000  |
| closing tables                   | 0.000013 | 0.000000 |   0.000000  |
| freeing items                    | 0.000083 | 0.000000 |   0.000000  |
| cleaning up                      | 0.000010 | 0.000000 |   0.000000  |
+----------------------------------+----------+----------+-------------+
```

在上述示例中，CPU_user 表示当前用户占有的 CPU，CPU_system 表示系统占有的 CPU。

理论微课 8-25：正确使用索引

3. 正确使用索引

索引是数据库优化最常用也是最重要的手段之一，通过索引通常可以帮助用户解决大多数 MySQL 的性能优化问题。当给数据表建立复合索引时，复合索引中字段的设置顺序遵循“最左前缀”原则，当查询条件中使用了这些字段中的第一个字段时，该索引就会被使用。

下面创建 user 表，使用存储过程向数据表中插入 100 条数据，具体示例如下。

```
# 创建用户表
mysql> CREATE TABLE user (
    ->   id INT PRIMARY KEY,
    ->   name VARCHAR(100),
    ->   status VARCHAR(1),
    ->   address VARCHAR(100),
    ->   createtime DATETIME DEFAULT NULL
    -> );
Query OK, 0 rows affected (0.02 sec)
# 向用户表插入数据
mysql> DELIMITER $$
    -> CREATE PROCEDURE add_user()
    -> BEGIN
    ->   SET @i=1;
    ->   SET @max=100;
    ->   WHILE @i<=100 DO
    ->     INSERT INTO user (id,name,status,address)
    ->     VALUES (@i,CONCAT('user',@i),'1','北京市');
    ->     SET @i=@i+1;
    ->   END WHILE;
    -> END $$
Query OK, 0 rows affected (0.01 sec)
mysql> DELIMITER ;
```

在上述示例中，创建了 user 表和 add_user 存储过程。

下面调用存储过程，在调用存储过程前查看 user 表的记录数，具体示例如下。

```
# 查看 user 表的记录数
mysql> SELECT COUNT(*) FROM user;
+-----------+
| COUNT(*) |
+-----------+
|        0 |
+-----------+
1 row in set (0.00 sec)
# 调用存储过程
mysql> CALL add_user();
Query OK, 0 rows affected (0.11 sec)
# 查看 user 表的记录数
mysql> SELECT COUNT(*) FROM user;
+-----------+
| COUNT(*)  |
+-----------+
|      100 |
+-----------+
1 row in set (0.00 sec)
```

在上述示例中，调用存储过程前查看 user 表的记录数是 0，调用存储过程后，查看 user 表的记录数是 100。

在 name、status 和 address 这 3 个字段上创建复合索引，具体示例如下。

```
mysql> CREATE INDEX user_index ON user(name,status,address);
```

索引创建完成后，下面演示索引生效和索引失效的情况，具体如下。

（1）索引生效

索引生效情况的具体操作步骤如下。

① 使用 name、status 和 address 这 3 个字段查询数据，具体示例如下。

```
mysql> EXPLAIN SELECT * FROM user WHERE name='user1' AND status='1' AND
address='北京市';
```

上述命令的运行结果如图 8-10 所示。

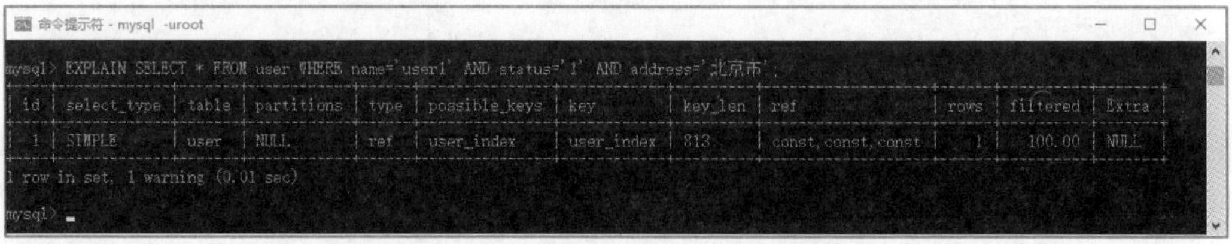

图 8-10 使用全部索引字段查询数据

在图 8-10 中，WHERE 条件中的字段和创建索引中的字段是一致的，就会匹配全部索引字段，key 列的值是 user_index 表示使用了 user_index 索引，索引生效。需要注意的是，WHERE 条件中 3 个字段的顺序不同也会匹配全部索引字段。

复合索引中字段的设置顺序遵循“最左前缀”原则，当查询条件中使用了这些字段中的第一个字段时，该索引就会被使用。

② 使用复合索引中的第 1 个字段查询数据，具体示例如下。

```
mysql> EXPLAIN SELECT * FROM user WHERE name='user1';
```

上述命令的运行结果如图 8-11 所示。

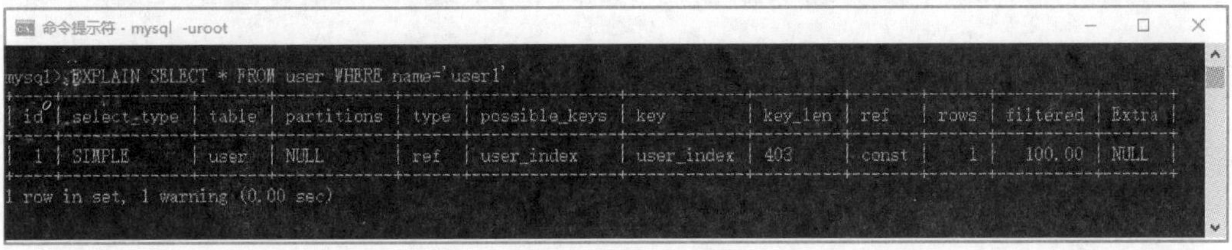
命令提示符 - mysql -uroot
mysql> EXPLAIN SELECT * FROM user WHERE name='user1';
| id | select_type | table | partitions | type | possible_keys | key | key_len | ref | rows | filtered | Extra |
| 1 | SIMPLE | user | NULL | ref | user_index | user_index | 403 | const | 1 | 100.00 | NULL |
1 row in set, 1 warning (0.00 sec)

图 8-11　使用复合索引中的第 1 个字段查询数据

从图 8-11 可以看出，使用 name 字段查询数据，使用了索引，索引长度为 403。

③ 使用复合索引中的前 2 个字段查询数据，具体示例如下。

```
mysql> EXPLAIN SELECT * FROM user WHERE name='user1' AND status='1';
```

上述命令的运行结果如图 8-12 所示。

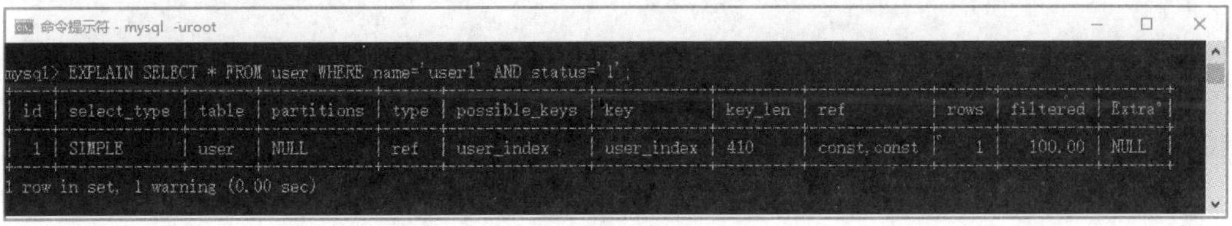
命令提示符 - mysql -uroot
mysql> EXPLAIN SELECT * FROM user WHERE name='user1' AND status='1';
| id | select_type | table | partitions | type | possible_keys | key | key_len | ref | rows | filtered | Extra |
| 1 | SIMPLE | user | NULL | ref | user_index | user_index | 410 | const,const | 1 | 100.00 | NULL |
1 row in set, 1 warning (0.00 sec)

图 8-12　使用复合索引中的前 2 个字段查询数据

从图 8-12 可以看出，使用 name 字段和 status 字段查询数据，使用了索引，索引长度为 410。

④ 使用复合索引中的第 3 个字段查询数据，具体示例如下。

```
mysql> EXPLAIN SELECT * FROM user WHERE address='北京市';
```

上述命令的运行结果如图 8-13 所示。

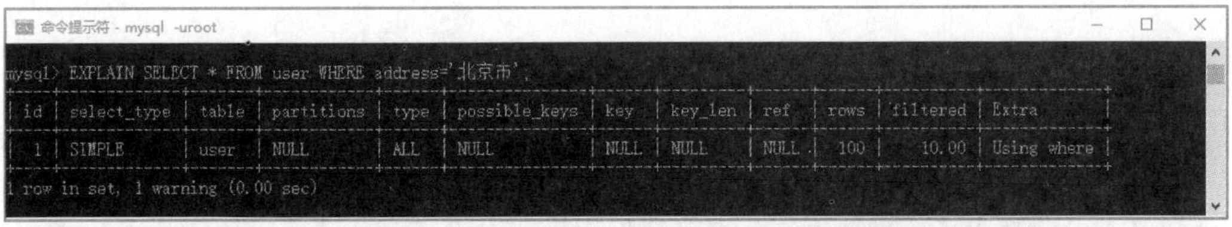
命令提示符 - mysql -uroot
mysql> EXPLAIN SELECT * FROM user WHERE address='北京市';
| id | select_type | table | partitions | type | possible_keys | key | key_len | ref | rows | filtered | Extra |
| 1 | SIMPLE | user | NULL | ALL | NULL | NULL | NULL | NULL | 100 | 10.00 | Using where |
1 row in set, 1 warning (0.00 sec)

图 8-13　使用复合索引中的第 3 个字段查询数据

从图 8-13 可以看出，使用 address 字段查询数据，没有使用索引，索引失效。

⑤ 使用复合索引中的第 1 个和第 3 个字段查询数据，具体示例如下。

```
mysql> EXPLAIN SELECT * FROM user WHERE name='user1' AND address='北京市';
```

上述命令的运行结果如图 8-14 所示。

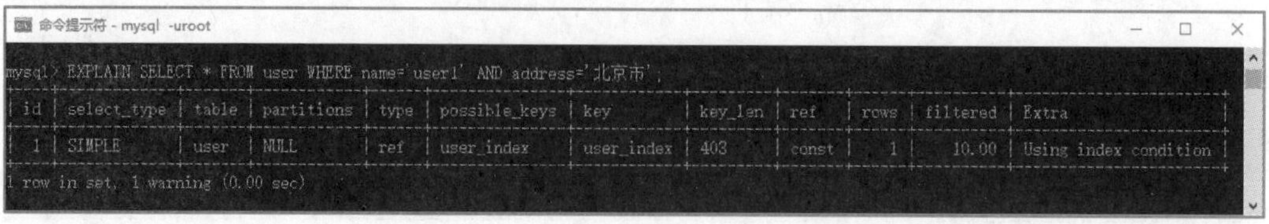
命令提示符 - mysql -uroot

mysql> EXPLAIN SELECT * FROM user WHERE name='user1' AND address='北京市';

id	select_type	table	partitions	type	possible_keys	key	key_len	ref	rows	filtered	Extra
1	SIMPLE	user	NULL	ref	user_index	user_index	403	const	1	10.00	Using index condition

1 row in set, 1 warning (0.00 sec)

图 8-14 使用复合索引中的第 1 个和第 3 个字段查询数据

从图 8-14 可以看出，使用 name 字段和 address 字段查询数据，从查询结果可以看出索引长度为 403，和图 8-11 中的索引长度相同，表示此次查询只有 name 字段的索引生效。

（2）索引失效

索引生效情况的具体操作步骤如下。

① 使用索引字段查询范围，具体示例如下。

```
mysql> EXPLAIN SELECT * FROM user WHERE name='user1' AND status>'1' AND ADDRESS='北京市';
```

上述命令的运行结果如图 8-15 所示。

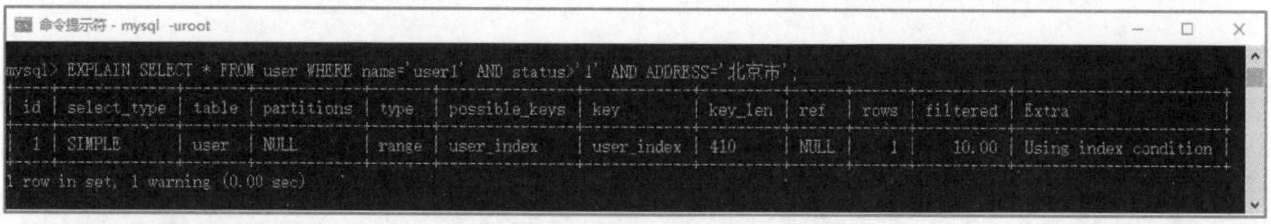
命令提示符 - mysql -uroot

mysql> EXPLAIN SELECT * FROM user WHERE name='user1' AND status>'1' AND ADDRESS='北京市';

id	select_type	table	partitions	type	possible_keys	key	key_len	ref	rows	filtered	Extra
1	SIMPLE	user	NULL	range	user_index	user_index	410	NULL	1	10.00	Using index condition

1 row in set, 1 warning (0.00 sec)

图 8-15 使用索引字段查询范围

从图 8-15 可以看出，索引长度为 410，和图 8-12 中的索引长度相同，表示此次查询只使用了 name 字段和 status 字段的索引，address 字段的索引失效，因此，在使用范围查询时，范围查询右边的条件的索引不会生效。

② 查询语句的条件类型错误，具体示例如下。

```
mysql> EXPLAIN SELECT * FROM user WHERE name='user1' AND status=1;
```

上述命令的运行结果如图 8-16 所示。

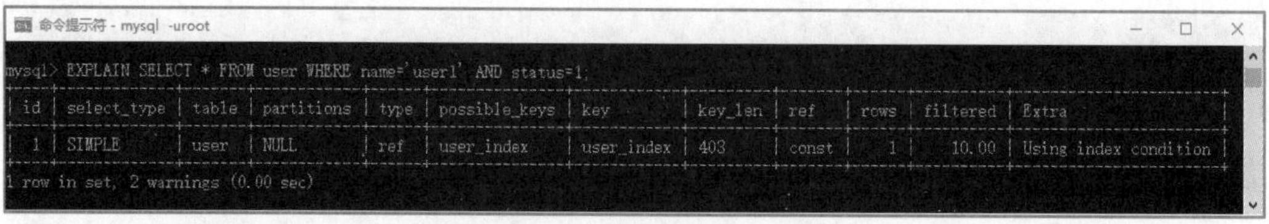
命令提示符 - mysql -uroot

mysql> EXPLAIN SELECT * FROM user WHERE name='user1' AND status=1;

id	select_type	table	partitions	type	possible_keys	key	key_len	ref	rows	filtered	Extra
1	SIMPLE	user	NULL	ref	user_index	user_index	403	const	1	10.00	Using index condition

1 row in set, 2 warnings (0.00 sec)

图 8-16 查询语句的条件类型错误

从图 8-16 可以看出，索引长度为 403，表示使用 name 索引生效，由于 status 字段的数据类型是字符串类型，在查询条件中没有添加单引号，所以 status 索引会失效。

③ 查询语句使用 OR 关键字，具体示例如下。

```
mysql> EXPLAIN SELECT * FROM user WHERE name='user1' OR status='1';
```

上述命令的运行结果如图 8-17 所示。

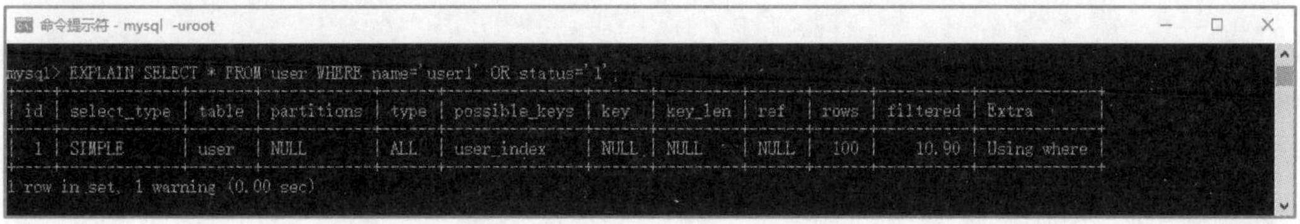
命令提示符 - mysql -uroot
mysql> EXPLAIN SELECT * FROM user WHERE name='user1' OR status='1';
| id | select_type | table | partitions | type | possible_keys | key | key_len | ref | rows | filtered | Extra |
| 1 | SIMPLE | user | NULL | ALL | user_index | NULL | NULL | NULL | 100 | 10.90 | Using where |
1 row in set, 1 warning (0.00 sec)

图 8-17　查询语句使用 OR 关键字

从图 8-17 可以看出，key 列的值为 NULL 表示没有使用索引，因此使用 OR 关键字时，name 索引和 status 索引全部失效。

理论微课 8-26：其他 SQL 优化方案

4. 其他 SQL 优化方案

SQL 优化的方案有很多，以下是 3 种常见的优化方案。

（1）单行查询使用 LIMIT 1

在查询结果只有一行的情况下，加上 LIMIT 1 可以优化性能。MySQL 会在找到一条数据后停止搜索，而不是继续查找下一条符合记录的数据，从而提高查询速度。

（2）只查询需要的字段

从数据库中读取的数据越多，服务器的开销越大，会降低查询语句的执行效率。为了提高查询语句的执行效率，应避免使用 SELECT *，而是明确需要查询的字段，无关的字段不需要返回。

（3）避免在一张数据表上创建太多索引

虽然索引能够提高查询数据的效率，但同时也会降低插入数据和更新数据的效率，因此创建索引时要慎重考虑。

实操微课 8-10：任务 8.4.3　SQL 优化

任务实现

根据任务需求，完成 SQL 优化，具体步骤如下。

① 给员工表创建复合索引，具体 SQL 语句及执行结果如下。

```
mysql> ALTER TABLE emp ADD INDEX index_multi(sal,bonus,deptno);
Query OK, 0 rows affected (0.04 sec)
Records: 0  Duplicates: 0  Warnings: 0
```

② 查看员工表的创建信息，具体 SQL 语句及执行结果如下。

```
mysql> SHOW CREATE TABLE emp\G
*************************** 1. row ***************************
       Table: emp
Create Table: CREATE TABLE `emp` (
```

```
  `empno` int NOT NULL COMMENT '员工编号',
  `ename` varchar(20) DEFAULT NULL COMMENT '员工姓名',
  `job` varchar(20) DEFAULT NULL COMMENT '员工职位',
  `mgr` int DEFAULT NULL COMMENT '直属上级编号',
  `sal` decimal(7,2) DEFAULT NULL COMMENT '基本工资',
  `bonus` decimal(7,2) DEFAULT NULL COMMENT '奖金',
  `deptno` int DEFAULT NULL COMMENT '所属部门的编号',
  PRIMARY KEY (`empno`),
  KEY `index_multi` (`sal`,`bonus`,`deptno`)
) ENGINE=InnoDB DEFAULT CHARSET=utf8mb4 COLLATE=utf8mb4_0900_ai_ci
1 row in set (0.00 sec)
```

从上述执行结果中可以看出，员工表中创建了一个名称为 index_multi 的复合索引，复合索引包含 3 个字段，分别是 sal、bonus 和 deptno 字段。

③ 小明通过查询日志，查看到每次执行的 SQL 语句，如下所示。

```
SELECT * FROM emp WHERE sal=5000 AND bonus=1000 AND deptno=20;
SELECT * FROM emp WHERE bonus=3000 AND deptno=20;
SELECT * FROM emp WHERE sal=8000 AND deptno=30;
```

从日志记录的 SQL 来看，每条 SQL 语句都是正确的，只是查询条件的顺序不同。

④ 使用 EXPLAIN 关键字分析第 1 条 SQL 语句，具体 SQL 语句及执行结果如下。

```
mysql> EXPLAIN SELECT * FROM emp WHERE sal=5000 AND bonus=1000 AND
deptno=20;
```

上述命令的分析结果如图 8-18 所示。

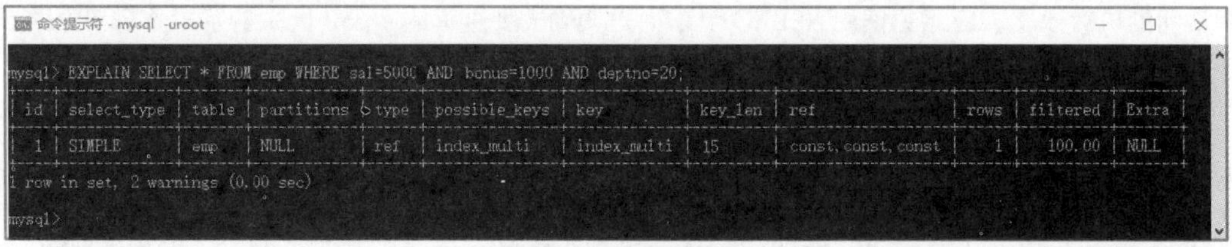

图 8-18 分析结果（1）

从图 8-18 可以看出，SQL 语句执行后使用了 index_multi 索引，索引长度为 15。

⑤ 使用 EXPLAIN 关键字分析第 2 条 SQL 语句，具体 SQL 语句及执行结果如下。

```
mysql> EXPLAIN SELECT * FROM emp WHERE bonus=3000 AND deptno=20;
```

上述命令的分析结果如图 8-19 所示。

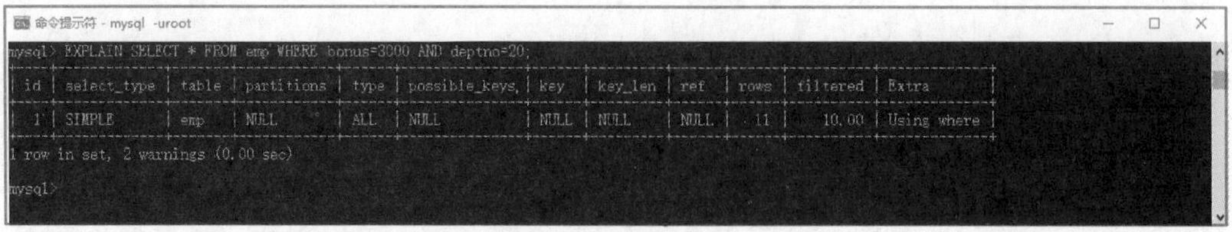

图 8-19 分析结果（2）

从图 8-19 可以看出，SQL 语句执行后未使用 index_multi 索引。

⑥ 使用 EXPLAIN 关键字分析第 3 条 SQL 语句，具体 SQL 语句及执行结果如下。

```
mysql> EXPLAIN SELECT * FROM emp WHERE sal=8000 AND deptno=30;
```

上述命令的分析结果如图 8-20 所示。

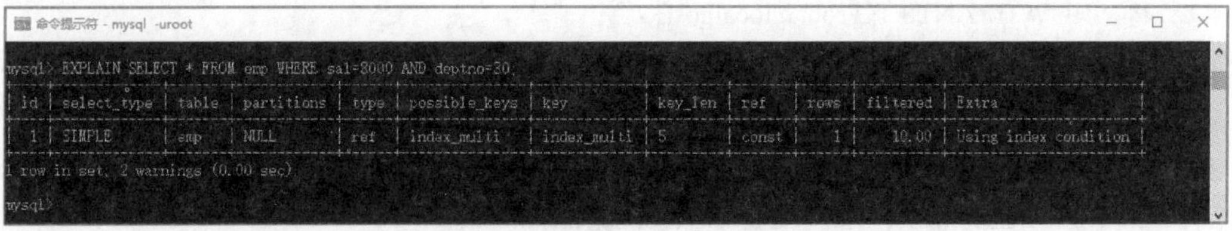

图 8-20 分析结果（3）

从图 8-20 可以看出，SQL 语句执行后只使用了部分索引。通过对比这 3 条 SQL 语句的执行结果，找出了问题出现原因是复合索引的问题。

本章小结

本章主要对数据库的管理和优化进行了详细讲解。首先介绍数据备份与还原，其次讲解用户管理，然后讲解 MySQL 的权限，最后讲解 MySQL 优化相关的内容，通过对本章的学习，加深读者对数据库管理和维护的理解，掌握数据库管理和优化的基本使用。

课后练习

一、填空题

1. MySQL 提供的________命令可以将数据库导出成 SQL 脚本，以实现数据的备份。
2. MySQL 运行过程中发生的故障和异常情况都记录在________中。
3. MySQL 中数据还原可以使用 mysql 命令和________命令实现。
4. MySQL 提供了________语句用于收回指定用户的指定权限。
5. 为用户授予权限时，________表示全局级别的权限。

二、判断题

1. 在安装 MySQL 时，会自动创建一个名称为 mysql 的数据库。（　　）
2. 在命令行窗口中使用 mysql 命令还原数据时，需要先登录数据库。（　　）
3. MySQL 中 root 用户是超级管理员。（　　）
4. MySQL 数据库的用户信息和权限只保存在 user 表中。（　　）
5. 为用户授予权限时，如果当前未选择数据库，* 表示全局级别的权限。（　　）

三、选择题

1. 下列选项中，用于保存用户被授予的表权限的是（　　）。

A. procs_ priv　　B. proxies_ priv

C. tables_ priv　　D. columns_ priv

2. 下列选项中，文件名称是慢查询日志的文件名的是（　　）。

A. 文件名 .err　　B. 文件名 .000010

C. 文件名 .log　　D. 文件名 -slow.log

3. 下列选项中，查询 root 用户权限的语句正确的是（　　）。

A. SHOW GRANTS FOR 'root'@'localhost';

B. SHOW GRANTS TO root@localhost;

C. SHOW GRANTS OF 'root'@'localhost';

D. SHOW GRANTS FROM root@localhost;

4. 下列选项中，实现删除 user4 用户全局级别 INSERT 权限的语句是（　　）。

A. REVOKE INSERT ON *.* FROM 'user4'@'localhost';

B. REVOKE INSERT ON %.% FROM 'user4'@'localhost';

C. REVOKE INSERT ON *.* TO 'user4'@'localhost';

D. REVOKE INSERT ON %.% TO 'user4'@'localhost';

5. 使用 UPDATE 语句修改 root 用户的密码时，操作的表是（　　）。

A. test.user　　B. mysql.user　　C. root.user　　D. test.users

第 9 章

项目实战——Java Web+MySQL 图书管理系统

PPT：第 9 章　项目实战——Java Web+ MySQL 图书管理系统

PPT

教学设计：第 9 章　项目实战——Java Web+MySQL 图书管理系统

学习目标

知识目标	• 了解 JDBC 的概念，能够说出 JDBC 常用的 API • 了解数据库连接池的概念，能够说出通过数据库连接池连接数据库的原理 • 了解 DBUtils 工具的作用，能够说出 DBUtils 工具的 3 个核心类库的作用
技能目标	• 掌握 JDBC 的使用，能够通过 JDBC 连接数据库 • 掌握 DBUtils 工具的使用，能够使用 DBUtils 工具操作数据库，实现用户登录和退出、图书列表、添加图书、修改图书和删除图书等功能

图书管理系统用于将所有图书呈现在图书管理员面前，方便图书管理员对图书信息进行维护，保证图书信息的准确性。图书管理员登录系统后，就可以看到所有的图书信息，可以对图书进行添加、修改和删除。本章将讲解如何基于 Java 开发图书管理系统。

9.1 项目介绍

公司最近要开发一个新项目——图书管理系统。在进入新项目的开发工作前，需要先了解项目的开发环境、项目的功能、开发项目涉及的技术。该项目的前端页面已经开发完成，小明负责项目的 Java Web 部分以及数据库部分的开发。

理论微课 9-1：项目介绍

图书管理系统项目的开发环境具体如下。

- 操作系统：Windows 10 或更高的 Windows 版本。
- Java 开发包：JDK 1.8。
- 数据库：MySQL 8.0.27。
- 开发工具：IntelliJ IDEA 2021.3.3。
- 浏览器：Google Chrome。

图书管理系统主要分为用户模块和图书模块，用户模块包括用户登录、用户退出和获取用户信息功能，图书模块包括图书列表、添加图书、修改图书和删除图书的功能。

项目的前端和后端采用接口进行通信，用户模块的接口见表 9-1。

表 9-1 用户模块的接口

接口	请求方式	参数	说明
/user/login	POST	username、password	用户登录
/user/info	GET	无	获取用户信息
/user/logout	POST	无	用户退出

图书模块的接口见表 9-2。

表 9-2 图书模块的接口

接口	请求方式	参数	说明
/book/list	GET	currentPage、pageSize	图书列表
/book/delete	POST	id	删除图书
/book/edit	POST	无	修改图书
/book/add	POST	无	添加图书

项目的登录页面如图 9-1 所示。

在图 9-1 中，当输入用户名 admin 和密码 123456 后，单击“登录”按钮，就会跳转至后台页面。

进入后台页面后会显示图书列表，如图 9-2 所示。

在图 9-2 中，单击“新增”按钮，可以添加图书，如图 9-3 所示。

图 9-1 图书管理系统登录页面

图 9-2 图书列表

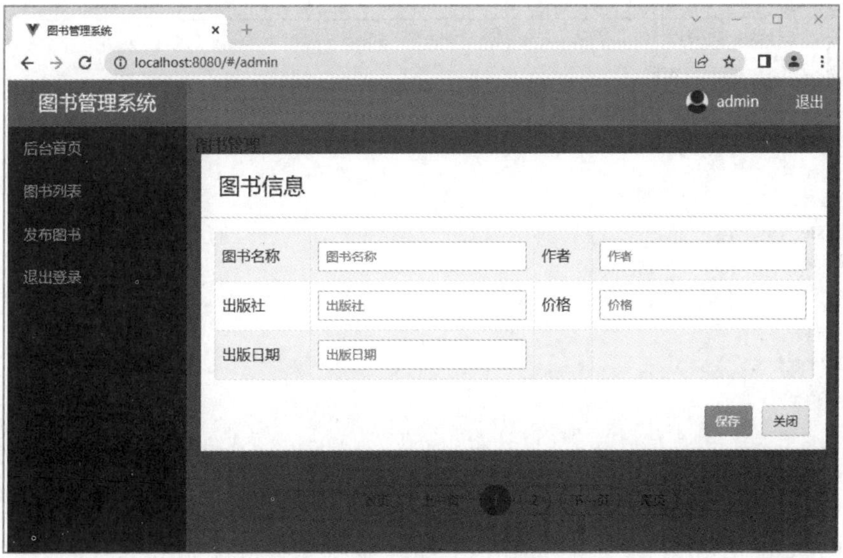

图 9-3 添加图书

在图 9-3 中，单击“关闭”按钮可以返回图书列表。在图书列表中，单击任意一本图书右侧的“编辑”按钮，可以修改该图书的相关信息，如图 9-4 所示。

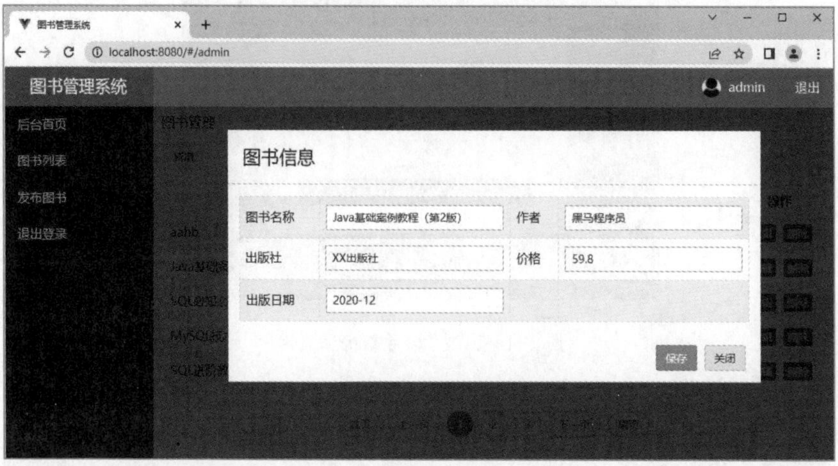

图 9-4 修改图书

如果要想删除图书，单击图书列表右侧的“删除”按钮即可删除对应的图书。

9.2 项目搭建

本书的配套源代码中提供了图书管理系统的项目初始代码，读者可以将代码导入创建项目中，在此基础上开发用户模块和图书模块的功能。

下面讲解如何导入项目，并在项目中完成一些基础代码，具体操作步骤如下。

理论微课 9-2：项目搭建

① 将 cloudlibrary 项目解压，保存到一个简单路径下，如 D:\cloudlibrary，如图 9-5 所示。

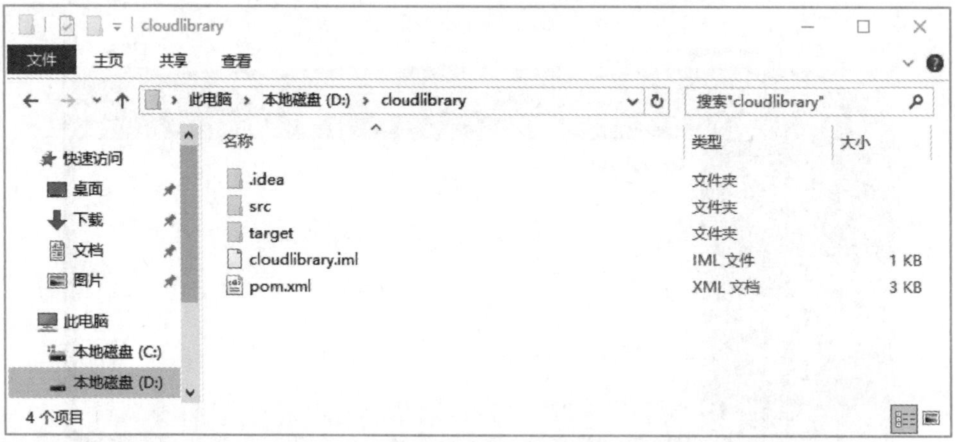

图 9-5 cloudlibrary 目录

② 在 IntelliJ IDEA（以下简称 IDEA）编辑器中安装 Maven Helper 插件，然后打开 cloudlibrary 项目，如图 9-6 所示。

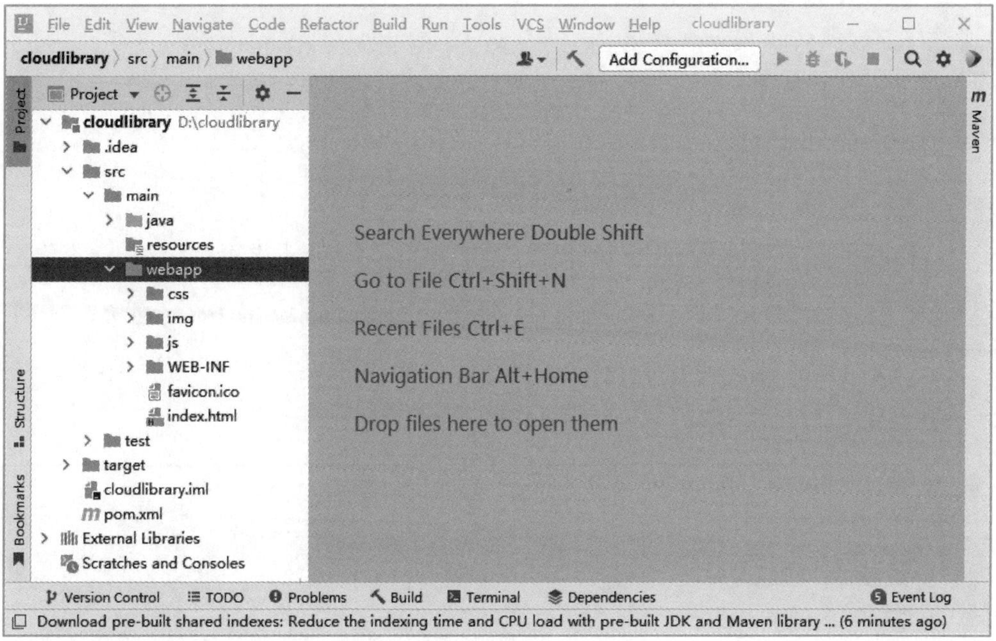

图 9-6 项目目录

在图 9-6 中，.idea 是 IDEA 编辑器所使用的工程文件目录；src 是项目的源文件目录，其中，后端相关文件位于 src/main/java 目录，前端相关文件位于 src/main/webapp 目录；cloudlibrary.iml 文件是 IDEA 编辑器自动创建的模块文件，用于存储一些模块开发相关的信息，如 Java 组件、模块路径信息；pom.xml 文件保存项目的配置、依赖和插件，该文件已经配置好了数据库操作的依赖、处理 XML 数据的依赖、处理 JSON 数据的依赖以及 tomcat 插件。

③ 打开 src/main/java/com.itheima.cloudlibrary 目录，该目录下有 4 个目录，分别是 dao、pojo、utils 和 web，具体作用如下。

- dao：保存数据库操作类。
- pojo：保存实体类。
- utils：保存工具类。
- web：保存 Servlet。

④ 打开 utils 目录，该目录下有 3 个类文件，分别是 BaseServlet、JSONResponse 和 MD5Utils，如图 9-7 所示。

在图 9-7 中，BaseServlet 用于实现根据请求路径将请求分发到方法中，将来在 web 目录下创建的 Servlet 类可以继承 BaseServlet 类；JSONResponse 用于响应 JSON 数据；MD5Utils 用于计算字符串的 MD5 值。

⑤ 为了测试项目能否正常运行，在 web 目录下创建 TestServlet 类，在该类中创建 test () 方法，具体代码如下。

```
package com.itheima.cloudlibrary.web;

import com.itheima.cloudlibrary.utils.BaseServlet;
import javax.servlet.annotation.WebServlet;
```

```
import javax.servlet.http.HttpServletRequest;
import javax.servlet.http.HttpServletResponse;

@WebServlet("/test/*")
public class TestServlet extends BaseServlet {

    public void test(HttpServletRequest req,HttpServletResponse resp)
    throws Exception {
        System.out.println("访问了 TestServlet 的 test() 方法");
    }
}
```

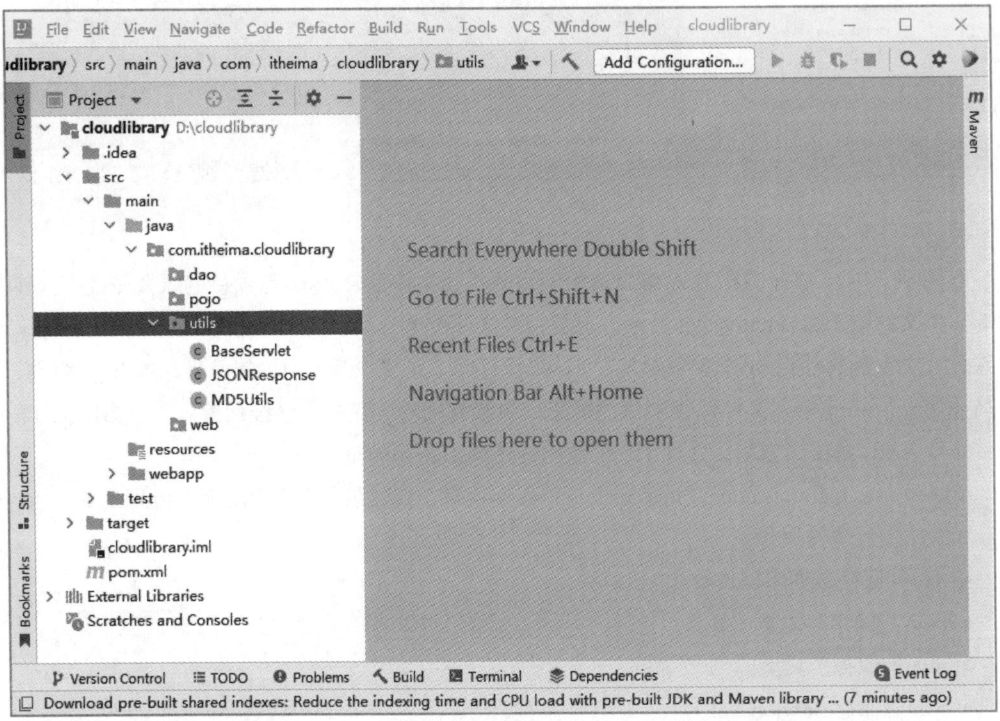

图 9-7 BaseServlet、JSONResponse 和 MD5Utils

将 TestServlet 类创建出来后，即可启动项目。

⑥ 在 IDEA 编辑器的项目名称处右击，在弹出的快捷菜单中选择“Run Maven”→“tomcat7:run”命令即可启动项目，具体如图 9-8 所示。

⑦ 等待项目启动后，通过浏览器访问 http://localhost:8080/test/test，然后查看 IDEA 编辑器控制台中的输出结果，如图 9-9 所示。

从图 9-9 可以看出，控制台输出了“访问了 TestServlet 的 test () 方法”，说明项目可以正常工作。

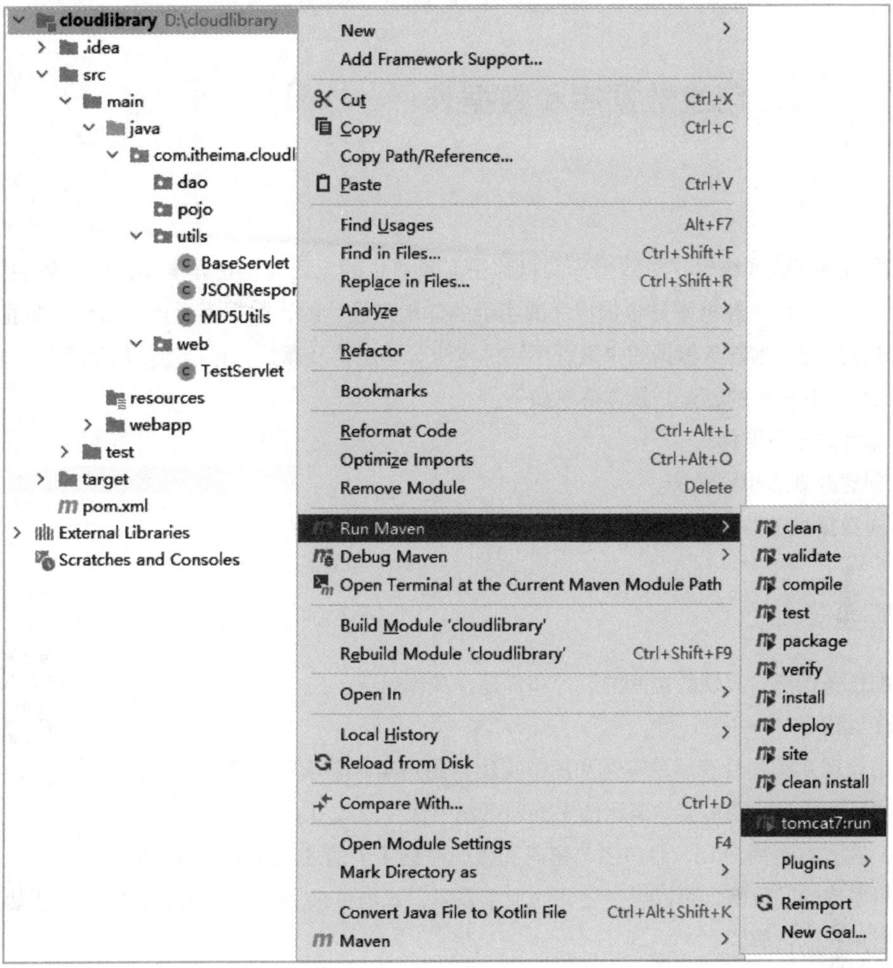

图 9-8 启动项目

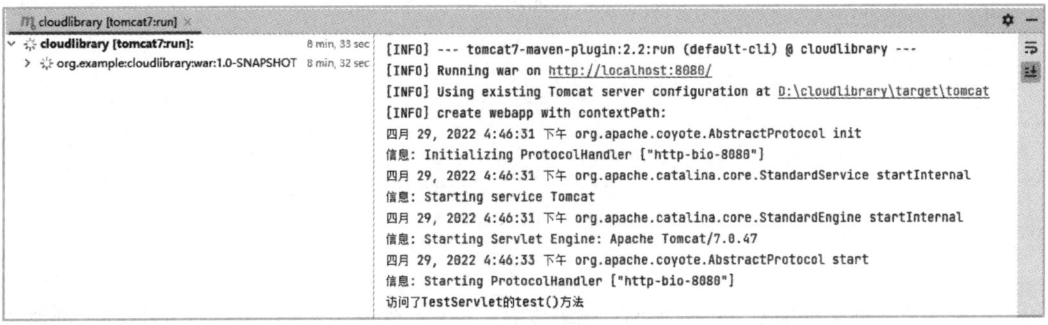

图 9-9 控制台中的输出结果

9.3 数据库操作

任务 9.3.1 创建数据库和数据表

任务需求

开发图书管理系统时，对数据库的操作是必不可少的。因此，在开发项目的具体功能之前，需要先设计数据库。数据库是根据程序要实现的功能来设计的，数据库设计的合理性将直接影响程序的开发进程。本任务根据图书管理系统的需求分析实体及属性，根据实体的属性设计表结构，完成数据库和数据表的创建，具体要求如下。

① 设计数据表结构。

② 创建数据库和数据表。

③ 向数据表中插入数据。

任务实现

根据任务需求，实现数据库的设计和创建，具体如下。

实操微课 9-1：任务 9.3.1 创建数据库和数据表

（1）确定实体

图书管理系统项目有用户实体和图书实体，用户实体表示用于登录图书管理系统项目的用户，图书实体表示图书管理系统中保存的图书。

用户实体具有用户 id、用户名、密码和密码盐这 4 个属性，其中密码盐是一个随机生成的字符串，可以提高密码的加密强度，本项目采用“md5 (md5 (密码) 密码盐)”的算法来加密用户的密码。

根据用户实体的属性画出用户实体的示意图，如图 9-10 所示。

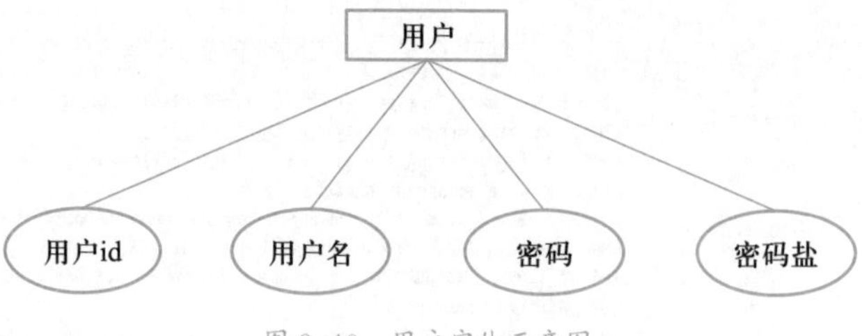

图 9-10 用户实体示意图

图书实体具有图书编号、图书名称、图书作者、图书出版社、图书价格、出版日期、创建时间和更新时间这 8 个属性。

根据图书实体的属性画出图书实体的示意图，具体如图 9-11 所示。

（2）设计数据表结构

根据图 9-10 和图 9-11 设计数据表结构。用户表的表结构见表 9-3。

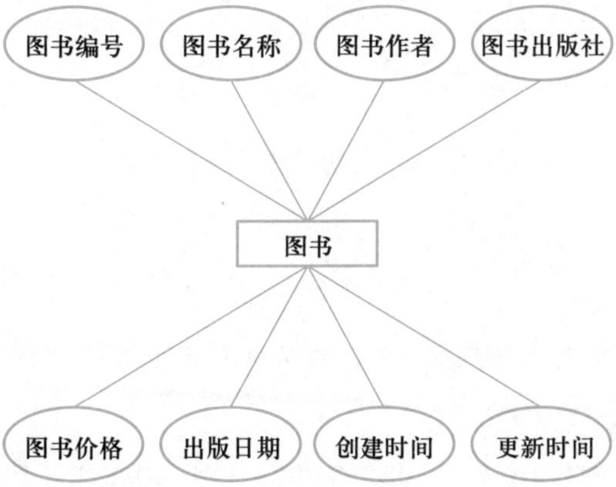

图 9-11 图书实体示意图

表 9-3 用户表的表结构

字段名	类型	是否为空	是否为主键	说明
id	INT (11)	否	是	用户 ID
username	VARCHAR (20)	否	否	用户名
password	VARCHAR (32)	否	否	密码
salt	VARCHAR (32)	否	否	密码盐

从表 9-3 可以看出，用户表中有 4 个字段，分别是 id、username、password 和 salt。

图书表的表结构见表 9-4。

表 9-4 图书表的表结构

字段名	类型	是否为空	是否为主键	说明
id	INT (11)	否	是	图书编号
name	VARCHAR (32)	否	否	图书名称
author	VARCHAR (32)	否	否	图书作者
press	VARCHAR (32)	否	否	图书出版社
price	DECIMAL (8,2)	否	否	图书价格
publishDate	VARCHAR (32)	是	否	出版日期
created_at	DATETIME	否	否	创建时间
updated_at	DATETIME	是	否	更新时间

从表 9-4 可以看出，图书表中有 8 个字段，分别是 id、name、author、press、price、publishDate、created_at 和 updated_at。

下面在 MySQL 中完成数据库和数据表的创建，具体步骤如下。

① 打开命令行窗口，登录 MySQL，创建 cloudlibrary 数据库，具体 SQL 语句及执行结果如下。

```
mysql> CREATE DATABASE cloudlibrary DEFAULT CHARSET utf8mb4;
Query OK, 1 row affected (0.00 sec)
```

② 选择数据库 cloudlibrary，具体 SQL 语句及执行结果如下。

```
mysql> USE cloudlibrary;
Database changed
```

③ 通过表 9-3 的用户表结构创建用户表，具体 SQL 语句及执行结果如下。

```
mysql> CREATE TABLE cl_user (
    -> id INT PRIMARY KEY AUTO_INCREMENT COMMENT '用户 id',
    -> username VARCHAR(20) NOT NULL COMMENT '用户名',
    -> password VARCHAR(32) NOT NULL COMMENT '密码',
    -> salt VARCHAR(32) NOT NULL COMMENT '密码盐'
    -> );
Query OK, 0 rows affected (0.01 sec)
```

④ 通过表 9-4 的图书表结构创建图书表，具体 SQL 语句及执行结果如下。

```
mysql> CREATE TABLE cl_book (
    ->  id INT PRIMARY KEY AUTO_INCREMENT COMMENT '图书编号',
    ->  name VARCHAR(32) NOT NULL COMMENT '图书名称',
    ->  author VARCHAR(32) NOT NULL COMMENT '图书作者',
    ->  press VARCHAR(32) NOT NULL COMMENT '图书出版社',
    ->  price DECIMAL(8,2) NOT NULL COMMENT '图书价格',
    ->  publishDate VARCHAR(32) NULL COMMENT '出版日期',
    ->  created_at DATETIME NOT NULL DEFAULT CURRENT_TIMESTAMP
    ->  COMMENT '创建时间',
    ->  updated_at DATETIME DEFAULT NULL ON UPDATE CURRENT_TIMESTAMP
    ->  COMMENT '修改时间'
    -> );
Query OK, 0 rows affected (0.05 sec)
```

⑤ 查看创建的数据表，具体 SQL 语句及执行结果如下。

```
mysql> SHOW TABLES;
+------------------------+
| Tables_in_cloudlibrary |
+------------------------+
| cl_book                |
| cl_user                |
+------------------------+
2 rows in set (0.00 sec)
```

在上述查询结果中，cl_book 是图书表，用于保存图书数据，cl_user 是用户表，用于保存用户数据。

⑥ 准备 1 条用户数据，具体 SQL 语句及执行结果如下。

```
mysql> INSERT INTO cl_user VALUES (1,'admin',
    -> MD5(CONCAT(MD5('123456'),'salt')),'salt');
Query OK, 1 row affected (0.00 sec)
```

⑦ 准备 10 条图书数据，具体 SQL 语句及执行结果如下。

```
mysql> INSERT INTO cl_book (id,name,author,press,price,publishDate)
    -> VALUES
    -> (1,'Java 基础案例教程（第 2 版）','黑马程序员','××出版社',
    ->   59.8,'2020-12'),
    -> (2,'HTML5 移动 Web 开发（第 2 版）','黑马程序员','××出版社',45,'2021-11'),
    -> (3,'Laravel 框架开发实战','黑马程序员',
    ->   '××出版社',49.8,'2021-09'),
    -> (4,'Bootsrtap 响应式 Web 开发','黑马程序员','××出版社',42,'2021-02'),
    -> (5,'PHP+MySQL 动态网站开发','黑马程序员','××出版社',49.8,
    ->   '2020-10'),
    -> (6,'Java 基础入门（第 3 版）','黑马程序员',
    ->   '××出版社',59.8,'2022-01'),
    -> (7,'Spark 项目实战','黑马程序员','××出版社',48,'2021-07'),
    -> (8,'数据清洗','黑马程序员','××出版社',58,
    ->   '2020-02'),
    -> (9,'Python 网络爬虫基础教程','黑马程序员','××出版社',59.8,'2022-06'),
    -> (10,'Android 项目实践－博学谷（第 2 版）','黑马程序员','××出版社',47,'2021-10');
Query OK, 10 rows affected (0.01 sec)
Records:10 Duplicates:0 Warnings:0
```

任务 9.3.2 使用 JDBC 查询数据

任务需求

在 Web 开发中，不可避免地需要使用数据库存储和管理数据。为了在 Java 语言中提供对数据库访问的支持，Sun 公司于 1996 年提供了一套访问数据库的标准 Java 类库，即 JDBC（Java Database Connectivity）。本任务实现使用 JDBC 连接数据库和查询数据，具体要求如下。

① 使用 JDBC 连接数据库。

② 查询用户表的数据。

知识储备

1. JDBC

JDBC 是一套用于执行 SQL 语句的 Java API，通过 JDBC 可以连接数据库并对数据库完成增加、删除、修改、查询等操作。

在使用 JDBC 之前，先了解 JDBC 常用的 API，具体见表 9-5。

理论微课 9-3：JDBC

表 9-5 JDBC 常用 API

API	说明
Driver	所有 JDBC 驱动程序必须实现的接口
DriverManager	用于加载 JDBC 驱动并创建数据库连接
Connection	表示 Java 程序和数据库的连接，只有获得该连接对象后才能访问数据库和操作数据表
Statement	用于执行静态的 SQL 语句，并返回一个结果对象
PreparedStatement	Statement 接口的子接口，用于执行预编译的 SQL 语句
ResultSet	用于保存 JDBC 执行查询时返回的结果集，该结果集封装在一个逻辑表格中

使用 JDBC 操作数据库时的具体步骤如下。

① 注册数据库驱动。

② 创建数据库连接。

③ 创建 Statement 对象。

④ 执行 SQL 语句。

⑤ 处理结果集。

⑥ 关闭数据库连接。

2. 注册数据库驱动

理论微课 9-4：注册数据库驱动

在使用 JDBC 操作数据库之前，需要先注册数据库驱动，可以通过两种方式注册数据库驱动，一种是将 Driver 类的实例注册到 DriverManager 类中，另一种是使用 Class.forName () 方法。注册数据库驱动的语法格式如下。

```
// 方式 1：将 Driver 类的实例注册到 DriverManager 类
DriverManager.registerDriver(Driver driver);
// 方式 2：使用 Class.forName() 方法
Class.forName("DriverName");
```

在上述语法中，DriverName 表示要注册的驱动名称。

下面演示使用 Class.forName () 方法注册数据库驱动，具体示例如下。

```
Class.forName("com.mysql.cj.jdbc.Driver");
```

在上述示例代码中，使用 Class.forName () 方法加载驱动类，驱动类的名称是 com.mysql.cj.jdbc.Driver。

3. 创建数据库连接

理论微课 9-5：创建数据库连接

通过调用 DriverManager 类的 getConnection () 方法获取 Connection 对象来创建数据库连接，具体语法格式如下。

```
Conection conn = DriverManager.getConnection(String url,String user,
String password);
```

在上述语法格式中，url 表示连接数据库的字符串，user 表示连接数据库的用户名，password 表示连接数据库的密码。其中 url 地址的具体格式如下。

```
jdbc:mysql://hostname:port/databasename?serverTimezone=GMT%2B8
```

在上述示例中，jdbc:mysql: 是固定写法，mysql 表示连接的是 MySQL 数据库，hostname 是主机名，如果数据库在本机，则使用 localhost 或 127.0.0.1，port 是数据库的端口号，默认为 3306，databasename 是数据库名称，serverTimezone 是参数，用于设置时区。需要注意的是，在 MySQL5.6 及以后的版本中，设定 MySQL 数据库的时区时要比北京时间早 8 个小时。

下面演示创建数据库连接，具体示例如下。

```
String url = "jdbc:mysql://localhost:3306/user?serverTimezone=GMT%2B8";
String username = "root";
String password = "123456";
conn = DriverManager.getConnection(url,username,password);
```

在上述示例代码中，定义了 3 个字符串类型的变量，分别是 url、username 和 password，其中 url 变量声明了连接 MySQL 数据库，主机名为 localhost，端口号为 3306，数据库名称为 user，通过调用 DriverManager 类的 getConnection () 方法获取 Connection 对象，conn 就是创建的数据库连接对象。

理论微课 9-6：创建 Statement 对象

4. 创建 Statement 对象

通过调用 Connection 接口的 createStatement () 方法创建 Statement 对象，具体语法格式如下。

```
Statement stmt = conn.createStatement();
```

下面演示创建 Statement 对象，具体示例如下。

```
stmt = conn.createStatement();
```

在上述示例代码中，stmt 是 Statement 对象。

理论微课 9-7：执行 SQL 语句

5. 执行 SQL 语句

使用 Statement 对象执行 SQL 语句，返回一个结果对象。Statement 接口提供了 3 个常用的执行 SQL 语句的方法，具体见表 9-6。

表 9-6 Statement 接口 3 个常用的执行 SQL 语句的方法

方法名称	说明
execute (String sql)	用于执行任何操作类型的 SQL 语句
executeQuery (String sql)	用于执行 SELECT 语句，返回代表结果集的对象
executeUpdate (String sql)	用于 INSERT、UPDATE 和 DELETE 语句，返回一个 int 类型的值，表示受影响行数

下面使用 Statement 对象执行 SQL 语句，具体示例如下。

```
String sql = "SELECT * FROM user";
resource = stmt.executeQuery(sql);
```

在上述示例代码中，通过 stmt 对象调用 executeQuery () 方法执行 SQL 语句。

6. 处理结果集

ResultSet 接口用于保存 JDBC 执行查询时返回的结果集，该结果集封装在一个逻辑表格中。ResultSet 接口的常用方法见表 9-7。

理论微课 9-8：处理结果集

表 9-7 ResultSet 接口的常用方法

方法名称	说明
String getString (int columnIndex)	用于获取指定字段 String 类型的值，参数 columnIndex 代表字段的索引
String getString (String columnName)	用于获取指定字段 String 类型的值，参数 columnName 代表字段的名称
int getInt (int columnIndex)	用于获取指定字段 int 类型的值，参数 columnIndex 代表字段的索引
int getInt (String columnName)	用于获取指定字段 int 类型的值，参数 columnName 代表字段的名称
Date getDate (int columnIndex)	用于获取指定字段 Date 类型的值，参数 columnIndex 代表字段的索引
Date getDate (String columnName)	用于获取指定字段 Date 类型的值，参数 columnName 代表字段的名称
boolean next ()	将游标从当前位置向下移动一行
boolean absolute (int row)	将游标移动到 ResultSet 对象的指定行
void afterLast ()	将游标移动到 ResultSet 对象的末尾，即最后一行之后
void beforeFirst ()	将游标移动到 ResultSet 对象的开头，即第一行之前
boolean previous ()	将游标移动到 ResultSet 对象的上一行
boolean last ()	将游标移动到 ResultSet 对象的最后一行

从表 9-7 中可以看出，ResultSet 接口中定义了很多方法，具体使用哪个方法取决于字段的数据类型。程序既可以通过字段的名称来获取指定数据，也可以通过字段的索引来获取指定数据，字段的索引是从 1 开始编号的。例如，假设数据表的第 1 列字段名为 id，字段类型为 int，那么既可以使用 getInt ("id") 获取该列的值，也可以使用 getInt (1) 获取该列的值。

下面演示使用 ResultSet 对象处理结果集，具体示例如下。

```
while (rs.next()){
    int id = rs.getInt("id");
    String name = rs.getString("username");
    System.out.println(id + " | " + name);
}
```

在上述示例代码中，rs 是执行查询语句得到的结果集，通过调用 getInt () 方法获取 id 字段的值，调用 getString () 方法获取 username 字段的值。值得一提的是，在程序中经常调用 next () 方法作为 while 循环的条件来迭代 ResultSet 结果集。

7. 关闭数据库连接

理论微课 9-9：关闭数据库连接

数据库允许同时连接的数量有限，当数据库使用完毕后，需要及时关闭数据库连接，释放 JDBC 资源，关闭数据库连接的基本语法格式如下。

```
对象名 .close();
```

在上述语法格式中，直接调用 close () 方法即可关闭数据库连接。

关闭数据库连接的顺序和声明数据库连接时的顺序相反，首先关闭结果集，然后关闭 Statement 对象，最后关闭数据库连接对象。

下面演示如何关闭数据库连接对象，示例代码如下。

```
if (conn != null){
    try {
        conn.close();
    } catch (SQLException e){
        e.printStackTrace();
    }
}
```

■ 任务实现

实操微课 9-2：任务 9.3.2 使用 JDBC 查询数据

根据任务需求，使用 JDBC 连接数据库和查询用户表的数据，具体实现步骤如下。

① 在 src/main/java 目录下创建 example，使用 JDBC 查询用户表的数据，具体代码如下。

```
import java.sql.Connection;
import java.sql.DriverManager;
import java.sql.ResultSet;
import java.sql.SQLException;
import java.sql.Statement;

public class example {
    public static void main(String [] args)throws SQLException {
        Statement stmt = null;
        ResultSet rs = null;
        Connection conn = null;
        try {
            Class.forName("com.mysql.cj.jdbc.Driver");
            String url =
 "jdbc:mysql://localhost:3306/cloudlibrary?serverTimezone=GMT%2B8";
            String username = "root";
            String password = "";
            conn = DriverManager.getConnection(url,username,password);
            stmt = conn.createStatement();
            String sql = "SELECT * FROM cl_user";
            rs = stmt.executeQuery(sql);
            System.out.println("id | username");
```

```
23             while (rs.next()){
24                 int id = rs.getInt("id");
25                 String name = rs.getString("username");
26                 System.out.println(id + " | " + name);
27             }
28         } catch (ClassNotFoundException e){
29             e.printStackTrace();
30         } finally {
31             if (rs != null){
32                 try {
33                     rs.close();
34                 } catch(SQLException e){
35                     e.printStackTrace();
36                 }
37             }
38             if (stmt != null){
39                 try {
40                     stmt.close();
41                 } catch(SQLException e){
42                     e.printStackTrace();
43                 }
44             }
45             if (conn != null){
46                 try {
47                     conn.close();
48                 } catch(SQLException e){
49                     e.printStackTrace();
50                 }
51             }
52         }
53     }
54 }
```

在上述代码中，第 1 行～第 5 行代码导入了 JDBC 包，第 13 行代码用于注册数据库驱动，第 14 行～第 18 行代码用于连接数据库，第 19 行代码用于获取 Statement 对象，第 20 行和第 21 行代码用于执行 SQL 语句返回结果集，第 22 行～第 27 行代码用于获取结果集中的数据，第 31 行～第 51 行代码用于关闭数据库资源，为了保证资源的释放，将最终必须要执行的操作放在 finally 代码块中。

② 在 IDEA 编辑器中的 example.java 文件上右击，在弹出的快捷菜单中选择“Run 'example.main0'”命令，如图 9-12 所示。

example.java 的运行结果如图 9-13 所示。

从图 9-13 可以看出，控制台中输出了 id 为 1、username 为 admin 的用户信息，说明使用 JDBC 成功连接数据库并输出了用户表的数据。

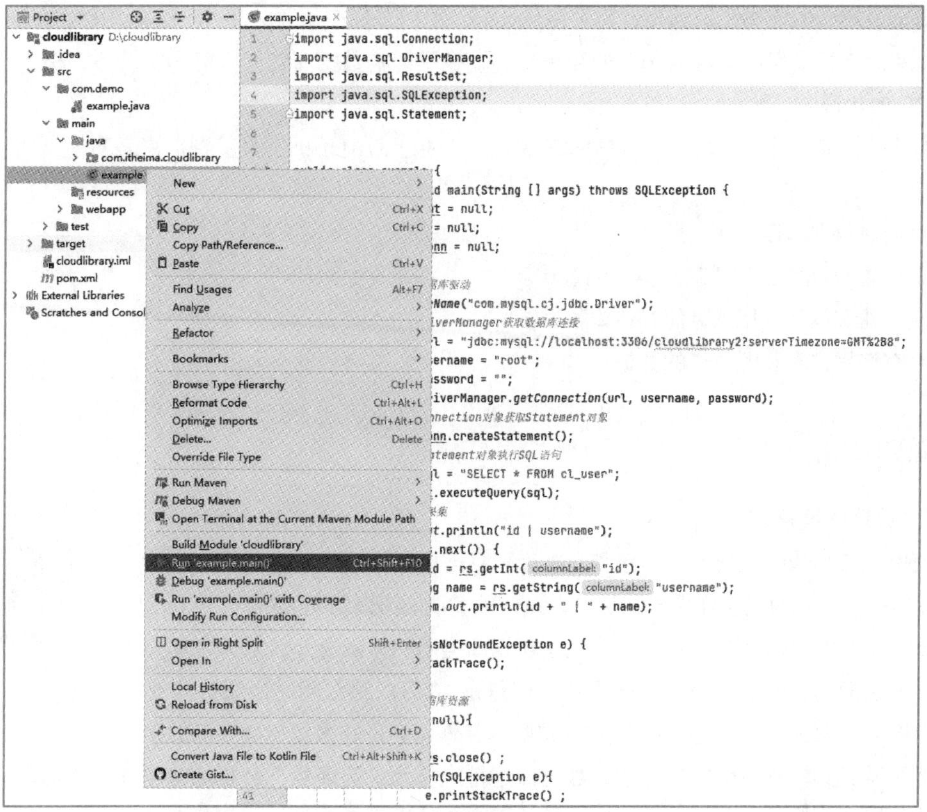

图 9-12 运行 example.java 文件

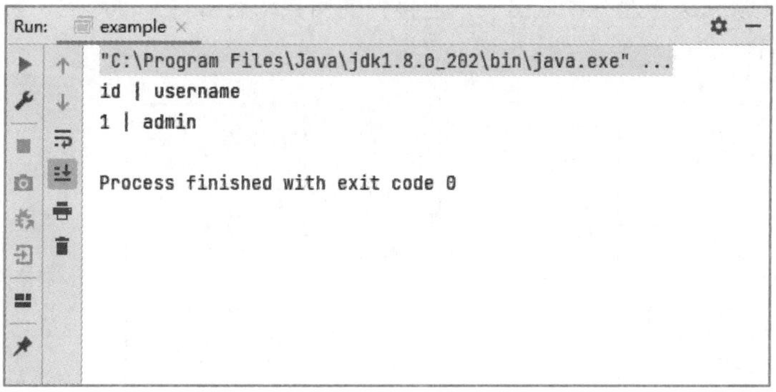

图 9-13 example.java 的运行结果

任务 9.3.3 数据库连接池和 DBUtils 工具

任务需求

任务 9.3.2 中，每操作一次数据库，都会执行一次创建和断开 Connection 对象的操作，频繁地操作 Connection 对象十分影响数据库的访问效率。在实际开发中，通常会使用数据库连接池来解决这个问题。

由于 JDBC 的代码比较烦琐，为了简化代码，可以选择使用 Apache 开源组织提供的 DBUtils 工具类库，该类库实现了对 JDBC 的简单封装，在不影响数据库访问性能的情况下，极大地简化了 JDBC 的代码。

本任务需要实现为项目引入数据库连接池，并通过 DBUtils 工具查询用户表和图书表，具体要求如下。

① 创建数据库连接池。

② 创建 Dao 类，完成对数据表的查询。

③ 创建实体类，用来存储和传输数据。

④ 查询用户表和图书表的数据。

知识储备

1. 数据库连接池

理论微课 9-10：数据库连接池

使用 JDBC 操作数据库，程序和数据库建立连接时，数据库端都要验证用户名和密码，并且为这个连接分配资源，Java 程序则要把表示连接的 java.sql.Connection 对象加载到内存中，每次创建数据库连接的开销很大，尤其是有大量的并发访问时，例如某个网站一天的访问量是 10 万，那么网站的服务器就需要创建 10 万次的数据库连接，频繁创建数据库连接会影响数据库的访问效率。

为了避免频繁创建数据库连接，数据库连接池技术应运而生。数据库连接池负责分配、管理和释放数据库连接，它允许应用程序重复使用现有的数据库连接，而不是重新创建。数据库连接池可以简单理解为一个“缓冲池”，预先在“缓冲池”中放入一定数量的连接，当需要和数据库建立连接时，只需要从“缓冲池”中取出一个连接，使用完毕后再将连接放回“缓冲池”即可。数据库连接池示意如图 9-14 所示。

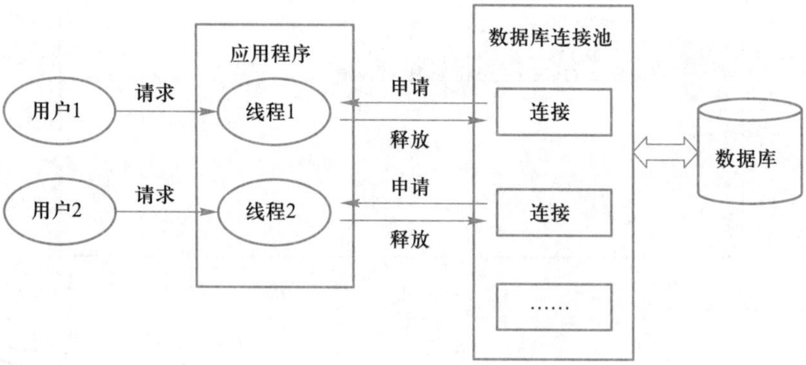

图 9-14 数据库连接池

在图 9-14 中，数据库连接池在初始化时将创建一定数量的连接（Connection），当应用程序中的某个线程访问数据库时，并不是直接创建一个连接，而是向数据库连接池申请一个连接，如果数据库连接池中有空闲连接，则返回空闲连接给线程，否则创建新连接给线程。连接被线程使用完毕后会释放并重新放入数据库连接池以供应用程序中的其他线程使用，从而减少和数据库连接和断开的次数，提高数据库的访问效率。

JDBC 提供了 javax.sql.DataSource 接口，该接口负责与数据库建立连接，通过调用

getConnection () 方法可以获取 Connection 对象。接口通常都有实现类，实现了 javax.sql.DataSource 接口的类被称为数据源。顾名思义，数据源即数据的来源，每创建一个数据库连接，这个数据库连接的信息就会存储到数据源中。

数据源用于管理数据库连接池，数据库连接池有很多，本书选择使用的是 DBCP 数据库连接池，DBCP 数据库连接池是 Apache 开源组织提供的开源连接池，使用时，需要在程序中导入 commons-dbcp2 依赖包。

commons-dbcp2 依赖包包含了所有操作数据库连接信息和数据库连接池初始化信息的方法，并实现了 DataSource 接口。commons-dbcp2 包含两个核心类，分别是 BasicDataSource 和 BasicDataSourceFactory，BasicDataSource 是 DataSource 接口的实现类，用于设置数据库连接信息和初始值，从 DBCP 数据库连接池获取数据库连接等功能，BasicDataSourceFactory 类是创建 BasicDataSource 对象的工厂类，该类中的 cerateDataSource () 方法可以读取配置文件的信息生成数据源对象并返回给调用者，本项目就是使用的 BasicDataSourceFactory 工厂类读取配置文件创建的数据源对象。

2. DBUtils 工具

理论微课 9-11：DBUtils 工具

为了更加简单便捷地使用 JDBC，Apache 提供了 DBUtils 工具，它是操作数据库的一个组件，实现对 JDBC 的简单封装，可以在不影响数据库访问性能的情况下简化 JDBC 的编码工作量。本书使用 Apache Commons DBUils 1.7 版本来操作数据库。

DBUtils 主要有 3 个核心类，分别是 DBUtils 类、QueryRunner 类和 ResultSetHandler 接口，通过这 3 个核心类进行 JDBC 所有操作，具体如下。

- DBUtils 类：提供了加载 JDBC 驱动、关闭资源等方法，DBUtils 类中的方法一般为静态方法，可以直接使用类名进行调用。
- QueryRunner 类：简化了执行 SQL 语句的代码，它与 ResultSetHandler 接口配合可以完成大部分的数据库操作，大大减少了编码量。
- ResultSetHandler 接口：用于处理结果集 ResultSet，它可以将结果集中的数据转换为不同的形式。

使用 DBUtils 工具对数据库中的数据进行操作，步骤如下。

① 创建实体类，与数据库中数据表的数据映射。

② 创建工具类，用于创建数据源对象。

③ 创建 DAO 类，实现对数据的增加、删除、修改、查询等操作。

任务实现

实操微课 9-3：任务 9.3.3 数据库连接池和 DBUtils 工具 -1. 创建数据库连接池

根据任务需求，完成创建数据库连接池和查询用户表和图书表的数据。

1. 创建数据库连接池

在项目中创建数据库连接池，并将数据库连接信息保存到 jdbc.properties 配置文件中，具体步骤如下。

① 在 utils 目录下创建 JDBCUtils 类文件，用于创建数据库连接池，具体代码如下。

```
1 package com.itheima.cloudlibrary.utils;
2 import org.apache.commons.dbcp2.BasicDataSourceFactory;
3 import javax.sql.DataSource;
4 import java.io.InputStream;
5 import java.sql.Connection;
6 import java.util.Properties;
7 /**
8  * JDBC 的工具类
9 */
10 public class JDBCUtils {
11    public static DataSource dataSource;
12    static {
13       try {
14          InputStream is = JDBCUtils.class.getClassLoader().
15          getResourceAsStream("jdbc.properties");
16          Properties properties = new Properties();
17          properties.load(is);
18          dataSource = BasicDataSourceFactory.createDataSource(properties);
19       } catch (Exception e){
20          throw new RuntimeException(e);
21       }
22    }
23    /**
24     * 获得连接池
25     */
26    public static DataSource getDataSource(){
27       return dataSource;
28    }
29    /**
30     * 获得连接
31     * @throws Exception
32     */
33    public static Connection getConnection()throws Exception {
34       return dataSource.getConnection();
35    }
36 }
```

在上述代码中，第 15 行 ~ 第 16 行代码用于读取数据库配置文件，配置文件的名称为 jdbc.properties；第 18 行代码创建数据源对象；第 26 行 ~ 第 28 行代码用于获得连接池；第 33 行 ~ 第 35 行代码用于从数据库连接池中获得一个数据库连接，即 Connection。

② 在 src/main/resources 目录下创建数据库配置文件 jdbc.properties，配置数据库的连接信息，jdbc.properties 文件的具体代码如下。

```
driverClassName=com.mysql.cj.jdbc.Driver
url=jdbc:mysql://localhost:3306/cloudlibrary?useUnicode=true&characterEncoding=utf-8&serverTimezone=Asia/Shanghai
username=root
password=123456
```

在上述代码中，driverClassName 是 MySQL 驱动类的名称，url 是连接数据库的字符串，username 是连接数据库的用户名，password 是连接数据库的密码。

实操微课 9-4：任务 9.3.3 数据库连接池和 DBUtils 工具 -2. 查询用户表的数据

2. 查询用户表的数据

在项目中实现查询用户表的数据，需要先创建 UserDao 类用于操作数据库中的用户表，然后创建 User 实体类用于保存数据，最后调用 UserDao 类查询用户数据，具体步骤如下。

① 在 dao 目录下创建 UserDao 类，用于操作用户表，具体代码如下。

```
1 package com.itheima.cloudlibrary.dao;
2 import com.itheima.cloudlibrary.pojo.User;
3 import com.itheima.cloudlibrary.utils.JDBCUtils;
4 import org.apache.commons.dbutils.QueryRunner;
5 import org.apache.commons.dbutils.handlers.BeanListHandler;
6 import java.sql.SQLException;
7 import java.util.List;
8 public class UserDao {
9    public List<User> fetchAll()throws SQLException {
10       QueryRunner qr = new QueryRunner(JDBCUtils.getDataSource());
11       String sql = "SELECT * FROM cl_user";
12       return qr.query(sql,new BeanListHandler<>(User.class));
13   }
14 }
```

在上述代码中，第 10 行代码创建 QueryRunner 对象，第 11 行代码声明了一条查询数据的 SQL 语句，第 12 行代码用于执行查询数据的 SQL 语句并返回查询结果。

② 在 pojo 目录下创建 User 实体类，具体代码如下。

```
package com.itheima.cloudlibrary.pojo;

public class User {
    private Integer id;          // 用户 id
    private String username;     // 用户名
    private String password;     // 密码
    private String salt;         // 密码盐
    public Integer getId(){
        return id;
    }
    public void setId(Integer id){
        this.id = id;
    }
    public String getUsername(){
        return username;
    }
    public void setUsername(String username){
        this.username = username;
    }
```

```
    public String getPassword(){
        return password;
    }
    public void setPassword(String password){
        this.password = password;
    }
    public String getSalt(){
        return salt;
    }
    public void setSalt(String salt){
        this.salt = salt;
    }
}
```

上述代码在 User 实体类中定义了 id、username、password、salt 这 4 个属性，每个属性都提供了 getter 和 setter 方法。

③ 修改 example.java 文件中的 main () 方法，调用 UserDao 类查询用户数据，具体代码如下。

```
public static void main(String [] args)throws SQLException {
    UserDao userDao = new UserDao();
    List<User> users = userDao.fetchAll();
    for(User user : users){
        System.out.println(user.getId()+","+user.getUsername());
    }
}
```

④ 在 example.java 文件中导入相关的类文件，具体代码如下。

```
import java.sql.SQLException;
import java.util.List;
import com.itheima.cloudlibrary.dao.UserDao;
import com.itheima.cloudlibrary.pojo.User;
```

example.java 文件的运行结果如图 9-15 所示。

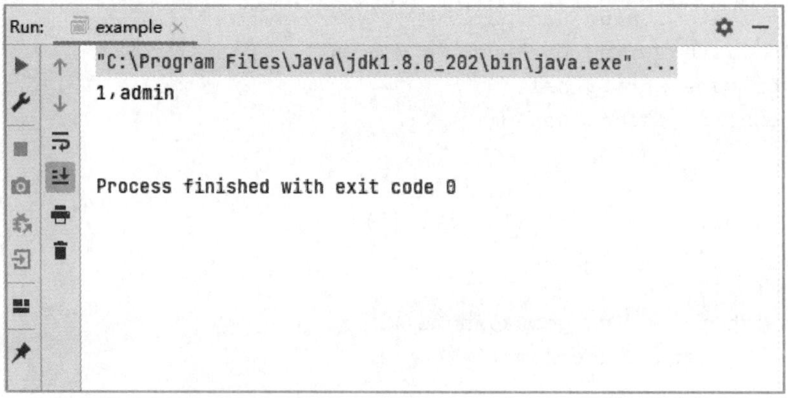
Run:
example
"C:\Program Files\Java\jdk1.8.0_202\bin\java.exe" ...
1,admin
Process finished with exit code 0

图 9-15 example.java 文件的运行结果

从图 9-15 可以看出，控制台输出了 1 条用户数据，说明成功查询用户表。

3. 查询图书表的数据

查询图书表数据的方式与查询用户表数据的方式相似，具体步骤如下。

实操微课 9-5：任务 9.3.3 数据库连接池和 DBUtils 工具 -3. 查询图书表的数据

① 在 dao 目录下创建 BookDao 文件，具体代码如下。

```
package com.itheima.cloudlibrary.dao;
import com.itheima.cloudlibrary.pojo.Book;
import com.itheima.cloudlibrary.utils.JDBCUtils;
import org.apache.commons.dbutils.QueryRunner;
import org.apache.commons.dbutils.handlers.BeanListHandler;
import java.sql.SQLException;
import java.util.List;

public class BookDao {
   public List<Book> fetchAll()throws SQLException {
       QueryRunner qr = new QueryRunner(JDBCUtils.getDataSource());
       String sql = "SELECT * FROM cl_book";
       return qr.query(sql,new BeanListHandler<>(Book.class));
   }
}
```

② 在 pojo 目录下创建 Book，具体代码如下。

```
package com.itheima.cloudlibrary.pojo;
import java.util.Date;
public class Book {
   private Integer id;                  // 图书编号
   private String name;                 // 图书名称
   private String author;               // 图书作者
   private String press;                // 图书出版社
   private Float price;                 // 图书价格
   private String publishDate;          // 出版日期
   private Date created_at;             // 创建时间
   public Integer getId(){
       return id;
   }
   public void setId(Integer id){
       this.id = id;
   }
   public String getName(){
       return name;
   }
   public void setName(String name){
       this.name = name;
   }
   public String getAuthor(){
       return author;
   }
```

```java
    public void setAuthor(String author){
        this.author = author;
    }
    public String getPress(){
        return press;
    }
    public void setPress(String press){
        this.press = press;
    }
    public Float getPrice(){
        return price;
    }
    public void setPrice(Float price){
        this.price = price;
    }
    public String getPublishDate(){
        return publishDate;
    }
    public void setPublishDate(String publishDate){
        this.publishDate = publishDate;
    }
    public Date getCreatedAt(){
        return created_at;
    }
    public void setCreatedAt(Date created_at){
        this.created_at = created_at;
    }
}
```

③ 修改 example.java 文件中的 main () 方法，调用 BookDao 类查询图书数据，具体代码如下。

```java
public static void main(String [] args)throws SQLException {
    BookDao bookDao = new BookDao();
    List<Book> books = bookDao.fetchAll();
    for(Book book : books){
        System.out.println(book.getId()+","+book.getName()+","+
        book.getAuthor()+","+book.getPress()+","+book.getPrice());
    }
}
```

④ 在 example.java 文件中导入操作图书表相关的类文件，具体代码如下。

```java
import com.itheima.cloudlibrary.dao.BookDao;
import com.itheima.cloudlibrary.pojo.Book;
```

example.java 文件的运行结果如图 9-16 所示。

从图 9-16 可以看出，控制台输出了 10 条图书数据，说明成功查询图书表。

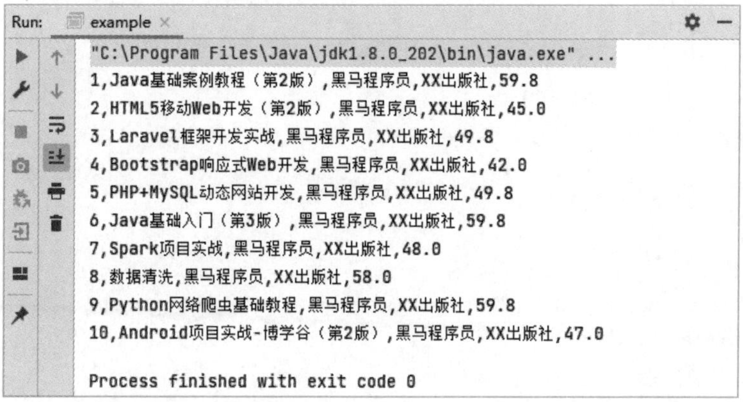
Run: example
"C:\Program Files\Java\jdk1.8.0_202\bin\java.exe" ...
1,Java基础案例教程（第2版）,黑马程序员,XX出版社,59.8
2,HTML5移动Web开发（第2版）,黑马程序员,XX出版社,45.0
3,Laravel框架开发实战,黑马程序员,XX出版社,49.8
4,Bootstrap响应式Web开发,黑马程序员,XX出版社,42.0
5,PHP+MySQL动态网站开发,黑马程序员,XX出版社,49.8
6,Java基础入门（第3版）,黑马程序员,XX出版社,59.8
7,Spark项目实战,黑马程序员,XX出版社,48.0
8,数据清洗,黑马程序员,XX出版社,58.0
9,Python网络爬虫基础教程,黑马程序员,XX出版社,59.8
10,Android项目实战-博学谷（第2版）,黑马程序员,XX出版社,47.0
Process finished with exit code 0

图 9-16 example.java 文件的运行结果

9.4 项目功能开发

任务 9.4.1 用户登录

任务需求

为了防止其他人员随意访问图书管理系统，需要实现登录功能，只有登录后的用户才能查看图书信息。完成用户登录功能需要先实现用户登录的接口（user/login），实现用户登录接口需要传入 username 和 password 参数，用户登录成功后获取当前登录用户的信息，显示登录用户的用户名，获取用户登录信息的接口是 user/info。本任务实现用户登录接口和获取用户信息接口。

任务实现

实操微课 9-6：任务 9.4.1 用户登录

根据任务需求，实现用户登录功能，具体步骤如下。

① 在 web 目录下创建 UserServlet，在该类中创建 login () 方法，实现用户登录功能，具体代码如下。

```
package com.itheima.cloudlibrary.web;

import com.itheima.cloudlibrary.dao.UserDao;
import com.itheima.cloudlibrary.pojo.User;
import com.itheima.cloudlibrary.utils.BaseServlet;
import com.itheima.cloudlibrary.utils.JSONResponse;
import org.apache.commons.beanutils.BeanUtils;

import javax.servlet.annotation.WebServlet;
import javax.servlet.http.HttpServletRequest;
import javax.servlet.http.HttpServletResponse;
import java.util.HashMap;
```

```
13 import java.util.Map;
14
15 @WebServlet("/user/*")
16 public class UserServlet extends BaseServlet {
17
18     /**
19      * 用户登录
20      */
21     public void login(HttpServletRequest req,HttpServletResponse resp)
22     throws Exception {
23         // 接收数据
24         Map<String,String[]> map = req.getParameterMap();
25         User user = new User();
26         BeanUtils.populate(user,map);
27         // 执行登录操作
28         User existUser = new UserDao().login(user);
29         if (existUser != null){
30             req.getSession().setAttribute("CL_USER_SESSION",existUser);
31             HashMap<String,Object> data = new HashMap<>();
32             data.put("id",existUser.getId());
33             data.put("username",existUser.getUsername());
34             JSONResponse.success(resp,"登录成功",data);
35         } else {
36             JSONResponse.error(resp,"登录失败，用户名或密码错误");
37         }
38     }
39 }
```

在上述代码中，第 21 行代码创建了 login () 方法，该方法用于处理用户登录请求，第 28 行代码调用 UserDAO 中的 longin () 方法获取用户，如果用户存在则登录成功，否则登录失败。

② 在 UserDAO 类中添加 login () 方法，根据用户名查询用户信息，具体代码如下。

```
public User login(User user)throws SQLException,NoSuchAlgorithmException {
    QueryRunner qr = new QueryRunner(JDBCUtils.getDataSource());
    String sql = "SELECT * FROM cl_user WHERE username = ?";
    User existUser = qr.query(sql,new BeanHandler<>(User.class),
    user.getUsername());
    if (existUser != null){
        String password = passwordHash(user.getPassword(),
        existUser.getSalt());
        if (existUser.getPassword().equals(password)){
            return existUser;
        }
    }
    return null;
}
/**
 * 密码加密
```

```
17  */
18 protected String passwordHash(String password,String salt)throws
NoSuchAlgorithmException {
19      return MD5Utils.digest(MD5Utils.digest(password)+ salt);
20 }
```

在上述代码中，第 4 行～第 6 行代码根据用户名查询用户，第 8 行～第 12 行代码调用 passwordHash () 方法对用户输入的密码和密码盐字段保存的值进行加密，如果加密结果和数据库中保存的密码一致，则返回用户信息。

③ 在 example.java 文件中导入相关的类文件，具体代码如下。

```
import com.itheima.cloudlibrary.utils.MD5Utils;
import org.apache.commons.dbutils.handlers.BeanHandler;
import java.security.NoSuchAlgorithmException;
```

④ 通过浏览器访问 http://localhost:8080，在登录页面输入正确的用户名和密码，单击“登录”按钮后，会跳转至图书列表页面，具体如图 9-17 所示。

图 9-17 图书列表页面

图 9-17 中显示了一个请求失败的提示框，这是因为此时还未实现获取图书列表的接口，在实现了图书列表的接口后，此提示框就会消失。

⑤ 用户登录成功后，页面右上角会显示当前登录用户的名称，在 UserServlet 中添加 info () 方法，获取用户信息，具体代码如下。

```
public void info(HttpServletRequest req,HttpServletResponse resp)
throws Exception {
    User user = (User)req.getSession().getAttribute("CL_USER_SESSION");
    if (user != null){
        HashMap<String,Object> data = new HashMap<>();
```

```
            data.put("id",user.getId());
            data.put("username",user.getUsername());
            JSONResponse.success(resp,"获取用户信息成功",data);
        } else {
             JSONResponse.needLogin(resp,"用户登录过期，请重新登录");
         }
    }
```

在上述代码中，从 SESSION 中获取保存的用户信息，如果用户信息存在，则返回用户 id 和用户名称，如果用户信息不存在，则返回“用户登录过期，请重新登录”的提示信息。

任务 9.4.2 退出登录

■ 任务需求

用户登录成功后，当在系统中完成某些操作后，为了保证用户账号的安全，需要退出登录。实现退出登录的接口是 user/logout，在 UserServlet 类中添加 logout () 方法，实现用户退出登录功能。

实操微课 9-7：任务 9.4.2 退出登录

■ 任务实现

在 UserServlet 中添加 logout () 方法，具体代码如下。

```
1 public void logout(HttpServletRequest req,HttpServletResponse resp)
2 throws Exception {
3     req.getSession().invalidate();
4     JSONResponse.success(resp,"退出成功");
5 }
```

在上述代码中，第 3 行代码销毁 Session，实现退出登录功能。在图书管理系统中，单击“退出”按钮，查看是否可以退出登录。

任务 9.4.3 图书列表

■ 任务需求

图书列表用于显示图书名称、作者、出版社、价格、出版日期等信息，图书列表中还提供了一些按钮，用于对指定图书进行编辑和删除操作。用户登录成功后会显示图书列表，获取图书列表的接口是 book/list，需要传入 currentPage 和 pageSize 参数。本任务实现图书列表接口，根据传入的参数实现分页查询所有图书，按出版日期和创建时间降序排序。

实操微课 9-8：任务 9.4.3 图书列表

■ 任务实现

根据任务需求，实现图书列表功能，具体实现如下。

① 在 web 目录下创建 BookServlet，在该类中创建 list () 方法，实现图书列表。

```
1 package com.itheima.cloudlibrary.web;
2
3 import com.itheima.cloudlibrary.dao.BookDao;
4 import com.itheima.cloudlibrary.pojo.Book;
5 import com.itheima.cloudlibrary.utils.BaseServlet;
6 import com.itheima.cloudlibrary.utils.JSONResponse;
7 import org.apache.commons.beanutils.BeanUtils;
8 import javax.servlet.annotation.WebServlet;
9 import javax.servlet.http.HttpServletRequest;
10 import javax.servlet.http.HttpServletResponse;
11 import java.util.HashMap;
12 import java.util.List;
13 import java.util.Map;
14
15 @WebServlet("/book/*")
16 public class BookServlet extends BaseServlet {
17     public void list(HttpServletRequest req,HttpServletResponse resp)
18     throws Exception {
19         // 获取开始位置和单页记录数
20         String currentPage = req.getParameter("currentPage");
21         String pageSize = req.getParameter("pageSize");
22         int currentPageNum = currentPage != null ?
23         Integer.parseInt(currentPage): 1;
24         int pageSizeNum = pageSize != null ? Integer.parseInt(pageSize): 5;
25         BookDao bookDao = new BookDao();
26         List<Book> books = bookDao.fetchAll(currentPageNum,pageSizeNum);
27         Long total = bookDao.count();
28         HashMap<String,Object> data = new HashMap<>();
29         data.put("books",books);
30         data.put("total",total);
31         JSONResponse.success(resp,"查询成功",data);
32     }
33 }
```

在上述代码中，第 20 行和第 21 行代码获取当前页数和每页显示的记录数，如果第 22 行～第 24 行代码获取到的参数是空，则将当前页数设置为 1，每页显示的记录数为 5，第 25 行和第 26 行代码查询图书列表，第 27 行代码查询图书的总数，第 28 行～第 31 行代码返回数据。

② 在 BookDAO 类中添加 fetchAll () 方法，根据传入的参数分页查询所有图书，按出版日期和创建时间降序排序，具体代码如下。

```
public List<Book> fetchAll(int currentPage,int pageSize)
throws SQLException {
    QueryRunner qr = new QueryRunner(JDBCUtils.getDataSource());
    String sql = "SELECT * FROM cl_book ORDER BY updated_at DESC,created_at DESC LIMIT ?,?";
    int begin = (currentPage - 1)* pageSize;
```

```
6    return qr.query(sql,new BeanListHandler<>(Book.class),
7    begin,pageSize);
8 }
```

在上述代码中，传入了 2 个参数 currentPage 和 pageSize，第 4 行代码拼接查询语句，第 6 行和第 7 行代码执行查询。

③ 在 BookDAO 类中添加 count () 方法，获取总记录数，具体代码如下。

```
public Long count()throws SQLException {
    QueryRunner qr = new QueryRunner(JDBCUtils.getDataSource());
    String sql = "SELECT COUNT(*)FROM cl_book";
    return qr.query(sql,new ScalarHandler<>());
}
```

④ 在 BookDAO 类中导入相关的类文件，具体代码如下。

```
import org.apache.commons.dbutils.handlers.ScalarHandler;
```

通过浏览器访问 http://localhost:8080/#/admin，登录后查看图书列表页面是否和图 9-2 所示的页面一致。

任务 9.4.4 添加图书

任务需求

管理员可以添加图书，添加图书时需要输入图书的名称、作者、出版社、价格和出版日期等信息，图书添加成功后，会显示在图书列表中。添加图书的接口是 book/add，本任务实现添加图书的接口，在 BookServlet 中添加 add () 方法，在 add () 方法中接收图书名称、作者、出版社、价格和出版日期。

任务实现

实操微课 9-9：任务 9.4.4 添加图书

根据任务需求，实现添加图书的功能，具体实现如下。

① 在 BookServlet 中添加 add () 方法，实现添加图书功能，具体代码如下。

```
public void add(HttpServletRequest req,HttpServletResponse resp)
throws Exception {
    Map<String,String[]> map = req.getParameterMap();
    Book book = new Book();
    BeanUtils.populate(book,map);
    int num = new BookDao().insert(book);
    if (num > 0){
        JSONResponse.success(resp,"添加成功");
    } else {
        JSONResponse.error(resp,"添加失败");
     }
}
```

② 在 BookDAO 类中添加 insert () 方法，保存图书数据，具体代码如下。

```
public int insert(Book book)throws SQLException {
    QueryRunner qr = new QueryRunner(JDBCUtils.getDataSource());
    String sql = "INSERT INTO cl_book
(name,author,press,price,publishDate)VALUES(?,?,?,?,?)";
    Object[] params = { book.getName(),book.getAuthor(),book.getPress(),
    book.getPrice(),book.getPublishDate()};
    return qr.update(sql,params);
}
```

通过左侧导航栏的“发布图书”按钮或者图书列表页面的“新增”按钮进入添加图书的窗口，输入图书信息后，单击“保存”按钮，查看是否可以添加图书。

任务 9.4.5 修改图书

任务需求

在图书列表中，单击操作栏中任意一本书的“编辑”按钮可以修改图书的名称、作者、出版社、价格和出版日期等信息，修改图书的接口是 book/edit，本任务实现修改图书接口，在 BookServlet 中添加 edit () 方法，在 edit () 方法中根据图书 id 修改图书信息。

实操微课 9-10：任务 9.4.5 修改图书

任务实现

根据任务需求，实现修改图书的功能，具体实现如下。

① 在 BookServlet 中添加 edit () 方法，实现修改图书，具体代码如下。

```
public void edit(HttpServletRequest req,HttpServletResponse resp)
throws Exception {
    Map<String,String[]> map = req.getParameterMap();
    Book book = new Book();
    BeanUtils.populate(book,map);
    int num = new BookDao().update(book);
    if (num > 0){
        JSONResponse.success(resp,"修改成功");
    } else {
        JSONResponse.error(resp,"修改失败");
    }
}
```

② 在 BookDAO 类中添加 update () 方法，实现根据图书 id 修改图书，具体代码如下。

```
public int update(Book book)throws SQLException {
    QueryRunner qr = new QueryRunner(JDBCUtils.getDataSource());
    String sql = "UPDATE cl_book SET
name=?,author=?,press=?,price=?,publishDate=? WHERE id=?";
    Object[] params = { book.getName(),book.getAuthor(),book.getPress(),
```

```
    book.getPrice(),book.getPublishDate(),book.getId()};
    return qr.update(sql,params);
}
```

在图书列表页面单击“编辑”按钮，弹出修改图书窗口，输入图书的相关信息后，单击“保存”按钮，查看图书信息是否更新成功。

任务 9.4.6 删除图书

■ 任务需求

当图书管理系统中的某些图书不再使用时，可以将这些图书删除。删除图书的接口是 book/delete，本任务实现删除图书的接口，在 BookServlet 中添加 delete () 方法，实现根据图书 id 删除图书的功能。

■ 任务实现

实操微课 9-11：任务 9.4.6 删除图书

根据任务需求，实现删除图书的功能，具体实现如下。

① 在 BookServlet 中添加 delete () 方法，实现删除图书功能，具体代码如下。

```
public void delete(HttpServletRequest req,HttpServletResponse resp)
throws Exception {
    String id = req.getParameter("id");
    int num = new BookDao().delete(id);
    if (num > 0){
        JSONResponse.success(resp,"删除成功");
    } else {
        JSONResponse.error(resp,"删除失败");
    }
}
```

② 在 BookDAO 类中添加 delete () 方法，实现根据图书 id 删除图书，具体代码如下。

```
public int delete(String id)throws SQLException {
    QueryRunner qr = new QueryRunner(JDBCUtils.getDataSource());
    String sql = "DELETE FROM cl_book WHERE id=?";
    Object[] params = { id };
    return qr.update(sql,params);
}
```

在图书列表页面单击“删除”按钮，查看图书的删除结果。

任务 9.4.7 验证用户登录状态

■ 任务需求

由于没有添加验证用户登录的状态，当退出图书管理系统后，在浏览器中访问图书列表的接口时，仍然可以获取图书列表的数据。为了解决这个问题，需要添加验证用户登录状态的功能，只有在用户登录状态下才可以访问后台的其他页面，在 web/filter 目录下创建 PrivilegeFilter，在用户未登录状态下访问其他页面时，自动跳转至登录页面。

任务实现

实操微课 9-12：任务 9.4.7 验证用户登录状态

在 web 目录下创建 filter 目录，在 filter 目录下创建 PrivilegeFilter，具体代码如下。

```
package com.itheima.cloudlibrary.web.filter;
import com.itheima.cloudlibrary.pojo.User;
import com.itheima.cloudlibrary.utils.JSONResponse;
import javax.servlet.*;
import javax.servlet.annotation.WebFilter;
import javax.servlet.http.HttpServletRequest;
import java.io.IOException;
@WebFilter({"/user/*","/book/*"})
public class PrivilegeFilter implements Filter {
    @Override
    public void doFilter(ServletRequest req,ServletResponse resp,
    FilterChain chain)throws IOException,ServletException {
        HttpServletRequest request = (HttpServletRequest)req;
        request.setCharacterEncoding("UTF-8");
        String path = request.getRequestURI();
        if ("/user/login".equals(path)){
            chain.doFilter(req,resp);
            return;
        }
        User existUser = (User)request.getSession().
        getAttribute("CL_USER_SESSION");
        if (existUser == null){
            JSONResponse.needLogin(resp,"用户未登录");
            return;
        }
        chain.doFilter(request,resp);
    }
    @Override
    public void destroy(){
    }
    @Override
    public void init(FilterConfig filterConfig){
    }
}
```

在上述代码中，第 13 行 ~ 第 19 行代码用于排除不需要验证登录的地址，第 20 行 ~ 第 26 行代码用于判断是否已经登录。

在系统中退出登录的状态下，直接访问图书列表页面的接口会显示“用户未登录”的提示信息，说明已经验证了用户的登录状态。

本章小结

本章对图书管理系统中的用户登录和退出、图书列表、添加图书、修改图书、删除图书等功能进行了细致讲解。希望读者通过对本章的学习，能够掌握图书管理系统中常见功能的开发，理解数据库设计在开发中的作用，理解项目的整个工作流程，能够根据实际需要对项目中的功能进行修改和扩展。

郑重声明

读者意见反馈

为收集对教材的意见建议，进一步完善教材编写并做好服务工作，读者可将对本教材的意见建议通过如下渠道反馈至我社。

咨询电话　400-810-0598

反馈邮箱　gjdzfwb@pub.hep.cn

通信地址　北京市朝阳区惠新东街 4 号富盛大厦 1 座

　　　　　高等教育出版社总编辑办公室

邮政编码　100029